21世纪应用型本科土木建筑系列实用规划教材

# 工程事故分析与工程安全(第2版)

主　　编　谢征勋　罗　章

副主编　李文盛　李晓目

参　　编　陈卫华　郭献忠

主　　审　郭志恭

北京大学出版社

PEKING UNIVERSITY PRESS

# 内 容 简 介

本书为应用型大学本科土木、水利、建筑类各专业的适用教材,以工程事故分析的理论与技巧为主要讲述内容。全书共22章,除绪论与结束语各一章外,有事故机理分析8章,事故实例分析4章,事故防治方法8章。本书从工程坍塌机理、结构裂损机理入手,结合大量工程实例,着重介绍了结构荷载应力控制、温度应力控制、结构变形控制、结构抗裂技术、工程抢险技术、建筑物纠倾技术、整楼平移技术、工程改造加固技术等特种技术。

本书可作为工程事故防范与事故控制专业的教材,也可作为广大从事工程设计、施工和质量检测、工程监理、质量监督的工程师们有益的参考资料,还可作为从事"工程事故分析与工程安全"课题研究的硕士研究生的辅助读物。

**图书在版编目(CIP)数据**

工程事故分析与工程安全/谢征勋,罗章主编. —2版. —北京:北京大学出版社,2013.1

(21世纪应用型本科土木建筑系列实用规划教材)

ISBN 978-7-301-21590-6

Ⅰ.①工… Ⅱ.①谢… ②罗… Ⅲ.①建筑工程—工程事故—高等学校—教材 ②建筑工程—工程施工—安全管理—高等学校—教材 Ⅳ.①TU712

中国版本图书馆 CIP 数据核字(2012)第 282183 号

书　　　名:**工程事故分析与工程安全(第 2 版)**
著作责任者:谢征勋　罗　章　主编
策 划 编 辑:吴　迪
责 任 编 辑:伍大维
标 准 书 号:ISBN 978-7-301-21590-6/TU·0296
出 版 发 行:北京大学出版社
地　　　址:北京市海淀区成府路 205 号　　100871
网　　　址:http://www.pup.cn　新浪官方微博:@北京大学出版社
电 子 信 箱:pup_6@163.com
电　　　话:邮购部 010-62752015　发行部 010-62750672　编辑部 010-62750667
印 刷 者:北京虎彩文化传播有限公司
经 销 者:新华书店
　　　　　787 毫米×1092 毫米　16 开本　20.75 印张　480 千字
　　　　　2006 年 1 月第 1 版
　　　　　2013 年 1 月第 2 版　2021 年 8 月第 5 次印刷
定　　　价:38.00 元

# 第 2 版前言

2006 年，在以"工程师塑造可持续性发展未来"为主题的首届世界工程师大会在上海闭幕后不久，由北京大学出版社出版的《工程事故分析与工程安全》有幸问世。

2012 年，适逢汶川地震四周年祭的日子，本书又有幸取得了再版的机会。显然，这离不开工程学术界广大专家学者的栽培与支持，离不开广大青年读者，包括众多大学里矢志于"工程安全"这个专业的青年学子们的热心与关爱，更离不开北京大学出版社全体老师对本书在编写、出版与发行的全过程中的悉心指导。在这里，首先要向他们致以由衷的谢意和崇高的敬意！

几度春秋寒暑，两千多个日日夜夜，处在这个瞬息万变，一日千里的时代，对于一本大学教科书来说，考验的时间也确实不算短了。当前，由于全球人口激增，开发过度，全球面临着气候危机、环境危机和资源危机的种种挑战，也经受了印度洋海啸、汶川地震、玉树地震，乃至福岛地震的种种考验。对于每一项工程来说，哪是豆腐渣，哪是钢铁造已是一目了然。对于每一名工程师来说，谁见真功夫，谁玩假本事也必泾渭分明。逝者已矣，既往难咎。重要的是应该慎于总结经验，迎接更加残酷的未来的挑战。

我国位于世界两大地震带——环太平洋地震带与欧亚地震带的交汇部位，这里也正是全球人口最密集的地域，而我们的建筑物很多却是生来就很脆弱，既有工程存在的安全隐患很多，抗震水准也比较低。面对这一现实，要做好以后的工程，必须从以下几个方面下工夫：一是政府有作为；二是企业（开发商，业主）不违法；三是设计把好关；四是施工尽到责；五是监理管到位。而要真正促成以上几个方面的工作，始终离不开"工程事故分析与工程安全"这一课题研究与岗位工作的有效推进，离不开全民、全社会对这一工作的重视。首先应该把工程事故消灭在工程的勘探、规划、设计与施工阶段；其次要严肃对待事故或灾后，尤其是地震后的一切建筑物倒塌原因和裂损机理的分析与认定，要明确是非，追究责任。此外，更企盼广大青年学子们在"工程事故分析与工程安全"这个课题上付出心血，苦下工夫，作出贡献！

由于编者水平所限，书中疏漏和不妥之处在所难免，恳请广大读者和专家批评指正。

谢征勋谨识于南京

2012 年 9 月

# 第 1 版前言

在以《工程师塑造可持续发展未来》为主题的首届世界工程大师大会上，以中、英、美、法、韩等五国工程院院长为代表的来自全世界的工程师们一致呼吁，工科大学应面向社会需要，大量培养实践应用型人才。这是时代的声音，是世界的潮流。北京大学出版社秉承北大的传统与优势，率先站到了为应用型高等院校培养应用型人才开路奠基——应用型教材组编、出版工作的最前列，令人十分敬佩！在北京大学出版社李昱涛老师、南京工程学院建工系主任何培玲老师的鼓励下，在湖南工程学院罗章老师、长江大学李文盛老师、孝感学院李晓目老师、江西科技师院陈卫华老师、贵州大学郭献忠老师等人的互相激励下，共同鼓足勇气承担了《工程事故分析与工程安全》教材的编写工作，极感荣幸。

《工程事故分析与工程安全》学科的最大特点是要求理论与实践相结合。只有理论与实践高度结合，才有可能洞窥到《工程事故分析与工程安全》这一课题的奥秘。庶几在实际的工作中有所作为。因此，深知编写这一教材工作的艰巨性。愿以兢兢业业、如履薄冰的精神来执行这一任务。

本教材以结构裂损机理与工程坍塌机理的研讨为重点，并辅以工程事故防范与工程事故处理等技术知识的介绍。相信只要掌握了基本的机理分析理论与方法，事故防范与事故处理方面的问题也就可以迎刃而解。正像医生治病，只要有了确诊病症的本领，至于处方、配药、动刀、去癌等手上功夫完全可以在长期的实践中磨炼出来。因此，在课时不足的情况下，可以酌情删节。

本教材共分 22 章，第 1 至第 7 章、第 11、22 章由谢征勋执笔，第 8、9 章由李晓目执笔，第 10 章由陈卫华执笔，第 12、13 章由罗章、谢征勋共同执笔，第 14 章由罗章执笔，第 18、19 章由李文盛执笔，第 15、16 章由陈卫华、谢征勋共同执笔，第 17、20、21 章由郭献忠、谢征勋共同执笔。全书由谢征勋统稿，由西安交通大学郭志恭教授主审。

本书部分内容取材于多年来在工程质量检测、工程质量监督、科研、设计与施工岗位工作上的一些工作手记，部分内容曾在国内外期刊或学术会议上发表过，也曾由国家建设部人才培训中心前些年在海南岛举办的工程坍塌事故专题讲座上试讲过，还在海南省建设教育协会历次举办的在岗工程师技术培训班、工程项目经理培训班、注册结构师继续教育进修班、工程建设标准强制性条文学习班、道路、桥梁工程师进修班作为辅助教材试讲过。因此，在内容上可能更适合于工程监理、质量监督、质量检测、结构加固岗位上的工程师参考。本书的另一部分内容则直接取材于多年来由在大学教学岗位上教师广泛搜集用于教学的典型案例。显然，其内容要更加注重科学性、实用性与通用性三原则，符合应用型大学本科对《工程事故分析与工程安全》这一学科设置的直接要求，并适合于用作土木水利建筑专业大学本科的教材。

由于在接受本教材编写任务之前，已承担了其他出版社一些相近的编写任务。一来时间紧迫，二来深恐在内容上难免有互相雷同，甚至是互相径庭之处。只能在此先向广大读者深表歉意。但愿有机会在今后再作弥补，敬请广大读者和专家教授们多予批评指正，深表谢忱，谨此致意。

谢征勋谨识于南京工程学院

2005 年 12 月

# 目　录

第1章　绪论 …………………………………… 1

1.1　分析课题及其时代背景 ……………… 2

1.2　工程事故分析课题的研究范畴与研究
　　　目的 …………………………………… 3

1.3　工程事故分析工作流程 ……………… 5

1.4　工程事故分析工作的守则 …………… 5

1.5　工程事故分析工作的历史和现状 …… 6

思考题 ……………………………………… 8

实习题 ……………………………………… 9

第2章　建筑物坍塌机理 ………………… 10

2.1　建筑物坍塌事故概述 ……………… 11

2.2　建筑物坍塌事故机理研究 ………… 12

2.3　坍塌事故与自然灾害 ……………… 14

2.4　坍塌事故防范 ……………………… 15

2.5　坍塌事故抢救 ……………………… 15

2.6　结构加固的可行性 ………………… 16

2.7　结构加固的经济性 ………………… 16

2.8　坍塌事故案例 ……………………… 17

思考题 ……………………………………… 53

实习题 ……………………………………… 53

第3章　结构裂损(缝)机理 …………… 54

3.1　结构裂缝与工程事故之间的关系 … 55

3.2　结构裂缝定义及其研究范围 ……… 56

3.3　结构裂缝机理 ……………………… 56

3.4　结构裂缝分类 ……………………… 59

3.5　结构裂缝检测、鉴定、封闭与
　　　加固 ………………………………… 65

思考题 ……………………………………… 65

实习题 ……………………………………… 65

第4章　荷载超限裂损机理 ……………… 66

4.1　荷载状态 …………………………… 67

4.2　应力状态 …………………………… 68

4.3　裂缝状态 …………………………… 72

4.4　安全评估 …………………………… 74

思考题 ……………………………………… 75

第5章　地基变形裂损机理 ……………… 76

5.1　地基的特性 ………………………… 77

5.2　地基破坏 …………………………… 80

5.3　上部建筑与地基基础共同工作 …… 80

5.4　下凹沉降曲线上的结构裂缝 ……… 82

5.5　上凸沉降曲线上的背斜裂缝 ……… 83

5.6　一面坡或两面坡沉降裂缝 ………… 84

5.7　局部地基陷落与基础破坏和墙面
　　　裂缝 ………………………………… 85

5.8　沉降裂缝的稳定、封闭与加固 …… 85

思考题 ……………………………………… 85

第6章　温湿胀缩变形裂损机理 ………… 86

6.1　温湿胀缩与自然环境 ……………… 87

6.2　干湿胀缩与当量温差 ……………… 87

6.3　胀缩变形与结构裂缝 ……………… 88

6.4　裂缝机理分类 ……………………… 89

6.5　裂缝处理 …………………………… 92

6.6　关于伸缩缝间距问题的讨论 ……… 92

6.7　关于温湿胀缩裂缝的危害性问题的
　　　讨论 ………………………………… 95

思考题 ……………………………………… 95

第7章　变形失调裂损机理 ……………… 96

7.1　传统的结构设计方法与异常的结构
　　　裂缝现象 …………………………… 97

7.2　本构关系的合理化与结构裂缝现象
　　　的严重性 …………………………… 98

7.3　医学上的富贵病与工程上的多裂
　　　缝症 ………………………………… 98

7.4　变形失调现象与结构裂损机理 …… 98

7.5　结构变形协调原理 ………………… 99

7.6　现行规范对设计安全水准的设置和
　　　结构变形的限制 …………………… 100

7.7 综合原因引起的结构变形失调
　　裂缝 ················· 104

7.8 变形失调现象与仿生学原理 ······· 107

　　思考题 ··················· 108

**第8章　混凝土早期裂缝机理** ······· 109

8.1 混凝土早期自生裂缝 ·········· 110

8.2 高性能混凝土的早期自生裂缝 ····· 111

8.3 混凝土的早期塑性分离裂缝 ······ 114

8.4 混凝土的早期塑性沉落阻滞裂缝 ··· 116

8.5 混凝土的正常干缩裂缝 ········· 118

　　思考题 ··················· 120

**第9章　建筑结构腐蚀破坏** ········· 121

9.1 概述 ···················· 122

9.2 腐蚀分类及材料损伤机理 ······· 122

9.3 建筑结构腐蚀破坏实例 ········· 126

9.4 被腐蚀建筑结构的修复 ········· 128

　　思考题 ··················· 129

**第10章　砖混结构裂损坍毁分析** ····· 130

10.1 砖混结构裂损的普遍性与严重性 ·· 131

10.2 几个典型砖混结构裂损案例 ····· 146

10.3 砖混结构裂缝的特征及产生
　　　原因 ·················· 153

　　思考题 ··················· 160

**第11章　地下室上浮、复位损毁事故
　　　　分析实例** ················ 161

11.1 基本情况 ················ 162

11.2 事故原因 ················ 162

11.3 事故性质述评 ············· 163

11.4 处理方案 ················ 164

11.5 实际行动 ················ 166

11.6 一点反思 ················ 166

11.7 一道难题 ················ 167

　　思考题 ··················· 168

**第12章　钢筋混凝土结构裂损分析** ··· 169

12.1 地基基础原因引起的框架结构裂缝
　　　事故五例 ··············· 170

12.2 施工质量原因引起的框架结构裂缝
　　　事故两例 ··············· 187

12.3 设计原因引起的钢筋混凝土结构
　　　裂损事故六例 ············· 190

12.4 其他原因引起的框架结构裂损
　　　事故 ·················· 196

　　思考题 ··················· 198

**第13章　膨胀土地基上的建筑物裂损
　　　　分析** ················· 199

13.1 膨胀土对建筑物的危害 ········ 200

13.2 膨胀土的特征 ············· 201

13.3 膨胀土的工程特性指标 ········ 203

13.4 膨胀土场地与地基评价 ········ 204

13.5 膨胀土地基计算 ············ 206

13.6 膨胀土地基上的建筑结构裂损
　　　机理 ·················· 209

13.7 膨胀土地基的工程处理措施 ····· 213

13.8 工程实例 ················ 215

13.9 最大的风险 ·············· 216

　　思考题 ··················· 217

**第14章　工程结构裂缝处理方法** ····· 218

14.1 用手工抹灰或手压泵喷浆封闭结构
　　　裂缝 ·················· 219

14.2 用化学灌浆法处理结构裂缝 ····· 219

14.3 用喷射混凝土处理结构裂缝 ····· 222

14.4 用体外预应力法封闭并康复框架或
　　　桥梁结构裂缝 ············· 224

　　思考题 ··················· 225

**第15章　工程结构温度应力计算
　　　　方法** ················· 226

15.1 砖混结构温度应力实用计算
　　　方法 ·················· 227

15.2 钢筋混凝土结构温度应力理论
　　　计算方法 ··············· 235

　　思考题 ··················· 238

　　实习题 ··················· 239

**第16章　工程抢险四例——厂房滑移、
　　　　大楼出走、大厦失稳与楼房
　　　　失火** ················· 240

16.1 厂房滑移抢救方案的选择 ······ 241

16.2　大楼出走风险评估及治理方案
　　　 探讨 ……………………………… 244
16.3　大厦失稳抢险方案选择 ………… 245
16.4　大楼失火抢救方案选择 ………… 248
16.5　关于衡阳火灾抢救过程中塌楼事件
　　　 述评 ……………………………… 250
　　 思考题 ……………………………… 250

**第 17 章　结构加固——整浇钢筋混凝土
　　　　　　结构加固方案论证三例** ……… 251
17.1　结构加固市场呼唤新的结构
　　　 加固技术 …………………………… 252
17.2　现行钢筋混凝土结构加固技术
　　　 简介 ……………………………… 252
17.3　各种加固技术的优缺点及其
　　　 适用性 …………………………… 253
17.4　三例工程事故的结构加固方案
　　　 论证 ……………………………… 255
17.5　一个原则和几项建议 …………… 258
17.6　一种趋势及其发展前景 ………… 261
　　 思考题 ……………………………… 261
　　 实习题 ……………………………… 261

**第 18 章　房屋整体平移** …………………… 262
18.1　概述 ……………………………… 263
18.2　房屋整体平移的关键技术 ……… 265
18.3　平移实例 ………………………… 270
18.4　一路春风 ………………………… 277
　　 思考题 ……………………………… 280
　　 实习题 ……………………………… 280

**第 19 章　建筑物纠倾** …………………… 281
19.1　概述 ……………………………… 282
19.2　纠倾技术简介 …………………… 283
19.3　纠倾技术发展现状及方向 ……… 290
19.4　一桩心事 ………………………… 292
　　 思考题 ……………………………… 292

**第 20 章　大体积混凝土养护温度自动
　　　　　　调控热养抗裂技术——热养
　　　　　　技术** ……………………………… 293
20.1　定义与特性 ……………………… 294
20.2　开裂机理 ………………………… 295
20.3　裂缝的危害性 …………………… 299
20.4　一般防裂措施 …………………… 300
20.5　自动调控混凝土养护温度抗裂
　　　 技术 ……………………………… 301
　　 思考题 ……………………………… 302

**第 21 章　大面积薄板混凝土养护温度
　　　　　　自动调控抗裂技术——冷养
　　　　　　技术** ……………………………… 303
21.1　课题背景 ………………………… 304
21.2　研究范围 ………………………… 305
21.3　板面裂损症状 …………………… 305
21.4　冷养措施 ………………………… 306
21.5　质量监控 ………………………… 307
21.6　经济效益 ………………………… 307
　　 思考题 ……………………………… 308

**第 22 章　结束语** …………………………… 309
22.1　从工程事故分析工作中看工程建设
　　　 过程中存在的问题 ……………… 310
22.2　从社会的转型和经济的发展看土木
　　　 建筑市场的发展前景 …………… 312
22.3　从工程的安全性与耐久性看土木
　　　 建筑市场的发展前景 …………… 314
22.4　从土木建筑工程的市场前景讨论土木
　　　 建筑工程师的岗位选择 ………… 316
22.5　向国际维修、改造、加固的市场
　　　 进军 ……………………………… 318
　　 思考题 ……………………………… 318

**参考文献** ……………………………………… 319

# 第1章 绪论

## 教学目标

一切事物的发生发展都有其一定的历史规律。"工程事故分析与工程安全"这一工作应该如何推进，可以从历史回顾中得到启示，同时也应该有一个主观努力的方向和明确的目标。

(1) 了解课题的背景条件。

(2) 明确工程事故的定义，界定其研究范围。

(3) 掌程具体的工程事故分析方法。

(4) 培养良好的工作素养。

## 基本概念

工程事故定义；工程事故范畴；自然灾害；责任事故；事故分析；事故防范；事故处理。

## 引言

在吃大锅饭的年代，一切工程(包括住宅)产权归公，虽说建设资金由国家出，日常维修工作由国家包，但实际上是无人负责的，出了质量事故，甚至坍毁伤人，都无人追究。改革开放以后，由计划经济转型为商品经济，实行产权私有化，工程质量才得到业主的关注，于是工程纠纷和诉讼案例也就多了起来。在责任追究、损失索赔中，还难免斤斤计较，争论不已。于是事故分析、质量鉴定、安全评估工作在司法鉴定过程的法定地位才得到肯定，本课程的实用价值才算得到了社会的公认。

在工程设计、施工与管理的实践道路上勤奋耕耘、孜孜不息的追求，莫过于希望在这条航道上一帆风顺，远离事故。而要远离事故、确保工程安全，就必须切实掌握工程事故分析的理论与技巧。这就成了土木建筑专业从业人员必须具备的基本功，这也是开设本课程的宗旨。

在工程实践中一旦遭遇工程事故，必将造成重大损失，给人们的生命财产带来严重伤害。因此，也就必须查明事故原因，追究事故责任。产权私有化以后，因工程事故引发的工程纠纷和司法诉讼空前增多，而"诉讼证据"的"工程事故分析报告"也就成了不可或缺的重要文件。因而"工程事故分析工作"也就受到了市场的欢迎和社会的重视。

为了切实保障人民的生命财产安全，必须对已出现的一切工程事故，尤其是灾后或地震后异常惨重的房屋坍毁、人员伤亡等事故进行严肃追查，将天灾与人祸切实区分开来，这就要求政府部门对"工程事故分析与工程安全"工作给予高度的关注。

# 1.1 分析课题及其时代背景

## 1.1.1 工程事故定义

要研究和分析工程事故，首先必须对工程事故的定义有一个明确的界定。什么是正常？什么是事故？正像人体一样，什么是健康？什么是病态？两者混淆不清就必然无法对症下药。但是，健康与病态之间绝没有一条明显的界限，两种状态是在一种动态演变过程中呈现的。正常现象与工程事故之间的关系也如此，所以才更有必要对两种状态进行适当的界定。现在姑且把"工程事故"定义为工程的"三个不正常、两个不满足"。

所谓"三个不正常"，按《建筑结构可靠度设计统一标准》(GB 50068—2001)的规定，凡出现不正常设计、不正常施工、不正常使用情况，均可以定义为工程事故。因为正常工程指的是必须在规范约定范围内、在规范强制性条文指导下进行正常设计、正常施工、正常使用的工程。逾越了这一范围，就必然形成工程事故。

所谓"两个不满足"，是指按建筑结构可靠度设计统一标准，工程结构必须满足以下两个条件：一是承载力极限状态条件；二是正常使用极限状态条件。工程不能满足以上两个极限状态条件时，也必然形成事故。以上两个条件的不满足也可以称为工程安全性与耐久性两个条件的不满足。

必须指出，时代在不断前进，技术在不断进步，规范规程在不断完善。在规范规程难免存在某些不足的情况下，即使完全满足了当前的以上全部条件，也仍有可能形成事故。那是特殊情况，几率极低，似乎可界定为不可抗拒灾害。也就是由于人们暂时认识不足，或能力不够而产生的不可抗拒的灾害。

另外还必须指出，本书里所指的工程包括土木(交通运输)、水利、建筑工程三大系统的全部工程，若以建筑工程为主导，尤其是以钢筋混凝土结构为代表来进行论述，就比较方便，且抓住了重点。

## 1.1.2 课题时代背景

据英国土木工程师学会、美国土木工程学会等权威学术团体提供和我国稀有的一点工程史资料记载，土木工程学术界对工程事故这一课题的关注虽然早从 19 世纪就已经开始，到 20 世纪初已有了一些零星的记载，但这一时期的工程事故记录仅指发生在工程地质范畴比如水坝基础和建筑物基础方面出现的问题，这类问题在很大程度上被视为人力很难抗拒的"自然灾害"。由于受"报喜不报忧"、"家丑不外扬"的传统意识（古今中外莫不如此）制约，对上部结构，尤其是人为过失方面造成的事故，报道和记录极少。直到第二次世界大战以后，由于大半个世界被战争摧毁，必须大兴土木。钢筋混凝土结构大量使用的结果是结构裂缝事故、工程坍塌事故不断出现。在信息灵通的条件下，纸已经包不住火了，才引起了社会的关注。但是实际上，工程事故分析这个课题仍只有极少数的地质工程师和土木工程师偶尔问津，并未形成学科。把工程事故分析真正单独作为一个专门学科来研究，不论国内还是国外都起步较晚。就拿大学里土木建筑专业开设工程事故分析课程的记录来看，也都是姗姗来迟。迄今为止，工程事故分析课程仍被拒之于高教部门规定的土木建筑专业学科毕业生 20 门必修课的门外。但是客观形势的发展却是工程事故警钟常敲，事故发生率高，事故规模大，经济损失严重，这些已经引起了全社会的关注。

# 1.2 工程事故分析课题的研究范畴与研究目的

## 1.2.1 研究范畴

**1. 纵深研究——关于事故原因与事故后果研究**

对事故形成的原因与事故造成的后果进行纵深研究是事故研究的主要方面，范围很广。它包括对设计方法和设计图样的研究，施工工艺和施工档案的研究，使用情况和事故发生发展过程的研究，以及事故后果对经济政治方面造成影响的研究。有时甚至要涉及对国家标准规范合理性的研究。因此，进行工程事故的分析研究必须以深厚的理论功底和广泛的技术知识为基础。

**2. 横向研究——关于工程类别与事故类型的研究**

从工程事故定义得知，工程事故研究工作包括了土木水利建筑领域所有地上地下、水底工程的事故研究，也包括了从岩土工程、土木结构、砖石结构、砖混结构、钢筋混凝土结构、钢结构、薄膜结构等各种不同结构类型和事故类型的研究。所涉及的不仅有力学和结构的经典理论，而且有许多新的理论与技术。

**3. 内在研究——事故发生发展各个阶段的机理研究**

事故分析的主要理论研究工作应该放在结构裂损、变形、失稳、坍毁机理的研究方面。它不仅要用到经典的理论力学、材料力学、结构力学，也要用到时尚的弹塑性理论、断裂力学、模糊控制、有限元法、微元模型或片状模型分析等先进手段。因此，不应视之为雕虫小技、肤浅无聊的工作。

4. 环境研究——工程事故与地理气候环境，人文社会环境之间的关系研究

其实，工程事故并不是单纯的工程技术问题，它与地理气候环境、人文社会环境之间也有着密切的关系。只要对我国建国 60 多年来的工程事故史进行一番分析研究，就能发现这方面的问题，这应该是很有意义的。

5. 时空研究——回顾历史，展望未来

要对工程事故进行全面深入的研究，就很有必要对工程历史，尤其是对工程事故史进行回顾。对工程事故的发展趋势加以展望、考虑工程事故发生的时间关系是很必要的，这也是很有兴趣的事。

## 1.2.2　研究目的

### 1. 查明事故原因

对工程事故要进行认真严肃的分析与研究，最现实且明确的目标是要查清事故原因，追究事故责任。

工程事故涉及人身安全和财产损失，影响经济发展，历来受到人们的重视。进入市场经济以后，工程产权私有化，工程事故涉及工程安全性与耐久性问题，因而更加引起了人们的高度关注。工程诉讼纠纷也因而频繁出现。查清事故原因、追究经济责任和刑事责任也就成了一件非常严肃的工作。

比较起来，把自然灾害和责任事故进行有效地区分才是重中之重，这方面的工作当前还远未得到关注，可谓任重而道远。

### 2. 提出处理对策

对工程事故进行分析研究的第二个目的是在寻求事故的处理对策中提出具体的技术上可行的、经济上合理的加固处理方案。对于工程事故的处理，风险大，技术含量高，难度也大。因此绝不是一项可以掉以轻心、马马虎虎应付的技术工作。

### 3. 提高防范意识

提高工程事故防范意识是每一个在岗工程师及每一位投身土木建筑工程有关领域的在校青年学子——未来工程师所必须具备的业务技术素质。因此说，工程事故分析课程很有必要成为建设工程领域有关专业大学生的必修课。

### 4. 杜绝重大事故

要在工程建设领域里杜绝重大工程事故的发生，光依靠从业人员的防范意识还是不够的，在很大程度上还要依靠国家政策的引导与支持。因此，工程事故分析也应该是政府有关官员，尤其是各省市建筑工程质量监督部门的执法人员必须关注的业务内容。只有政府的管理到位，配套措施完善了，才有可能防止重大工程事故的发生。就目前现实情况看，可以说这方面的关注力度还很不够。

# 1.3 工程事故分析工作流程

图 1.1 所表述的是以下几个方面的内容。

（1）围绕工程事故分析工作这个主体按步骤分阶段开展分析与研究工作。

（2）第一步是通过现场考察和检测弄清事故真相，包括结构裂损现状和可能发展趋势的初步估计在内。具体工作内容包括检测工具的选择，检测方法的商定，检测计划的安排，检测记录的整理与认定。

（3）通过对现状的分析找出工程损伤和事故原因，主要工作是对结构损伤、裂缝进行机理分析。

（4）对现状和原因的确认后，再选择处理方案。这是事故分析的具体目标，需要做的工作较多。

（5）通过经验总结和进一步的理论研究（机理研究）加强事故防范意识，包括部分科普教育工作和社会宣传工作在内。

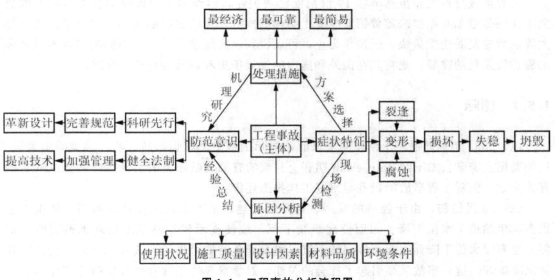

**图 1.1 工程事故分析流程图**

# 1.4 工程事故分析工作的守则

工程事故分析工作的目的既然是要对已出现的事故做出结论，那么就要涉及经济责任和刑事责任的追究。因此，工程事故分析工作的性质很类似法医的工作。法医的工作只是对受害者死伤的原因做出结论，其影响面是有限的。而对于工程事故，尤其是对于重大工程事故的分析，它的结论会关系到国家的经济建设和人民的生命财产安全，其技术含量更高，责任更大，是一件非常严肃、非常重要的工作。其工作守则主要表现在以下几方面。

1. 坚持客观、准确、公正三原则

工程事故分析研究报告不管是受哪一方当事人的委托进行的，还是直接受法庭或诉讼证据鉴定中心委托进行的，或是作为学术活动或科研课题单独进行的。一旦提出，就可能被社会采信，最低限度也会影响社会舆论。它所涉及的是当事人的刑事责任与经济责任的追究问题，因此必须坚持客观、准确、公正三原则来进行这一工作。

2. 不被政治权力干预，不受经济利益驱使

工程事故分析工作既然类似法医的工作，就成了司法工作的一部分。按司法独立的国际惯例，其工作就不能被政治权力制约，不能受经济利益驱使，从业者必须有高尚的职业道德素质。工作只对法律负责，对国家标准规范负责，对科学和真理负责，同时也对社会公众负责和对自己的良心负责。

## 1.5 工程事故分析工作的历史和现状

工程事故分析工作虽然早在 19 世纪就已被关注，但作为一门边缘的独立学科开展研究工作还是近 150 年以来随着钢筋混凝土结构的发展才逐渐发展起来的。尤以第二次世界大战以后的发展速度最快。但迄今为止，可以说其研究深度并不够，不能满足世界经济和工程建设发展的需要。现将其在国外和国内的发展历史和现状进行简要介绍。

### 1.5.1 国际

(1) 1854 年钢筋混凝土结构问世以前，国际工程史文献包括英、法、德美等国家的，比如英国皇家学会 Civil Engineering 期刊上刊载的有关文献和美国土木工程学会 ASCE 的有关文献，但对工程事故的记载与研究工作报道还极少。

(2) 20 世纪初，由于经济的发展、城市的扩建、地下水的大量开发利用，使世界上很多城市的地下水位下降。因而使建筑物下沉，或使支承建筑物的木桩基础遭到腐朽破坏。也有因水位下降而引起土体固结下沉、桩身受负摩擦力作用下沉等，导致了大批建筑物沉降破坏。这一事故风暴引起了社会的关注，对学术界的工程事故分析研究工作也起到推动作用。

(3) 第二次世界大战以前，国际上关于工程事故的研究与报道还受"家丑不外扬"的观念制约，很少谈到人为过失引起的责任事故。少量报道也只限于工程地质条件变化引起的水坝基础、道路桥梁和建筑物基础沉降事故，这些事故在很大程度上被人们视为自然灾害。

(4) 1950 年前后，也就是第二次世界大战结束进入经济建设的高潮以后，工程事故率也急剧上升，尤以覆盖面最大的民用住宅工程为突出。由于人民生活水平的提高，一方面生活卫生用水进入室内；另一方面工程结构类型开始多样化。而对工程的设计、施工与使用方面的经验又不足，工程事故开始大量出现，结构裂缝现象普遍而且严重，工程坍塌事故也时有发生。仅据美国工程师 Fu Hua Chen 所著的 *Foundation on Expansive Soils* 一

书中的报道，当时美国由于地基基础工程事故造成的损失量每年平均已在 22 亿美元以上，比地震、台风等灾害造成的总损失额度还大。这种情况对工程事故的分析研究工作起了很大的推动作用。

（5）1960 年前后，国际召开了多次结构裂缝会议，之后，关于砖混结构裂缝的研究与报道较多。在这方面的研究工作比较领先的是中东的以色列和苏联的高加索等地区。而先进的欧美等国由于建设标准较高，设计与施工质量较有保证，事故率较低，报道率也较低。

（6）1980 年前后，ASCE Journal of structural Engineering 于 1985 年 7 月报道了关于结构事故的全面情况，范围涉及美国国内和全世界其他国家，领域涉及建筑工程和桥梁为主的土木工程，时间跨越约 10 年，事故原因只包括设计和施工两个方面，不包括自然灾害和战争损坏。虽然内容比较全面，但由施工原因引起的事故率实际很高，而这方面的报道却极少。因此认为这次报道也并非全面情况。但也说明了事故的普遍性与严重性已引起了社会的关注和工程学术界的重视。尤其引人瞩目的是在短短几年之内就有 14 起 60m 以上大跨度的公共建筑倒塌事故。其中发生在美国国内的 4 起，发生在世界其他地方的 10 起。公共建筑的倒塌显然会导致大量的人员伤亡，对人民的生命安全和社会的稳定构成了很大威胁，从而也推动了工程学术界的工程事故分析研究工作。

ICSF—87（International Conference of Structural Failure—87）新加坡国际工程事故研讨会就是在以上背景下召开的。会议所收到的厚达 4 英寸的两卷论文集，内容丰富，涵盖了土木水利建筑的各个领域和全世界的各个角落。来自全世界的工程师们带着沉重的心情参加了这次会议。这些象征着工程事故分析研究工作已迈入了一个新阶段。

（7）1990 年前后，也是东亚经济腾飞时期，一些大的震惊世界的工程事故也都集中发生在这一地区。韩国汉城的三丰百货大楼倒塌事故；新加坡的新世纪大酒店倒塌事故；马来西亚的吉隆坡高层公寓倒塌事故……都在一定程度上促进了工程学术界对工程事故分析课题的关注。

（8）福岛地震海啸灾难以及随之到来的核电安全威胁则成了当前全世界人们最为关注的工程安全话题。

## 1.5.2 国内

相比之下，国人对"报喜不报忧"、"家丑不外扬"这些信条的坚守表现得要更突出一些。尤其在改革开放以前，工程学术界很不愿意谈论工程事故分析这个晦气的话题，更不可能有公开的文字报道。人们只能凭个人感受和记忆来谈一些印象。

（1）建国初期的情况。当时人们对工作比较尽职尽责，因此工程质量一般较有保证，确实很少见到严重结构裂缝和房屋倒塌之类的工程事故发生。随着经济的发展，技术的进步，钢筋混凝土平屋顶结构逐渐取代了坡屋顶，随之也产生了一个因温度应力引起的钢筋混凝土与砖砌体之间的变形协调问题，出现了大量的结构裂缝，使工程界大为震惊。这时少数人才开始关注结构裂缝、工程事故这些话题。

（2）王铁梦工程师的研究工作。在国内，王铁梦工程师是涉足裂缝研究工作的先驱，很早就有论文在国内外发表。其近年所著的《工程结构裂缝控制》一书，内容新颖而全面，造诣颇深，很受国内外工程界和学者们的重视。

（3）清华大学的研究工作。以清华大学陈肇元院士和刘西拉、秦权、江见鲸、王元清、崔京浩等教授为首的一批学者，对工程安全性与耐久性问题开展了大量的研究工作，持续了近半个世纪，正在向前迈进。

（4）高大钊、龚晓南、刘祖德等教授的研究工作。在地基基础工程事故分析与处理技术方面，及岩土工程的安全性研究方面，同济大学高大钊教授，浙江大学龚晓南教授与中南水电学院刘祖德教授做了大量研究工作，功绩显著。

（5）汪达尊与姚兵等的功绩。汪达尊、姚兵等人根据建设部内部通报资料整理的"工程事故记录"与"工程事故警示录"是很宝贵的文献。尽管它是不很完整的记录，汪达尊整理的"记录"还未正式发表过，但已能从侧面说明了一些问题。这一份工作的功绩应该归于汪达尊教授和姚兵总工程师。

（6）《工业建筑》期刊事故分析专栏的成效。在全国性重点专业期刊上开辟"工程事故分析专栏"，这在当时国际上也并不多见。在改革开放之初的国内，《工业建筑》能大胆做出这样的尝试，揭自己的疮疤，是值得肯定的。之后，以冶金建筑研究总院林志伸教授为首的关于已有工业厂房鉴定、改造、加固等方面的研究工作更是卓有成效。

（7）《工程事故分析及处理实用手册》（王跃等）、《建筑物改造与病害处理》（唐业清等《建筑工程事故处理手册》（王赫等）。手册系列的编辑出版对工程事故分析的研究工作与普及工作有很大的推动作用。但确实因为其内容庞杂、篇幅太长，往往让读者望而生畏。这正是关于工程事故分析研究的深入与普及工作中必须解决的问题。

（8）以陈肇元、赵国藩等院士为首的中国工程院土木水利建筑学部工程结构安全性与耐久性研究项目组的研究工作具有重大意义。

（9）但是，由于长期以来处于信息封锁状态，尤其自"大跃进"至改革开放的20年间，全国出现大量的、典型的恶性事故，几乎已全部从工程史上抹掉，宝贵的经验教训未曾得到吸取，至今人们、社会和政府对工程的安全性与耐久性问题的认识仍然有所不足，关注有所不够，工程学术界的研究工作不够普及，难免不适应当前工程建设形势发展的需要。

（10）当前，随着全球变暖，气候异常，极端天气频现的大趋势，自然灾害日见严峻。随着世界人口膨胀，资源紧缺，人类对地球开发过度的现实，人为过失因素影响就更大。天灾人祸双管齐下，工程事故率也就必然高涨，上海大楼猝倒事件只是敲响了警钟。

# 思　考　题

1. 什么样的工程才是能够确保工程安全的正常工程？

2. "工程事故分析与工程安全"这一课题的研究范围包括哪些方面？

3. 为什么当今的土木工程建设市场对"工程事故分析"有迫切的需求？通过"工程事故分析"能解决哪些问题？

4. 从事工程事故分析工作的人应该具备哪些基本素质？要严格遵守哪些工作守则？

5. 你能概要介绍一下国内工程学术界关于"工程事故分析与工程安全"这一课题研究的开展情况吗？

# 实 习 题

1. 建议学校与负责城镇建设管理和质量监控的政府部门密切合作，让学生有直接进入工程事故现场进行考察，参与质量检测，提出分析报告的机会。

2. 建议省市住建委、省市地震局携手，并借助大学生实习的力量，对辖区内既有工程进行一次抗震安全普查，逐项提出安全评估报告。

# 第2章
## 建筑物坍塌机理

### 教学目标

　　坍塌事故是工程师的克星，要有杜绝重大事故的决心，战胜重大事故的勇气。因此必须在教学工作中明确以下目标。

　　(1) 充分认识坍塌事故的危害性。

　　(2) 坚信坍塌事故是完全可以防范(规避)的。

　　(3) 熟悉坍塌机理分析。

　　(4) 掌握结构加固技术。

### 基本概念

　　坍塌事故；坍塌概率；坍塌机理；整体坍塌；裂损坍塌；局部坍塌；桩基失稳坍塌；地基液化与流变失效坍塌；地基剪切破坏坍塌；坍塌事故防范与抢救；结构加固技术；建筑物纠倾技术。

### 引言

　　坍塌事故是一种极其严重的工程事故，会造成惊人的生命财产损失。以往，人们为了缓和矛盾，掩盖真相，逃避责任，往往将一切责任归咎于老天爷。尤其在地震灾害之后，面对一片废墟，谁也不愿意耐心地去进行逐项的坍塌机理分析，寻找原因，追究责任，提高认识。今后，为了总结经验教训，提高防震抗震的安全水准，很有必要切实地对每一宗坍塌事故进行仔细的坍塌机理研究，严肃地查清原因，追究责任，落实处理。只有这样，坍塌事故分析研究这项工作才有其实用价值。

工程出现坍塌事故是极大的不幸，会给人们的生命财产带来重大损失。因此结构抗震规范有"小震不坏，中震可修，大震不倒"的抗震设防三准则。所谓大震，是指大于设防烈度以上的地震，也就是指工程所能遭遇到的最大的外部冲击波或破坏力。既然可以确保工程结构在特大地震灾害条件下坏而不倒，也就应该完全可以在任何条件下杜绝工程坍塌事故的出现。可是工程实践证明，事实并非如此简单。这也充分说明了有对工程坍塌机理进行深入分析、研究的必要性。

## 2.1 建筑物坍塌事故概述

### 2.1.1 工程坍塌事故定义

工程坍塌事故是指建筑物或构筑物，由于某种内在的或外来的原因遭到破坏，不仅完全丧失了结构的承载力功能和建（构）筑物的使用功能，而且完全失去了自立功能，局部或整体塌倒在地上，成为建筑垃圾，完全丧失了恢复功能的可能性。

### 2.1.2 坍塌事故不容多见

人有衣、食、住、行等多方面的要求，但以满足住的要求难度为最大。工农业经济和生产技术发展到今天，解决衣、食、行等生活必需品问题已比较容易，付出的代价已不是很高。唯独要解决住的问题，仍然有很大的难度。即使在发达的西方各国，自有房产的占有率仍然不是很高，远不能达到居家有其房的理想境界。人们要获得住房，必须在生存竞争中付出更多的劳动代价。这说明住房仍然是人们毕生创业与奋斗的重要目标，也是一般人终生获得的最宝贵的财富。何况作为栖身之所的住房，人们不仅在其上花费了毕生精力，这里还集中了其他生活资料、毕生积蓄，甚至再加上其家庭成员的宝贵生命，即所谓全部身家性命统统集中在这里。房屋倒塌可以说是人生最悲惨的遭遇了。因此倒塌事故是决不容许多见的。严防建筑物倒塌应该是工程师们义不容辞的职责了。

### 2.1.3 倒塌事故不应多见

既然倒塌事故要付出的代价这么高，就要遵循建筑结构抗震设计三准则，即"小震不坏，中震可修，大震不倒"的严格要求。所谓"大震不倒"，是指即使遇到了抗震设防标准以上的特大地震建筑物难免要受到损害，也决不容许建筑物出现倒塌。其实，凡是经过正规设计，正规施工的新建筑物，不论是砖混结构、钢筋混凝土结构，还是钢结构，都具有很好的延性，应该有很高的抗倒塌能力。在1994年前后的美国洛杉矶地震和日本阪神地震中，倒塌的就都只是那些年久失修的旧建筑物。实践证明要实现抗震设防三准则是完全有可能的。超过抗震设防标准以上的地震荷载应该算得上建筑物可能遇到的最大荷载了。既然如此，也就表明，不论在任何时候任何情况下，都不容许、不应该有建筑物倒塌的情况出现。只要出现，就完全可以认定在设计、施工与管理(使用)方面必然存在严重问题，必需追究人为过失。决不容许人们在自然灾害的大帽子底下开小差，逃避责任。这一点不仅是每一位工程师，也是土木建筑行业的每一位从业者都应该清醒地认识到的。

### 2.1.4　倒塌事故不会少见

事实上，不论是从唐山地震的画面，还是最近几次伊朗地震，海地地震，印尼地震，福岛地震的画面所见，倒塌的建构筑物都是成片成堆，触目惊心。自然，这些倒塌的建构筑物大都是未经抗震设防的历史留下来的包袱；问题是，不论什么国家，就是像日本那样的经济强国，仍然难免存在历史包袱；问题是，即使是在今天大建设高潮中新建成的工程，对其安全性与耐久性问题仍然没有得到应有的重视；问题是，正在施工中的大楼还时有倒塌事故的出现。从这一点看，前景确实不容乐观，倒塌事故不会少出现。

### 2.1.5　大楼猝倒并非个案

近年来发生在上海的大楼猝倒事件惊动了全国，而国家住建部的质监官员却认为这只是个案，似值得商榷。研究表明，大楼猝倒既然存在其固有的也是非常普通的原因，就绝非偶然，也非个案，值得警惕！

### 2.1.6　小康社会与安居工程

我国现在已经基本上进入了小康社会。顾名思义，所谓小康，必然要具备一个安居乐业的条件。所谓安居，起码必须保证居住建筑的绝对安全，不能让人们在担心住房倒塌、提心吊胆的情况下挨日子。可是仔细考察起来，对于13亿多人口来说，具备这一条件还真不容易。先把广大农村的居住安全条件放在一边，就拿城镇来说，以百亿平方米计量的居住建筑，究竟有多少是符合安全标准的，还说不清楚。要先进行一次全国性的安居工程普查鉴定，再进一步开展改造加固工作才行。其规模之大，所需投入量之大，可想而知。政府有关部门是否已把它列入实施计划，应予关注。同时，这也是整个土木建筑行业从业人员所必须面对的一个现实问题。

## 2.2　建筑物坍塌事故机理研究

建(构)筑物的坍塌机理极为复杂，也难以用理想化的力学模型进行表述，现分以下三种不同的坍塌机理进行一些初步探讨。

### 2.2.1　整体坍塌

建筑物的整体坍塌与建筑物的上部结构，包括建筑物基础在内的建筑物整体的设计标准承载能力、刚度特征，均无必然关系。甚至相反，越是上部结构设计标准偏高，刚度偏大的建筑物，出现整体坍塌的可能性就越大。整体坍塌后的建筑物虽然已失去了使用功能，但其内在的结构构件，却可能仍然完整无损。其坍塌机理分以下几种情况。

**1. 桩基失稳坍塌**

桩基失稳，导致建筑物倾斜并坍塌的事故是当前出现几率最高的事故。关于桩基倾斜、失稳引起建筑物倾斜、坍塌的机理研究工作，目前人们的关注还很不够。桩基失稳的直接原因是挤土桩的挤土效应与超静孔隙水压力效应。比如武汉某 18 层大楼因为桩基失稳，导致大楼倾斜、摆幅达 3354mm。虽然尚未形成倒塌事故，但是大楼摆幅如此之大，自然是人们所无法接受的，最后只得实行爆破拆毁。

**2. 地基剪切破坏坍塌**

根据岩土力学的弹塑性理论分析与大量刚性筏板基础或箱形基础下的压力盒测试记录证实，刚性基础下的压应力（地基反力）分布曲线呈马鞍形，压力强度为边缘大、中间小。因此，地基很可能在边缘出现应力集中状态，形成塑性体，引起剪切破坏，土体向旁挤出，导致建筑物倾斜与坍塌。如图 2.1 所示。著名的加拿大谷仓坍塌事故就是一例。

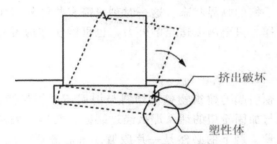

挤出破坏

塑性体

**图 2.1 地基剪力破坏引起建筑物坍塌图**

**3. 地基液化或流变坍塌**

饱和粉细砂土或饱和粉土在受到震动波作用下，会出现液化现象，土体颗粒处于悬浮状态，不仅失去自重，失去相互约束的能力，也完全失去支承能力，就必然导致建筑物坍塌。日本新潟地震时出现的大量建筑物整体坍塌、卧倒现象，就是地基液化的结果。同样，饱和软粘土尤其是淤泥质土在受到冲击和扰动时，会产生流变状态，使地基土完全失去支承力，导致建筑物倾斜与坍塌。

**4. 地基整体失稳坍塌**

在工程地质构造异常的条件下，很可能出现滑坡、山崩、地动、地陷等现象。建造在这些滑动土体上的建筑物就成了无本之木，必然遭到坍塌破坏。

## 2.2.2 裂损坍塌

如果把整体坍塌比拟成人的急性病，那么裂损坍塌就是慢性病。急性病之所以可怕，在于如果抢救不及时，顷刻之间就可能要了命。慢性病的可怕之处则在于发病率高，根治困难。裂缝，只是坍塌的最初征兆。就像人身患病，必然有体温失常，脉情异样的表现。建筑物裂缝迹象如果任其发展下去，建筑物的变形、失稳与坍塌现象就会最终出现。

**1．裂缝机理**

裂缝阶段是建筑物走上损毁坍塌之路的最初表征。建筑物裂缝机理最为复杂，也是工程事故分析课题的研究重点。我们将根据各种不同的结构类型和不同的致裂原因，在后面的有关章节分别深入地研究其不同的裂损机理。只有正确地掌握和理解了结构的裂损机理，才谈得上对危险建筑采取正确的加固与拯救措施，才谈得上能在工程实践过程中提高事故防范意识，杜绝重大事故的发生。

**2．变形机理**

结构出现严重裂损以后，其整体性受损，刚度锐减，因而出现严重的结构变形。变形出现以后，由平面结构组成的空间结构体系就被破坏，结构的计算图形或者说力学模型完全改变。稳定结构逐步变为不稳定结构，这就是坍塌的前兆。

**3．失稳机理**

建筑物的变形发展到失稳阶段，情况就如同人的病情进入了急性阶段。失稳阶段的平衡状态是临时性的极限平衡的临界状态。这一时刻只需有些许外力作用，建筑物就可能急剧发展成坍塌状态。同样，只要施以适当的外力，也可能使结构暂时转危为安，获得加固与恢复的机会。

**4．坍塌机理**

如果说因为地基问题引起的建筑物整体倾斜与坍塌还可能保持上部结构的完整无损，并有可能获得扶正复位与加固希望的话，那么经过裂缝、变形、失稳最后进入坍塌状态的建筑物就只能是粉身碎骨，剩下的必然是一片废墟。事后进行清理还必然花费很多人力，物力。

### 2.2.3　局部坍塌

局部坍塌事故多出现在整体性较差的预制构件体系。比如由于钢屋架或钢筋混凝土屋架的承载力不够、变形太大引起的屋顶坍塌事故，就是曾经在国内外工业厂房中出现频率最高的事故。一般情况下只形成几榀屋架范围内的连锁反应，就会发生局部坍塌。只有在体系整体性极差的情况下，才构成厂房的整体坍毁。发生在英国伦敦的由于煤气爆炸形成局部冲击荷载引起预制大板结构的高层公寓局部坍塌事故，就是比较典型的案例。

## 2.3　坍塌事故与自然灾害

什么是坍塌事故，什么是自然灾害，在工程事故分析中，必须有个明确的界定。在前面坍塌事故的定义中已经谈到了这一点，但似乎还不够具体。问题在于人们往往愿意把很多责任事故统统划归自然灾害以逃脱责任，躲避惩罚。这不仅有失公正，而且对经验的总结、技术的进步、事故的防范也极为不利。比如说唐山大地震，几乎整个城市的建筑物被摧毁，死伤人数达 40 余万，而地震烈度与之相近的美国洛杉矶地震与日本阪神地震造成的建筑物坍塌和人员伤亡就寥寥无几，损失极为有限。因此，决不能把人为过失统统算作自然灾害。灾害是可以依靠人们的积极努力去减免与消除的，也可能由于人们的过失而导致并加重的。抗震设计的安全设防三准则已规定得很清楚，建筑物的抗震设防底线是"大震不倒"。滑坡、山崩、地动、地陷、水灾、火灾等所有能导致建筑物坍塌的自然灾害都应该有个设防底线。有了设防底线，自然灾害都是可以防范的。既然可以防范而不加防范，那就是责任事故。当然，自然条件是在不断发展变化中的，受时空的限制。很多现象，很多问题，过去无法发现，只有发展到今天才明朗化，这就必然有历史留下来的包袱。很多问题今天仍然不可预料，只有留待以后才能澄清处理。在这样的情况之下形成的事故，才能算得上自然灾害。

# 2.4 坍塌事故防范

既然坍塌事故会给人们与社会造成如此大的损失，就必须把精力集中放在事故防范工作上。不论是慢性病还是急性病，其发生发展都有一个过程，都有一定的预兆。不管是建筑物的整体坍塌，或是裂损坍塌，还是局部坍塌，都是可以防范的。除了像"9·11"事件中的纽约世贸大厦被毁之类的特殊情况外。有一位名医说过一句话："最好的药是时间。"时效就是良药，这很有哲理。再大的病，只要及时采取一点点小措施，也许只是一小片药，就可见神效。如果贻误了治病时机，则再好的、再珍贵的药也难以见效。坍塌事故等到已经发生或即将发生时再救治，必然是徒劳无益的了。越是防范得早，就越省事，越能见效。既然坍塌事故的根源可能出现在工程实践的全过程中，也就是从勘察、规划、设计、施工到使用阶段的任何一个时刻，那么事故防范就不能单是依靠勘察设计和施工操作中的从业人员就能完全见效的。这是一件全社会都应该关注的大事，必须从科普、教育、宣传下手，全体动员，全面防范。记得阪神大地震以后，日本社会在抗地震和防范坍塌事故方面的科普宣传工作做得很普及，值得借鉴。

# 2.5 坍塌事故抢救

坍塌事故抢救应按事故到来之前和事故出现以后两种情况来进行讨论。在事故到来之前的紧要关头——千钧一发之际，抢救工作组织和发挥得好，就可转危为安。同样，在事故出现以后，为了抢救埋在废墟中的生存者，更需要紧张有序、快速见效的抢救工作。

## 2.5.1 千钧一发之际的紧急抢救

从力学观点看，倒塌事故到来之前的一刻，结构体系正处于极限平衡的临界状态，正像天平上的两力相持，难分上下。稍微一点外力，就能起到决定性作用。在这样的紧急关头，负责组织抢救的人不能光凭胆量和勇气去取胜，必须把厚实的技术功底和良好的心理素养包括理论基础和实践经验亮出来，展开搏斗。既不能瞎指挥，帮倒忙，也不能犹豫不决，坐失良机。这是真正经受考验的关键时刻。当然，其中也会存在很多偶然因素。有些突然出现的情况是很难预测的。因此，再多经验的指挥人员和再有战斗力的抢险队伍，也不可能百战百胜。后面将在第16章中用厂房滑移、大楼出走、大厦失稳与楼房失火四个具体的工程抢险案例来进行论述。

### 2.5.2　一片废墟之下的生死搏斗

坍塌事故既然已经发生，展现在抢险队员面前的是一片废墟，所听到的都是呼救声。而要在新坍塌下来尚未稳定的废墟中寻找生命，难度是极大的，技术条件极其复杂，不可预见的因素极多，危险性也极大。这就不能单纯依靠爱心和毅力了。训练有素的队伍和抢救设施将起决定性作用。马来西亚吉隆坡高层公寓倒塌后，该国的国家救援队也束手无策，只得向新加坡、日本和法国等世界知名的强力救援队伍求助。三国动用了世界上最先进的勘测救护设施和数以百计训练有素的救援队员，在废墟下整整战斗了12个日日夜夜。结果是除了母女二人获救之外，其余70余人遇难。韩国汉城三丰百货大楼坍塌事故发生后，救援的队伍规模就更大。整整二十几个昼夜，持续进行着现场电视直播，牵动着全世界人民的心。最后仍有500余人死难，这些充分说明了在废墟下进行抢救任务的艰巨性。

## 2.6　结构加固的可行性

不论是濒临整体坍塌危险的建筑物，其倾斜已严重到什么程度；或面临裂损坍塌之险的建筑物，其结构裂损已严重到什么程度，只要是在建筑物还没有彻底倒下成为废墟之前，对其进行结构加固的可能性始终是存在的。尤其是钢筋混凝土结构和钢结构，具有很好的延性和很强的结构整体性。只要对受损构件和节点进行逐一加固，或对整体倾斜面临坍塌危险的建筑物进行综合纠倾扶正，再对其地基基础实行全面加固处理，就有可能完全、有效地恢复建筑物的承载力功能和使用功能。目前在建筑物综合纠倾、地基基础加固处理和结构构件与节点加固的技术方面，已经有了成熟的经验，关于这方面的问题，将在后面第13、17章进行专门讨论。

## 2.7　结构加固的经济性

建筑物坍塌以后，居民生命和财产方面所遭受的直接损失以及国家和社会在环境方面和政治方面遭受的间接损失是巨大的。除此之外，建筑物本身的造价再加上20%以上清理废墟和基础的直接损失也是惊人的。而对建筑物实施综合纠倾，地基处理和结构加固的全部费用，一般可以控制在新建造价及清理费用总金额的50%以内。因此认为，尽最大努力拯救濒临坍塌的危险建筑物，并进行加固，在经济上是完全合理的。

# 2.8 坍塌事故案例

由于一些历史原因,很多坍塌事故信息被长期封锁禁锢,一些宝贵的经验教训得不到吸取,殊为可惜。现仅就自 1950 年以来发生在国外与国内的有代表性的典型事故概述如下。

## 2.8.1 大跨度网架坍塌事故

网架结构多用于工业厂房、会场或剧院等公共建筑。这些建筑出现坍塌事故,对人们的生命安全威胁最大,也最容易引起社会的关注,而偏偏这类事故出现的频率很高。比如深圳展览馆网架坍塌事故、太原电讯楼网架坍塌事故、美国新奥尔良体育馆网架坍塌事故和新近出现在山西介休旅游景点的网架坍塌事故,都有其共性与个性。据不完全统计,仅在上世纪 80 年代的短短几年之内,国际上就曾出现过十几起大跨度网架坍塌事故。其中发生在相对说来工程事故率最低的美国国内的就达四起。而在我国,由于经济与文化的空前发展,大跨度、大空间建筑物激增,近几年来的网架坍塌事故更是频繁出现,损失极大,对工程学术界的震动也很大。但也有人认为,这是作为一种新型结构在其发展过程中必然要付出的代价。不管怎样,网架坍塌事故风暴还是引起了工程学术界的高度关注。1987 年新加坡国际结构事故会议就是在这样的背景下召开的。

下面收集的是 2011 年出现在山西介休的旅游换乘点网架(图 2.2)和 2009 年 6 月出现在马来西亚的大型体育场网架(图 2.3)坍塌现场实况,有一定的代表性。

图 2.2 山西介休旅游点网架坍毁实况

图 2.3　马来西亚体育场网架坍毁现场

## 2.8.2　大批量桥梁坍塌事故

　　近五十年来国内外出现桥梁坍塌事故的频率也很高，像著名的重庆彩虹桥坍塌事故是现代化人行大桥坍塌的典型。类似情况，国内国外都不少见。出现在旅游风景区的人行桥坍塌事故几率就更高。前几年出现在浙江宁波的杭州湾跨海大桥坍塌事故则是现代化预应力箱梁桥坍塌的典型，国内国外都有类似案例报道。美国俄亥俄大桥坍塌事故则是钢梁桥坍塌的典型，出现在国外的类似案例更多，国内也时有出现。由于桥梁工程历史悠久，一般服务年限已久，环境条件复杂，超载情况又难以有效控制，这是桥梁坍塌事故率高的主要原因。也成了工程学术界和政府有关管理部门面临的一道难题。

　　按理说，横跨大江大河，肩负交通命脉，事关国计民生的大桥建设，不只是一个百年大计的问题，还应该有更长远的考虑。在旧时艰巨条件下建成的著名的赵州桥等古桥，不就有了成百上千年的服务历史吗？而最近在国内频繁出现的新建大桥的坍毁事故，比如杭州的钱塘江三桥、湖南凤凰县的沱江大桥、湖南株洲的城市高架桥、广东的九江大桥，还有湖北等地的多座大桥，所犯的竟多是设计、施工或管理中的低级错误，任人民的生命财产遭受损失，实难容忍！至于出现在汶川震后灾区一些险隘关口的著名大桥，还竟然在保持着屡垮屡修、不屈不挠的战斗状态，更令人惶恐不安了。认为百年大计，在复建之先，就理应先选线，后治山，再建桥。既然已是路不可选，山无法治，桥就不能建。宁可多绕道，另选线，毕竟应以"安全第一"为最高准则。

　　回顾一下近几十年来出现在国内的让人惊心动魄的桥梁坍毁记录，究其原因，大致可以划分为以下三种情况。

(1) 设计不周，或施工失当，尤以施工失当案例为多见。像宁波跨海大桥箱梁桥面构件设计中存在的缺憾，以及湘西凤凰大桥于工程地质条件不可靠(桥支座出现下沉)的情况下不适当地选择了对地基变形反应最敏感、整体性最差、抵抗力最弱的石拱结构这样的方案性错误，还是很少见的。至于2011年发生在新疆314国道孔雀河上的钢筋混凝土拱桥桥面坍塌事故，是由于设计与施工同时失误，形成铁铝结合的金属电偶，将拱桥钢缆(吊杆)腐蚀，导致桥面下落，就更加罕见了。图2.4列举了8个由于设计不周或施工失当引起的坍塌事故案例，具有一定的代表性。

图2.4(a)为浙江宁波南海大桥坍塌事故(2008年3月)：造成局部坍塌事故的原因已如上述，只是桥面次要构件设计失误，在承重主梁和墩台基础方面并不存在问题。而且问题是暴露在施工的起步阶段，由于纠正及时，损失很小，这是万幸。图2.4(b)为湘西凤凰石拱桥坍塌事故(2007年8月)：问题虽然出在设计的结构选型上，但施工和监理方面眼见石拱墩台出现了地基下沉的险象，仍然置之不理，坐待事故到来，最终造成巨大的人员伤亡和财产损失，实在责无旁贷。图2.4(c)为印度北安恰尔邦钢桥坍塌事故(2012年3月)：未见到详细报道，仅从以上图面看，属于跨度上百米的上承式钢架桥，事故时架桥机等起重设备已撤离现场，死伤人数有限(6死17伤)，说明施工已近尾声。因此认为：不存在气候(天灾)问题，不存在地质问题(有较强的抗沉降应变功能)，不存在超载问题。断裂点出现在跨中的某一节间，显然，事故原因很有可能是出在工厂的焊接工艺和焊接质量问题上。图2.4(d)为越南刚架桥坍塌事故(2007年9月)：该桥为全长16km，主桥2.75km的现代化刚构组合桥，由日本政府资助，日本公司具体负责组建(含设计与施工)的湄公河三角洲第一大桥。失事时现场正在浇筑桥面混凝土，工作面上的250人，死伤达200人以上。据常规判断，似不应存在设计问题，显然是施工问题，更具体地说，应该是施工荷载超负问题。而从结构特征和事故现场实况看，混凝土浇筑时的最大施工荷载并不应依靠脚手架等临时支撑落地来提供(也就是说不受水灾影响)，而是应该依靠主刚架本身去提供。那么，施工荷载超负引起坍塌的问题，实际上也就成了设计问题，至少是设计向施工技术交底不清的问题。图2.4(e)为南京高架立交桥坍塌事故(2010年11月)：该桥由某一国有企业负责施工，因为现场管理混乱，作业违章。显然所犯的错误属于典型的"低级错误"。图2.4(f)为韶赣高速立交桥坍塌事故(2011年5月)：该桥失事时正在浇筑桥面梁板混凝土，失事原因是由于超高的脚手支架失稳。裹埋在流体混凝土中的7具尸体被救援队发现时，已被混凝土固结，惨不忍睹。图2.4(g)为甬台温在建铁路支线桥坍塌事故(2008年8月)：该桥为预制钢筋混凝土箱梁桥，块重240t，架设就位，尚未焊接、浇筑固结成为整体时，过早拆除了翼板下的临时支撑，引起块体失稳坍塌，7死2伤。其实这样的错误是完全可以避免的。图2.4(h)为新疆314国道孔雀河拱桥桥面坍落事故(2011年4月)：该桥桥长150m，宽24.5m，为一中承式钢筋混凝土拱结构悬挂钢筋混凝土桥面的新桥。1998年建成投用才10来年，桥面坍塌原因是如前面所述的设计与施工同时失误，造成金属电偶腐蚀了吊挂钢缆，导致15m长的一段桥面整体跌落。

(a) 浙江宁波南海大桥坍塌事故

(b) 湘西凤凰石拱桥坍塌事故

**图 2.4　8 个由于设计不周或施工失当引起的坍塌事故案例**

(c) 印度北安恰尔邦钢桥坍塌事故

(d) 越南刚架桥坍塌事故

图 2.4 8 个由于设计不周或施工失当引起的坍塌事故案例(续)

(e) 南京高架立交桥坍塌事故

(f) 韶赣高速立交桥坍塌事故

图 2.4　8 个由于设计不周或施工失当引起的坍塌事故案例(续)

(g) 甬台温在建铁路支线桥坍塌事故

(h) 新疆314国道孔雀河拱桥桥面坍塌事故

**图 2.4　8 个由于设计不周或施工失当引起的坍塌事故案例(续)**

（2）结构疲劳，或荷载失控。这也是当前全球范围内桥梁坍塌事故层出不穷，令人震惊不已的主要原因。比较起来，全球此类原因造成的坍塌事故还要以我国和印度为最，这也是与国家经济发展的进程相关联的。图2.5列举了8个比较引人关注的由于结构老化或荷载失控引起的坍塌事故案例来予以说明。

图2.5(a)为杭州钱江三桥坍塌事故（2011年7月）：原因很明确，载重128t钢板的大货车压垮了桥面。铁证已摆在眼前。图2.5(b)为河南项城汾河大桥坍塌事故（2011年11月）：该桥于1977年建成，本已经认定为危桥，加上频繁超载，造成整体坍塌，四车落水。图2.5(c)为徐州沛县朱王庄二桥坍塌事故（2012年4月）：本已是正在拆除中的危桥，却不慎失事，说明拆桥并不比建桥容易。图2.5(d)为福建武夷宾馆大桥坍塌事故（2011年7月）：该桥为1999年建成的中承式钢筋混凝土拱桥，全长301m、宽18m，跨越崇阳溪，是武夷山景区的一道景观。失事时仅有一辆公交车行驶于桥上，突然出现了一段长50m的桥面塌落，据称是因早先过桥的超载货车引起，实则更有可能和前述孔雀河桥坍塌是同一个原因——钢缆腐蚀。图2.5(e)为美国明尼苏达州密西西比河桥坍塌事故（2007年8月）：该桥于1967年建成，跨河主桥为上承式钢结构拱桥，单跨过河。坍塌段为主跨，长度为300m，被摔断成3段。50辆汽车落水。分析坍塌原因为结构老化、维护不到位，但这只是失事原因之一，必然还存在一些设计方面的细节问题。图2.5(f)为辽宁盘锦大桥坍塌事故（2004年6月）：该桥于1977年建成，为全长878m跨辽河的多孔钢筋混凝土箱式连续梁桥。断裂坍落点出现在承载力最低的悬臂端，这显然与超载有关。另外，事故发生在开始进入高温的6月份，这似乎说明与钢筋混凝土连续梁桥的宿敌——温度收缩应力无直接关系，但也正是由于冷缩已经使钢筋产生疲劳，使混凝土出现裂缝，继而热胀又将裂缝界面处的混凝土挤碎，箱梁承载力锐减。因此，在严寒地区，作为钢筋混凝土箱形连续梁薄弱环节的伸缩缝设置及其构造细节还是一个值得关注的问题。图2.5(g)为黑龙江铁力呼兰河大桥坍塌事故（2009年6月）：该桥为1973年建成的6孔双幅、长187.7m、宽15m的钢筋混凝土箱梁桥。被超载压垮的是单幅4孔，宽7.5m，长120m。4孔同时出现连锁反应，必然与支座特性和伸缩缝位置相关。还请注意，事故发生在转暖的6月份，绝非偶然。这说明超载并不是失事的唯一原因，还应关注严寒地区钢筋混凝土连续梁桥的伸缩缝设置是否到位，其构造细节是否合理的问题。图2.5(h)为印度比哈尔邦帕科尔布尔80岁老龄桥（2009年8月）：该桥年久失修，加上超载，发生事故是必然的。

(a) 杭州钱江三桥坍塌事故

(b) 河南项城汾河大桥坍塌事故

**图 2.5 8 个由于结构老化或荷载失控引起的坍塌事故案例**

(c) 徐州沛县朱王庄二桥坍塌事故

(d) 福建武夷宾馆大桥坍塌事故

图 2.5　8 个由于结构老化或荷载失控引起的坍塌事故案例(续)

(e) 美国明尼苏达州密西西比河桥坍塌事故

(f) 辽宁盘锦大桥坍塌事故

图 2.5　8 个由于结构老化或荷载失控引起的坍塌事故案例(续)

(g) 黑龙江铁力呼兰河大桥坍塌事故

(h) 印度比哈尔邦帕科尔布尔80岁老龄桥坍塌事故

图 2.5  8 个由于结构老化或荷载失控引起的坍塌事故案例(续)

(3) 自然灾害(尤以山洪和地震为主),或其他意外因素,也是引起桥梁坍毁的原因。但是山洪和地震灾害毕竟要受到时间和空间的制约,所以受灾概率不会太高。图2.6列举了的5个由于自然灾害或其他原因引起的桥梁坍塌的案例,有一定的代表性。

图2.6(a)为广东九江大桥坍塌事故(2007年6月):该桥为一4支柱排架(桥墩)支撑,双幅宽16m,全长达1675m,最大孔径为160m的斜塔拉索箱梁桥。据报道称该桥是被一运砂船撞塌。坍塌范围约为200m。对于这种情况,以上结论确实还值得质疑:①涉事船上的船员并未负伤,说明其辩称船并未撞到桥还是有一定道理的,至少是相撞并不激烈。漂浮于水面上的船舶与静止的桥柱相撞,并不像对驶的两船相撞,更不像陆地上对开的两车相撞,其撞击力不会大,衰减得也很快。对于4柱排架的桥墩来说,最多伤及其前沿一柱也就到了极限,何至于200m范围内的桥柱全面崩溃?②全桥作为一个长1675m、宽16m,平均高度至少30m的空间结构,拥有无限大的纵向空间刚度和一定的横向空间刚度,也拥有很好的整体性,何况上面还有斜塔和钢缆的吊挂作为双保险,即使失去一根桥柱,甚至失去整列4根桥柱,一时也不应该形成连锁反应,大面积坍塌,充其量也只是出现较大的变形(挠度)而已。③据此,应该认为大桥必然还存在一定的施工质量问题。在这方面,最大的忌讳就是结构刚度中心的不吻合。如果其纵向刚度中心并不是一条理想的直线,而成了一条左扭右折的曲线,则其刚度和整体性必定大打折扣,其抵抗力也会大幅度削弱,而出现连锁反应、大范围坍塌的现象也就在所难免了。据报道,在大桥施工过程中曾出现过合龙时中线偏离10cm以上的误差,也许这才是重要的事故原因之一,遭船撞击只是导火线。图2.6(b)为湖南平江范固桥坍塌事故(2012年5月):这是一座全长120m的3孔石拱桥,1988年建成,如果和赵州桥等老桥相比,可以说还在哺乳期,应该前程无限。只因维护保养工作不到位,人们过早的给它扣上了"二类"的帽子(应该说明,新建成的石拱桥其地基和拱圈都有一个压缩稳定的过程,正是加强维修保养的关键时期),还眼睁睁地看着它在山洪肆疟下于瞬间与几条鲜活的生命同归于尽,实在可悲。图2.6(c)为新疆阜康铁路支线桥坍塌事故(2007年3月):这是一条长度不过10m的小桥,要对它进行维修保养,乃至更新再造,也是轻而易举、代价不高的事。只因小桥失事,导致了列车翻滚的惨祸,这是路政部门没有算好的经济账。图2.6(d)为河南栾川伊河桥坍塌事故(2010年7月):这是一座通往旅游区要道上的5孔空腹石拱桥,全长233.7m,于1987年建成。只因维修保养不到位,早已处于"带病工作"状态。又因一场特大洪水,将全桥彻底冲垮。停留在桥面上的66人瞬间丧命。图2.6(e)为韶关南雄间高速连通乡镇要道小桥坍塌事故(2008年6月):这只不过是乡镇道路上的一条小桥而已,与当今在充足的投资、优越的条件和较高的标准下建造起来的高铁、高速大桥相比,相差甚远。可是因为它的坍塌,竟严重地威胁到一万多住民的生计。也正因为像它一样的小桥建造标准低,所处环境恶劣,事故几率高,因而影响面更广,对国家和社会的威胁更大。在当前极端天气频现的情况下,更成了工程师们应该关注的新课题。

(a) 广州九江大桥坍塌事故

(b) 湖南平江范固桥坍塌事故

**图 2.6　5 个由于自然灾害或其他原因引起的桥梁坍塌案例**

(c) 新疆阜康铁路支线桥坍塌事故

(d) 河南栾川伊河桥坍塌事故

图2.6 5个由于自然灾害或其他原因引起的桥梁坍塌案例(续)

(e) 韶关南雄间高速连通乡镇要道小桥坍塌事故

**图 2.6　5 个由于自然灾害或其他原因引起的桥梁坍塌案例(续)**

(4) 除此之外，美国《时代周刊》还选出了近几十年来出现在全球范围内的十大恶性桥梁坍塌事故，人员伤亡和经济损失均极其惨重，事故现场让人触目惊心。关于十大恶性事故形成的原因和结果，已早有定论，这里就不再多加评说。唯有魁北克大桥的两次失事，还是在当时的美国，也是全球顶级桥梁专家的主持下出现的。说明工作中不能没有权威，却也不可迷信权威。图 2.7 列出了全球十大恶性塌桥事故组图(选自《时代周刊》)。

(a) 加拿大魁北克大桥坍塌事故 (1907年和1916年施工过程中分别出现坍塌)

**图 2.7　全球十大恶性塌桥事故组图**

(b) 美国连接西佛罗里达州与俄亥俄州吊桥坍塌事故 (1967年)

(c) 美国堪萨斯州海厄特至雷根西饭店人行桥坍塌事故 (1981年7月)

图 2.7 全球十大恶性塌桥事故组图(续)

(d) 美国康涅狄格州格林威治米勒斯大桥坍塌事故(1983年)

(e) 韩国首尔桑苏大桥坍塌事故(1994年10月)

图 2.7　全球十大恶性塌桥事故组图(续)

(f) 重庆綦江彩虹桥坍塌事故 (1999年1月)

(g) 葡萄牙Hintze—Ribeiro大桥坍塌事故 (2001年3月)

图 2.7 全球十大恶性塌桥事故组图(续)

(h) 印度达曼西部滨海大桥坍塌事故(2003年8月)

(i) 西班牙格兰纳达Almunecar高速公路桥坍塌事故(2005年11月)

图 2.7 全球十大恶性塌桥事故组图(续)

(j) 印度比哈尔邦帕科尔布尔150岁老龄桥坍塌事故(2006年12月)

**图 2.7　全球十大恶性塌桥事故组图(续)**

关于以上案例，由于时间仓促，收集到的信息不多，只就其表面现象谈了一点粗浅的见解，提请读者关注，以示警醒。必要时，将就其中一些有争议的疑难案例，作进一步的坍塌机理分析，与广大读者商榷。

## 2.8.3　鞍钢砖混结构厂房坍塌事故

鞍钢砖混结构厂房算得上"大跃进"时期的代表作，它的倒塌原因、倒塌机理、倒塌后果与当时的其他案例，比如杭州的半山钢铁厂厂房倒塌事故，邯郸的炼铁车间倒塌事故等大同小异。可以把它作为那一个时代的典型案例来研究，这其中有很多值得吸取的经验与教训。

## 2.8.4　北京矿业学院教学楼坍塌事故

北京矿业学院教学楼坍塌事故有很多特点，事故发生以来一直得到国内外工程学术界的关注，值得作为典型案例来进行分析与研究。

（1）该事故是建国以后规模很大、损失较大而且被较早公开报道的一次事故。

（2）该事故出现的原因有些特殊，从表面上看，不论设计质量或施工质量，可以说在当时还是一流的。设计与施工均出自名家之手。坍塌之前，没有任何能引起人们关注的不良表征，连轻微裂缝也很难找得到。因此，事故原因曾引起过工程学术界的争论。

（3）事故发生在北京，而且死伤人数较多，得到了高层领导的关注。因而对当时的工程质量管理工作和后来的工程事故分析与研究工作都有很大的推动作用，国内第一次结构裂缝会议就是在这样的背景下召开的。

（4）在该事故发生后的相当长一段时间里，国内又出现过不少教学楼坍塌事故，例如江西的井冈山教学楼坍塌事故，湖南、贵州等几处教学楼坍塌事故……虽然其坍塌原因、坍塌机理与之截然不同，却得到了同样的重视与关注。

### 2.8.5　江西某商住楼坍塌事故

江西某商住楼倒塌事故虽然规模并不大，损失并不多，但其倒塌机理却很特殊，值得关注。在设计与施工质量正常的情况下，仅仅几条毫不起眼、微不足道的小裂缝——温度应力引起的梁端墙面八字形裂缝和梁支座下集中应力引起的正常剪胀裂缝杂交以后，迅速发展。就在无风雨、无超载、无地基变形因素的情况下，仅是一夜寒流偷袭，导致了一栋尚未封顶的新楼坍塌。这应该作为罕见案例进行研究。

### 2.8.6　武汉某 18 层大楼倾斜事故

一栋崭新的全剪力墙结构住宅楼，具有良好的结构整体性和空间刚度，却因桩基失稳而倾斜，被迫拆毁。桩基失稳的主要原因是设计中追求桩基础的安全可靠度偏高，而事故处理采取紧急控制爆破拆除的原因也是基于对区域环境安全的考虑。什么是真正的"安全"？在工程实践过程中应该如何去把握"安全"？很值得反思。记得早在 2000 年于杭州召开的以"工程安全及耐久性"为主题的中国土木工程学会第九届年会上，就曾经以这样的论点示诸大会，当时只得到了部分专家的认同。经过 5.12 汶川大地震的考验，这一论点已得到了较多的共鸣。图 2.8(a)和图 2.8(b)分别为已被强制爆破拆除的武汉 18 层大楼平面图和青岛 18 层大楼立面图。

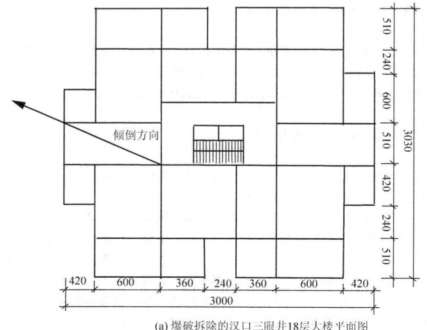

(a) 爆破拆除的汉口三眼井18层大楼平面图

**图 2.8　爆破拆除的两栋大楼**

(b) 爆破拆除的青岛山东路18层大楼立面图

**图 2.8 爆破拆除的两栋大楼(续)**

图 2.8(a)所示为汉口三眼井 18 层大楼，其地面以上为 18 层，高 56m，另有一层地下室。大楼平面布置呈 "H" 形，占地面积 900m²，建筑面积 17100m²，为全剪力墙结构，1995 年 12 月被爆破拆除。

图 2.8(b)所示的结构坚挺的青岛山东路 18 层大楼则应新的商业利益和规划要求被爆破拆除。

## 2.8.7 三亚物资大厦损毁事故

三亚物资大厦事故原因是地基下沉，导致建筑物严重裂缝。地基下沉是一种典型的慢性病，是完全可以救治的。在病因早已确切查明的情况下，负责设计、施工的单位与业主却在为事故责任争论不已，纠缠不清。而有关管理部门也没采取相应措施予以控制，而是热衷于搞爆破拆除，值得反思。

## 2.8.8 衡阳火灾塌楼伤亡惨案

这是一次发生在 2003 年的已引起国内外工程学术界普遍关注的情况特殊的工程事故。这次事故与韩国汉城百货大楼坍塌事故相似。虽然从表面上看原因是业主行为不规范，工程没有经过正规的设计、施工与监理程序。实际上应该归咎于政府失职，对工程的建设管理和质量监督不力。所幸的是衡阳塌楼事故虽然导致了众多(20名以上)英勇的消防官兵牺牲，连在抢险现场执行报导任务的几位记者也是死里逃生，从废墟中拔了出来的。但是毕竟事故是发生在火灾抢救的过程中，居民已全部撤离现场，否则，后果更是不堪设想。全国类似未经过正规设计、施工、监理程序而由业主凭关系、走后门私自建起来的违章建筑究竟有多少？值得追究。塌楼现场实况见图2.9。

**图2.9　衡阳火灾抢险塌楼现场实录(2003年11月)**

## 2.8.9　台湾高淳丰源中学礼堂坍塌事故

台湾高淳丰源中学礼堂倒塌事故发生在1983年8月的开学典礼时，全校600余名师生遇险，26人丧生。事故原因比较明显，却仍引起工程学术界和司法界近10年的争论。说明工程事故分析、倒塌机理研究这一课题是个难题，很值得关注。

## 2.8.10　韩国汉城百货大楼倒塌事故

汉城百货大楼倒塌事故发生在1995年，共造成501人死亡，937人受伤，最后一名生还者竟是人们经过了整整16个日日夜夜的奋斗才得以从堆积如山的废墟中抢救出来的。从塌楼的瞬间开始到抢救工作结束、救援队撤离，历时整整20个日日夜夜，全世界都能看到那焦虑、沸腾的现场直播画面，对工程学术界的震动很大。而进行反思的首先应该是政府有关管理部门。图2.10是事故现场实况。

图 2.10 韩国汉城百货大楼坍塌事故现场实况

## 2.8.11 马来西亚吉隆坡半山公寓坍毁事故

马来西亚高层公寓建于吉隆坡郊区的一个山坡上，为 3 幢 12 层建筑，于 1979 年建成，1993 年倒塌一栋，倒塌原因是基础被地下暗流（山坡径流下渗）掏空。从倒塌机理分析，可以说与下面还要提到的上海大楼猝倒事故、海口大楼失稳（出走）现象、和海南某中学食堂地基水土流失祸患大同小异。面对当前全球变暖，气候异常的危机，和全国大小城镇排水不畅，动辄出现街面积水成河，径流汹涌的险象，试问作为民生要素的安居工程，将何以保证？还值得吸取的教训是在大楼猝然倒塌的情况下，国内的救援队无力进行抢救工作，只得远向国外的日本和法国求救。压在废墟下的 70 余人最终丧生。唐山大地震中，我们动员的抢险队伍却是数以万计的解放军。其一不怕苦二不怕死的牺牲精神无疑是令人钦佩的，但毕竟缺少专业训练和先进装备，其救援效果显然是有限的。这也是近年来我国大力组建专业救援抢险队伍的原因。

## 2.8.12 海口某大楼后的保坎猝毁地基失稳事故

海口某 14 层大楼建于海岸第二级台地的前沿，靠近一 7m 高的陡坎。基础襟边距陡坎前沿亦为 7m。采用天然地基，沙垫层筏板基础。地基土表层为胶结良好的红粘土页岩，下面为深厚的承载力高、渗透力强的砂砾层或中粗砂。上部结构采用了小柱网框架和轻质填充墙。有理想的高宽比和极好的空间刚度。认为设计质量和施工质量都是可靠的，而且已经历了十几年正常使用过程的考验，连轻微的结构性裂缝也很少见到。就在这样毫无预警信息的情况下,于一场大雨过后,楼后保坎(红粘土页岩残壁面贴砌毛石)猝然全线坍毁。随即在大楼底层窗口出现斜裂缝,并逐渐向上层窗口发展。此外,还在沿大楼两端山墙上出现了倾斜裂缝,山墙根的散水坡外也出现了通长的地面裂缝。像这种情况,说明大楼整体受到了一个短时出现的强大的水平推挤力,将保坎摧毁,并导致大楼短时前移(出走)并少量下沉,其所处环境和作用机理与马来西亚吉隆坡大楼大同小异(图 2.11)。

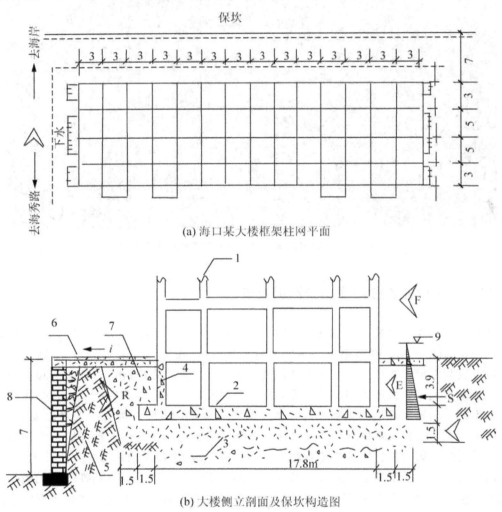

(a) 海口某大楼框架柱网平面

(b) 大楼侧立剖面及保坎构造图

**图 2.11　海口 14 层大楼保坎坍毁楼身失稳事故图**

1—框架;2—筏基;3—砂砾层;4—地下室墙;5—红粘土残壁;
6—混凝土封面;7—回填砂石;8—毛石砌保坎;9—地表径流水位;
S—水渗压力;F—风压力;E—土压力;R—保坎复合体提供的约束力(被动土压力)

## 2.8.13　新加坡新世界大酒店坍塌事故

新加坡新世界大酒店坍塌事故,表面看来只是一起出现在施工阶段、由于桩基础工程质量有问题而引起的大楼坍塌事故。但是这里有很多属于技术领域的、尤其是关于桩基技术可靠性方面的深层次的理论问题，并不只限于施工技巧问题，值得工程学术界反思。

自20世纪50年代尤其是近三十余年以来，为国际工程学术界所关注的重大工程事故多出现在发展中国家，尤其是集中出现在东亚新兴国家中。连号称经济发达，技术先进，管理到位的新加坡也不例外。发达国家出现的坍塌事故率却在逐年下降，像2004年出现在法国戴高乐机场的候机厅屋顶坍塌事故只是极少见的一特殊案例。这也充分说明了在工程建设领域，发展中国家与发达国家之间还存在很大的差距，尤其表现在对工程事故的分析、防范与控制水平方面。

## 2.8.14 上海某大楼猝倒事故

上海某楼群沿东西走向的淀浦河南岸布置，共11栋。地势北高南低。其中贴近河岸的第7号楼在毫无预警信息的情况下桩身"整齐"地折断，并猝然卧倒。让全球工程学术界大为震惊。其实，这只是桩基础在地表高水位径流波浪（淀浦河）冲击以及土层主动压力、地表堆载压力、再加上一部分风压力的共同作用下，抵抗力不足，导致土体失稳，引起PHC管桩桩身剪切脆性破坏造成的恶果。很是正常。楼前正在开挖的4.5m深的地下车库基坑，坑底标高并不低于桩基承台许多，其出现至多也只是起了个引起大楼猝倒事故的导火线作用而已。这样的设计与施工方案既然都是当前公认的常见现象，说明类似事故完全有可能在大范围内高频率出现，并非个案，不可不慎。如图2.12所示为上海大楼猝倒事故图。

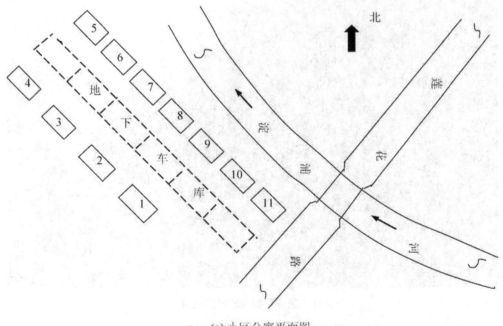

(a) 小区公寓平面图

**图 2.12 上海大楼猝倒事故图**

(b) 卧倒的7号楼与伫立的众楼

(c) "整齐"折断的PHC桩身

图 2.12　上海大楼猝倒事故图(续)

(d) 桩头和桩间土检视

**图 2.12 上海大楼猝倒事故图(续)**

### 2.8.15 海南某中学食堂地基水土流失祸患

海南某中学食堂为钢结构,由于自重轻,结构可靠性好,地基承载力高(地表为页岩质红土,下面为中粗砂层,承载力高,但地下水丰沛),只是受用地范围限制,只得过于贴近一 8m 高的陡坎布置,后墙离陡坎距离仅 1m 左右(图 2.13)。保坎是用传统的浆砌毛石对原生态红土页岩岩体贴砌而成,只起保护作用,并不能构成理论上的挡土墙。建成后投用多年,一切正常。2011 年,有一新建市政道路紧贴食堂一端通过,道路行进至 8m 高挡土墙时显然必须进入地道。就在地道施工阶段和紧贴食堂保坎下面另一新开工工程的人工挖孔桩施工阶段(显然挖孔桩也是重要的水土流失通道之一),适逢 50 年一遇的洪水到来,导致了严重的区域性水土流失。人们首先察觉到的是食堂地面下沉(5~8cm),结构移位(5~8cm),墙面裂缝(缝长 2.5m 以上),进而在食堂内部排水浅沟的下方,发现了一个宽 2.5m、深 1.5m、长 4m 以上,且在持续扩展的大地穴。这显然是水土流失形成的恶果。此外,还发现了保坎变形,保坎前沿和地道沿线有显著的土体流失、地面下陷迹象。对食堂的安全,已经构成了致命的威胁。联想到全国正在蓬勃发展的高速、高铁和城市地铁工程,不能不让人忧心忡忡。

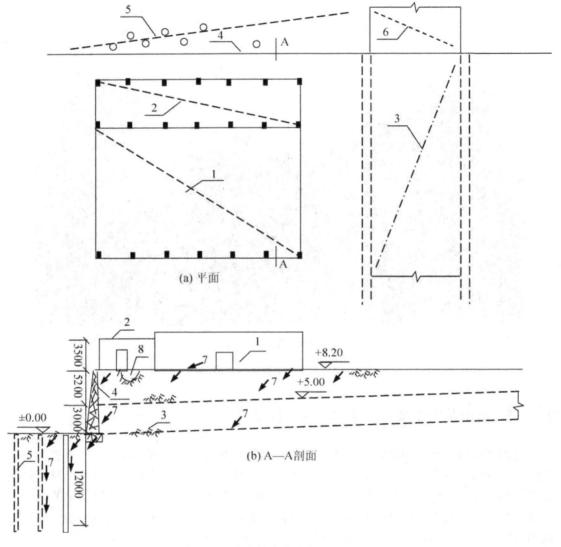

图 2.13　海南某中学食堂平面关系图

1—餐厅(钢结构)；2—厨房；3—正在施工的地道；4—保坎；

5—正在施工的人工挖孔桩；6—正在施工的市政道路；

7—水土流失方向；8—掏空地穴(2.5m×4.0m×1.4m)

## 2.8.16　杭州风情路地铁坍塌恶果

出现在 2008 年的杭州风情路地铁坍塌事故是一起震惊全球的恶性事故。原因就是专家太听领导的话，领导太听商家的话。一切以眼前的商业利益为依归，置既有的规划与设计、科学原理与客观实际于不顾，任意改变了线路走向，使现场实际发生的水土压力参数失控，最终导致世界城市筑路史(地铁史)上罕见的恶果。详见图 2.14。

(a) 支离破碎的钢筋混凝土坑壁支挡

(b) 一片狼藉的事故现场

图 2.14 杭州风情路地铁坍塌事故现场实录

(c) 坑旁受损待拆的居民楼

(d) 紧张的排水、除泥、清坑现场

图 2.14　杭州风情路地铁坍塌事故现场实录(续)

### 2.8.17　新潟地震房屋损毁特征

　　自 2004 年以来在日本新潟发生的地震有一个很大的特点是震级不高（最高 6.9 级），震源较浅（十数公里），余震不已，频率很高（除了 2004 年、2007 年两次大震以外，5 级以下小震几乎年年都有），地面水平地震加速度偏大（记录表明，高于阪神地震的加速度），高位或高层建筑顶点的水平地震加速度放大率就更高（有研究报告指出，30m 高位的水平地震加速度放大率竟达 3～4 倍），因此对地面及其构筑物的破坏力很大，破坏机理很特殊。究其原因，主要是新潟地区的地质构造中上层普遍存在较深厚的粉沙土或淤泥质软粘土所致。在地震波冲击下，粉沙土液化，淤泥质土流变，失去了水平方向的约束力和稳定性，同时也失去了垂直方向的支承能力，这就是所谓的"地基失效，全面瘫痪"，问题就严重了。新潟地震中的地表破坏现象见图 2.15。新潟地震中的建筑物损毁特征见图 2.16。

(a) 地裂：在基岩的分水线(脊线)上，下面地基液化失效后，地表硬壳层被撕裂

**图 2.15　新潟地震中的地表破坏现象**

(b) 地动：带坡度的基岩面上地基土液化失效，整体顺势错动

(c) 地陷：凸起的基岩顶部范围内被液化失效的土体向四面侧移引起地面下陷

图 2.15　新潟地震中的地表破坏现象(续)

(d) 喷沙：凹下的基岩面上的中心地带由于受四方汇集过来的液化土挤压而引起喷沙

**图 2.15 新潟地震中的地表破坏现象(续)**

(a) 平房扭毁：虽然震级不高，但平房损毁更严重。只因受力方向不单一，在地基液化失效
的条件下，自重不大，整体性不好，抵抗力不强的小平房，犹如漂浮在水面上的一叶
轻舟，只凭地震波推来的一阵风浪，就足以致其粉身碎骨

**图 2.16 新潟地震中的建筑物损毁特征**

(b) 矮楼歪脖:不仅受推,而且受扭。对于本来存在温度裂缝或沉降裂缝的
砖混结构建筑物,破坏力更大

(c) 火车出轨:新干线是日本人的骄傲,在技术上是相当成功的,已经历过阪神大地震的考验,
也没有出过大问题。在震级相对偏低的新潟地震中却屡屡出现列车出轨和线路受损现象,
也说明了粉砂土液化的破坏特征

图 2.16  新潟地震中的建筑物损毁特征(续)

(d) 低度地震波掀翻了液化粉砂土上的新泻大楼：所谓低度地震，是指新潟地震与阪神地震的震级相比，其强度等级要低得多。在阪神地震中都未见到的高楼坍倒现象，在新潟地震中却难免出现，正说明了粉砂土液化现象的特征及其危害性

图 2.16　新潟地震中的建筑物损毁特征(续)

# 思　考　题

1. 为什么当前国内的工程坍塌事故会频繁出现？
2. 常见的工程整体坍塌事故有哪几种不同机理？
3. 结构裂损坍塌机理有哪些特征？
4. 结构坍塌事故与自然灾害之间如何界定？
5. 防范工程坍塌事故的要领是什么？

# 实　习　题

1. 试列举五起你熟知的感受最深的工程坍塌事故。

2. 建议搜集 2009 年 7 月上旬上海各报刊的有关报导，对上海大楼猝倒事故作一次事故分析，提出你自己的报告。

3. 建议对淀浦河畔尚属正常的其余 10 栋楼作一次安全评估报告，说明在什么样的导火线作用下，大楼可能危险。

# 第3章

# 结构裂损(缝)机理

## 教学目标

结构裂缝是工程事故的先兆,拒绝一切重大事故,首先必须从拒绝结构裂缝开始。因此,要求以最敏锐的目光去关注结构裂缝。在教学中要以培养以下几方面的能力为目标。

(1) 能切实认知结构裂缝的危害性,反对无房不裂的庸俗论。

(2) 能从裂缝的不同特征和不同裂损机理去关注结构裂缝。

(3) 能确认致裂原因。

(4) 能对症下药,消除致裂原因,再采取措施,进行裂缝康复。

## 基本概念

裂缝定义;裂缝特征;裂缝机理;裂缝原因;裂缝康复;6种裂缝原因;6种裂缝特征。

## 引言

结构裂损机理分析是工程事故分析报告或工程安全评估报告中的主要环节,也是司法诉讼证据鉴定工作中的重要内容。国家赋予了它神圣的法定性质,是在工程纠纷的庭审中,律师借以进行争辩,法官借以进行裁决的有效证据。它对追究刑事责任、民事责任、经济索赔起着决定性的作用。因此,今后的结构裂损机理分析工作将具有空前的实用价值,也会取得良好的社会经济效果。

结构裂缝问题看似简单，其实蕴含着相当复杂的机理，稍有忽视就可能造成惨重的工程事故。结构裂缝类别繁多，产生的原因也是多种多样的，要防止工程事故的发生，就要研究它。

目前存在的问题是：正因为结构裂缝问题太普遍，太常见，往往会给人们带来一种麻痹思想，会将它看成一种表面现象，认为它无关痛痒。殊不知，任何结构裂缝都是一种病象，再健壮、再权威的运动员也决不可以带病上场，否则就只有失败。因此必须在这里强调，工程师们必须从认真分析结构裂缝起步，精通对结构裂损机理的研究。

# 3.1 结构裂缝与工程事故之间的关系

## 3.1.1 体温失常和结构裂缝

人体的健康状态大多从体温变化上反映出来。体温高低异常，一定是病的征兆。同样，要确认工程结构是否在正常情况之下运行，结构安全方面是否存在问题，就必须先从结构的变形和裂缝检查开始。结构存在裂缝就是工程有问题，就是可能出现事故的预兆。因此，关注裂缝、研究裂缝是一件十分重要的工作。

## 3.1.2 疾病诊断和裂缝检测

疾病诊断贵在及时。不能及时提前把疾病诊断出来，把病情控制、消除在其早期初发阶段，而是等病情爆发，这时其治疗难度就大了，需要付出的代价就高了。有经验的医师能从一个"健壮如牛"的人的表面特征看出其是否已"病入膏肓"，还不需要做多少病理检测工作，凭摸脉搏、量体温、看舌苔、观气色就能知病情，作诊断。同样，有素养的工程师也应该能从工程结构中那些尚在早期孕育阶段、被人们所忽视的细小裂缝预见到其发展趋势和安危状态，并及时采取措施，将事故隐患消除于萌芽状态。这就是研究结构裂缝机理的目的。如果对结构裂缝采取视而不见的态度，任其发展，则很可能在一夜之间构成工程倒塌事故，造成人们生命财产的巨大损失。

## 3.1.3 结构裂缝与工程事故

结构裂缝从其孕育阶段裸眼难辨的微裂现象开始，逐渐发育拓展，引起构件损伤、结构变形、体系失稳，最后发展到工程坍毁。从这一发生发展的全过程看，有其必然性，也有规律性。但从时间上看，则差异很大。有些裂缝发展缓慢，可以经历很多年，而结构却能坚持不倒；而有些裂缝则发展迅猛，一夜之间，连锁反应，恶性循环，就可能发展成坍塌事故。总之，结构裂缝机理涉及很多物理力学因素和工程环境条件，是十分复杂的问题，很值得深入研究。

必须在这里郑重指出的一点是：在工程界，还存在一种藐视结构裂缝现象的倾向。他们认为世界上不存在无裂缝的建筑物,既然是常见现象,就没有什么可怕的,因而掉以轻心。殊不知任何裂缝都是一种病象,一种损伤。会使结构失去连续性,失去刚度,引起结构的抗剪切能力和抗扭转能力锐减。即使在短期内仍能提供一定的抗垂直荷载能力,并满足正常使用的功能要求。但毕竟是已经处于带病工作的非常状态。一旦遇到自然灾害,即使是轻度地震,也会导致结构瘫痪与坍毁。这是值得警惕的!

# 3.2 结构裂缝定义及其研究范围

为了便于对结构裂缝进行研究,首先必须对结构裂缝的定义和计划研究的范围做出规定。

## 3.2.1 定义

凡是工程结构都由具有一定材料强度的结构构件组成。所谓材料强度,实际上是指组成材料的分子结构(微观结构)之间具有足够的粘附力、咬合力和内聚力。由于某种外力或内力的破坏作用,导致结构材料分子之间的粘附力、咬合力和内聚力降低或消失,而使材料分子之间沿一定的界面线互相分离,这条分离线或分离界面即成为结构裂缝。对这种内在或外来的作用力产生的原因、性质及其后果进行全过程研究,就是对结构裂缝的研究。

## 3.2.2 范围

由于结构类型和结构体系种类繁多,各种不同类型和体系的结构裂缝的性质和机理也截然不同。本书所指的结构裂缝仅限于砖混结构裂缝和钢筋混凝土结构裂缝,尤其是以钢筋混凝土结构为主体来进行讨论,暂不涉及钢结构裂缝和薄膜结构裂缝等新内容。

# 3.3 结构裂缝机理

结构裂缝机理与以下多种表征着结构裂缝特性的要素密切相关。

## 3.3.1 裂缝部位

随着裂缝所在建筑结构上部位的不同,其开裂机理的不同,产生的原因和后果也不同。因为不同的结构部位有其不同的受力(荷载)条件和不同的抵抗(承载力)能力。因此也就有其不同的开裂机理、发展趋势和后果。根据部位不同,可以细分为以下几种不同裂缝。

(1) 基础裂缝:分布在独立基础上、条形基础上、筏板基础上或箱型基础上,多因地基沉降不均引起。以筏板上出现的贯通裂缝危险性为最大。而桩身裂缝则是出现频率最高，监控难度最大，隐蔽性最强，尚未引起人们足够关注的威胁力最大的基础裂缝。

（2）墙面裂缝：分砖墙裂缝、剪力墙裂缝、填充墙裂缝等不同情况。

（3）柱身裂缝：分水平裂缝与纵长裂缝等情况，以纵长裂缝危险性为最大，而水平裂缝出现的几率较高。

（4）梁身裂缝：分跨中央梁底面裂缝、近支座梁顶面裂缝，梁侧面垂直裂缝、贯穿全断面的梁端倾斜裂缝等几种情况，以梁端倾斜裂缝危险性为最大。梁底保护层裂缝较细微而密集，梁侧立面枣核型裂缝最显眼，容易引起关注。

（5）节点裂缝：危险性极大，加固处理难度最大，但出现几率不高。

（6）楼板裂缝：裂缝几率最高，直接影响使用功能，最为用户所关注，呼声最高。

（7）屋面板裂缝：机理复杂，原因多样，涉及屋面防水功能，处理难度大。

## 3.3.2 裂缝产状

裂缝产状的不同也表征着裂缝原因、裂缝性质、裂缝机理的不同。裂缝产状可以分为以下几种不同类型，以便进行研究。

（1）平行密集型。这种裂缝表明作用力大，而且稳定；力的传递直接而且均匀；构件质地均匀，抵抗力均衡。比如简支钢筋混凝土梁跨中梁底所见平行密集型裂缝（图 3.1）。又如压力机下混凝土试块上的密集型平行剪胀裂缝（图 3.2）。

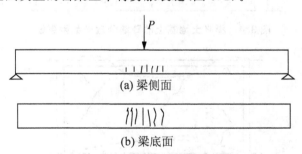

**图 3.1 梁底密集型平行张拉裂缝**

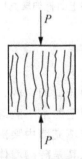

**图 3.2 压力机下混凝土试块上的密集型平行剪胀裂缝**

（2）倾斜成组型。这种裂缝多出现在墙上，表明原因单一，有规律性，多因地基变形引起，或温度应力引起。比如砖混结构房屋底层外纵墙两端所见的成组倾斜裂缝和顶层外纵墙两端所见的成组倾斜裂缝（图 3.3）。

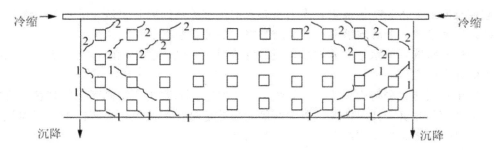

**图 3.3　砖房结构外墙上的成组倾斜裂缝**

1—地基沉降成组倾斜裂缝；2—降温冷缩成组倾斜裂缝

（3）分散杂乱型。表明外力多样或多变，结构构件内部也同时存在病灶或质地不均等毛病。比如膨胀土地基上的砖墙上裂缝（图 3.4）。

（4）树枝状展开型。此种裂缝必有特殊原因，须作专门研究。以膨胀土地基上的框架填充墙裂缝为典型（图 3.5）。

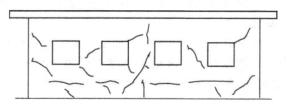

**图 3.4　膨胀土地基上的砖墙分散杂乱型裂缝**

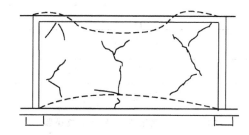

**图 3.5　膨胀土地基上的框架填充墙树枝状展开型裂缝**

### 3.3.3　裂缝走向

裂缝走向是对出现在墙面上裂缝的倾向而言的，分以下几种情况。

（1）水平裂缝：多见于梁底或墙顶上的水平裂缝，门窗过梁端的墙面水平裂缝，或墙勒脚处的水平裂缝。但以高层剪力墙或填充墙中腰部位的水平裂缝最罕见，也最危险。

（2）垂直裂缝：由于一般墙体，尤其是砖砌墙体的抗拉能力低，所以墙身上的垂直裂缝比较多见。

（3）倾斜裂缝：根据裂缝偏离垂直位置的度数与方向的不同，可以按其不同的方位角来表示倾斜裂缝的特征，倾斜方向与裂缝原因和裂缝机理有着密切的关系。

### 3.3.4 裂缝倾角

由于墙的方位角的不同和裂缝倾斜度的不同，裂缝原因、裂缝机理以及裂缝的严重程度也迥然不同。

### 3.3.5 裂缝尺度

裂缝尺度应用宽度、深度与长度 3 个尺寸来表示比较全面。历代设计与施工规范(指02 规范以前的老规范和 2011 年新颁布执行的规范)只关注裂缝宽度，而对裂缝深度与裂缝长度不加限制，不予关注，是不全面的。

### 3.3.6 裂缝年龄

裂缝年龄是表征裂缝特性的一个重要指标，可以划分为以下三个年龄段。

（1）孕育期微裂缝：一般裸眼很难分辨，宜用放大镜或显微尺进行检测。

（2）青壮期新裂缝：青壮期新裂缝指正在成长发育中的结构裂缝。因为正在发育期，所以其变化极大，检测时应特别标明检测时间和气温情况。

（3）老年期旧裂缝：裂缝进入老年期后，裂口已被尘垢和油渍污染，表明开裂作用已趋稳定，不再有发展，可进行裂缝封闭和加固处理了。

# 3.4 结构裂缝分类

为了表述方便，可将裂缝按其所在的结构部位来划分结构裂缝种类。为了理论分析工作的方便，也可按裂缝产生的原因进行分类。

### 3.4.1 按裂缝所在的结构部位分类

如前述，可按裂缝所在部位的不同，分为基础裂缝，墙、柱裂缝，梁、板裂缝等多种裂缝。从不同的裂缝类型就可判断和识别其不同的性质。这也是在最初进行裂缝检测阶段的裂缝分类方法，为的是让检测报告的读者先对裂缝分布情况和事故严重程度知道个轮廓。

### 3.4.2 按裂缝成因分类

在进行裂缝机理分析、寻找事故原因阶段，最适于按裂缝成因分类。这种分类方法多出现于裂缝研究报告。但在裂缝处理与结构加固阶段，为了表述和操作方便，仍以按裂缝所在部位分类比较直观。

1. 荷载超限裂缝

由于结构所承受的荷载超过了允许限额——规范和设计规定的极限荷载，使结构构件的内应力超过了其材料允许强度而产生的结构裂缝称为荷载超限裂缝。随着外部荷载条件的不同与内部应力状态的不同，又可再细分为下面几种不同的结构裂缝类型。细分裂缝类型的目的只是为了便于进行结构裂缝机理的研究。

(1) 弯折裂缝——脆裂状，∧字型，比如梁的变形(挠度)太大引起梁底混凝土保护层崩裂所呈现的裂缝。

(2) 弯拉裂缝——撕开状，刀口型，比如梁底受拉主筋屈服之初所形成的梁底弯曲张拉裂缝。

(3) 轴拉裂缝——张拉状，枣核型，比如梁侧立面上由于冷缩变形引起的轴向张拉裂缝。

(4) 剪切裂缝——错口状，滑移型，比如筏板或无梁楼板冲剪破坏所引起的滑移错动裂缝。

(5) 剪拉裂缝——错动状，分离型，比如钢筋混凝土梁端节点出现的张开型剪切裂缝。

(6) 剪压裂缝——错动状，闭合型，比如钢筋混凝土梁端节点出现的闭合型剪切裂缝。

(7) 剪胀裂缝——松散状，崩裂型，比如桥梁支座下由于压力集中引起的剪胀裂缝，呈松散状，崩裂型。

(8) 压屈裂缝——碎损状，杂乱型，比如压力机下混凝土试块最后屈服阶段所呈现的碎损裂缝。

(9) 扭剪裂缝——无规则，扭损型，比如地震条件下框架柱节点附近出现的无规则裂缝。

荷载超限裂缝将在第4章专门讨论。

2. 地基下沉裂缝

地基下沉裂缝是建筑物上的常见裂缝，也是机理比较复杂、危险性比较大的一种裂缝。其特性是源于地基的不均匀下沉，因此裂缝必然首先出现在基础面上，如地基梁、筏板基础等敏感的部位，然后出现在建筑物周围的勒脚和散水坡上，并逐步反应在底层墙的窗台下和窗角上、底层框架柱的节点附近。只有发展到极严重阶段，底层结构刚度被极大削弱以后，才逐渐向上层扩展。同样，地基下沉裂缝也可细分为多类，这些内容将在后面第5章中专门讨论。

3. 变形失调裂缝

长期以来，人们在结构设计工作中，其精力基本上完全集中用在结构内力计算工作上，并满足于力学上的数值平衡，而对于变形协调条件的关注却很不够。其实，用仿生学的观点来分析与研究工程事故就不难悟出：变形协调条件往往比力学平衡条件更为重要。变形失调对结构裂缝来说要更为敏感，更容易发展成坍塌事故。在工程结构中，变形失调现象主要表现在以下几个方面。

1) 温湿度变化引起的变形失调

温湿度变化是一种每时每刻都存在的无法规避的客观规律。而热胀、冷缩、湿胀、干缩又是所有建筑材料的物理属性。因此，温湿度变化引起的结构变形失调现象是一种最普遍也是最严峻的现象。由于变形失调，进一步加剧了结构裂缝的发生发展。

2) 线胀系数(材料性能)不同引起的变形失调

每一种材料都有其不同的线胀系数，就拿砖石、混凝土和钢材这几种最基本的建筑材料来说，其线胀系数也都有差别，举例如下。

(1) 砖石砌体的线胀系数 $\alpha = 0.5 \times 10^{-5}$。

(2) 素混凝土的线胀系数 $\alpha = 0.75 \times 10^{-5}$。

(3) 钢筋混凝土的线胀系数 $\alpha = 1.0 \times 10^{-5}$。

(4) 钢材的线胀系数 $\alpha = 1.2 \times 10^{-5}$。

建筑物所有结构都是由多种建筑材料组合而成的，因此，即使在温湿度条件相同的情况下，各种材料也就是结构的各个部位均有不同的胀缩变形现象存在，很难协调，裂缝现象也就很难避免。

3) 构件刚度分布不均引起的变形失调

结构构件的刚度是与构件断面的惯性矩和弹性模量密切相关的，结构构件变形则与结构刚度成反比。结构构件之间如果各自拥有的刚度互不适应，或结构体系的刚度分布不均匀，则必然引起结构的变形失调，导致结构裂缝。

4) 构件断面内的变形失调

压弯构件的结构计算是建立在平断面假定和平衡设计假定基础之上的。要维持这两个假定的成立，就必须满足构件断面内的变形协调条件。也就是断面中性轴不变，中性轴以上的压缩变形和中性轴以下的拉伸变形，以及混凝土的极限压缩变形和钢筋的极限拉伸变形都必须满足变形协调条件。否则，就将在断面内出现变形失调，引起结构裂缝甚至坍毁。

5) 梁板之间的变形失调

梁与板是结构体系中的两个重要成员，梁板之间的变形不协调将导致抵抗力偏低的板面出现裂缝。而较严重的板面裂缝会直接导致板的使用功能丧失，比如板面渗漏，地面砖碎裂、室内装修污损这些最为用户所忌讳与关注的现象。因此对梁板变形协调问题给予高度关注是很有必要的。

6) 梁、柱之间的变形失调

梁与柱是结构体系中的中流砥柱，相当于支撑人体的脊梁骨，容不得半点含糊。梁与柱之间的变形不协调，比如强梁弱柱，则必然在柱上出现裂缝，形成薄弱环节，导致坍塌危险。与其走强梁弱柱路线，冒结构坍塌之险，倒不如走强柱弱梁之道，让裂缝首先出现在梁上，形成塑性铰，放松对柱的约束程度。虽然体系的整体刚度削弱了，承载能力衰减了，但尚能维持不倒状态，免于坍塌之险。当然最理想的路线是谋求梁柱之间的变形协调，只是由于影响梁柱变形协调的因素太多，这条路线难度极大。

7) 框架与填充墙之间的变形失调

填充墙本来并不承受荷载，填充墙上出现些许裂缝也无关紧要。但是如果框架与

工程事故分析与工程安全(第2版)

填充墙之间的变形严重失调，墙面裂缝现象特别严重，在当前市场对居住环境高标准、高装修、高质量要求特别强烈的条件下，墙面裂缝严重损坏墙面装饰，这是很难被人们接受的。因此，从设计与施工角度如何防止框架与填充墙的变形失调也成了重要课题。

8）结构体系内部的系统变形失调

作为结构体系，如框架体系、框剪体系、框筒体系、剪力墙体系……其体系内的刚度分布必须是协调的，系统内部彼此之间的刚度必须是互相适应的。否则，必然出现体系整体变形不协调的问题。

9）上部结构与基础的变形失调

上部结构与基础的刚度可以说是无限大的，而地基的刚度，尤其是软弱地基的刚度则极小，彼此之间必然存在变形不协调的问题，最容易导致地基不均匀沉降，引起结构裂缝甚至整体坍塌事故。

关于变形失调裂缝问题将在第7章再作进一步深入探讨。

**4. 温湿胀缩裂缝**

温湿胀缩裂缝是变形失调裂缝中的主体，所以在裂缝分类中将它单独列出，以便引起关注。温湿胀缩裂缝是建筑物上最常见的裂缝。有人宣称"世界上没有不裂缝的建筑物"，指的就是温湿胀缩裂缝实在很难避免。因为温湿度是客观环境赋予结构构件的一种物理属性，它既无处不在，无时不在，又随时在变化着，导致了结构构件内部微结构(分子)的胀缩变形，因而产生内应力，引起裂缝。但是构件在自由胀缩条件下并不产生内应力，也不至于出现裂缝，只有在受约束条件下，其自由胀缩被限制了，才会产生应力和裂缝。因此，产生温湿胀缩裂缝的前提条件有3个。

(1) 约束条件。约束条件随约束程度而变，百分之百受约束时称全约束，可用约束系数1.0来表达；百分之百放松时为不约束，可用约束系数0来表达。多数结构的受约束条件只是部分约束，随约束程度的高低不同调整约束系数，变化幅度在$0\sim1$之间，用约束系数$\gamma$来表述。

(2) 线胀系数。由于建筑材料的不同，其物理性能、线胀系数也完全不同。因此，即使在约束程度相同，温湿度条件相同的情况下，不同材料组成的结构构件之间也会产生不同的胀缩量，形成胀缩应力，导致结构裂缝。线胀系数用$\alpha$表示。

(3) 温(湿)差幅度。温(湿)差幅度是随环境气候条件而变化的，即使像沿海地带气候比较温和，温(湿)差变化幅度比较小，但季节性温差也在30℃以上，加上干湿胀缩当量温差，计算温差则在40℃以上。内陆干热严寒地区，计算温差一般都在60℃以上。最突出的地区比如格里木盆地，其昼夜温差就达30℃，季节性极限温差在70℃以上，因此其温(湿)胀缩变形的计算温差应当在80℃以上。就在最近(2012年2月)，呼伦贝尔草原的极限最低温度达到−51.9°，加上那里的湿度变化也是很大的，最终的计算当量温差就更大了。如此大的计算温差，如此强烈的胀缩变形作用，产生如此强大的胀缩应力，导致的结构裂缝现象自然是很严重的，也是很难被控制的。

关于温度胀缩裂缝问题将在第6章专门讨论。

**5. 早期自生裂缝**

根据形成机理的不同，早期自生裂缝又可细分为以下 3 种类型。

**1）早期自生微裂缝**

混凝土的早期自生微裂缝发生在水泥水化过程中，由于水泥水化形成的水泥石的收缩作用，混凝土会形成裸眼难辨的微裂缝，出现在水泥石与粗细骨料接触的界面上。这种微裂缝系水泥薄膜的化学作用收缩所致，并不会影响混凝土的后期强度，也与混凝土中、后期在环境条件变化和荷载应力状态下出现的危险性结构裂缝无关。但由于高强混凝土或高性能混凝土的水泥用量大，一般为普通混凝土水泥用量的两倍左右，因此所含的水泥石薄膜比普通混凝土要厚得多，所以高性能混凝土或高强混凝土的早期自生微裂缝也比普通混凝土要严重得多，因而有人对高强混凝土或高性能混凝土的推广与应用产生了疑虑，实际上是没有必要的，因为高强混凝土的强度中包含了这种影响。

**2）早期吸附分离裂缝**

含水量偏高的塑性混凝土在初凝前后的失水干燥过程中，受周围干燥模板的吸附作用，在毛细吸附作用影响半径范围内的边沿混凝土向模板移动。而在吸附半径以外的混凝土则保持原地不动，甚至由于内聚力作用，还向中央地带（相反方向）蠕动聚集。因而产生的裂缝称之为塑性分离缝，如图 3.6 所示。中间地带形成了一条沿周边走向的塑性混凝土裂缝。

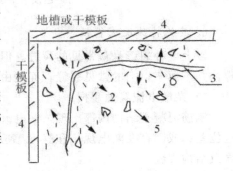

**图 3.6 吸附分离塑性裂缝图**
1—吸附力；2—内聚力；3—分离缝；
4—地槽或干模板；5—浇筑方向

**3）早期沉落阻滞裂缝**

高流动性混凝土入模捣固成型以后，还有一个相当长的依靠自重作用沉落的过程。在其自动沉落过程中，如果遇到贴近侧模板的水平钢筋或水平预埋件的阻滞或遇到模板水平接口的阻滞作用，使沉落作用不能顺利而连续地完成，就会在阻滞线以下形成一条水平的阻滞裂缝，如图 3.7 与图 3.8 所示。关于早期裂缝的更深入讨论见第 8 章。

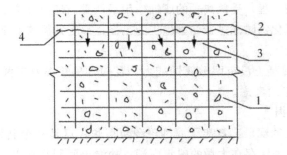

**图 3.7 剪力墙或深梁顶的沉落阻滞裂缝**
1—剪力墙或深梁；2—墙顶水平粗筋；
3—混凝土沉落；4—粗筋底沉落阻滞裂缝

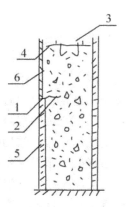

**图 3.8　柱身混凝土水平沉落阻滞裂缝**
1—模板水平接口；2—柱身水平裂缝；3—柱顶预埋铁板；
4—柱顶水平裂缝；5—厚模板；6—薄模板

**6.其他特殊反应裂损**

以上 5 种裂缝是最常见的裂缝。但在很多情况下，裂缝形成的原因及其开裂机理很特殊，并不属于以上的常见裂缝，而是由于以下几种特殊反应所致。

1）杂散电流腐蚀裂损

钢筋混凝土结构内部出现杂散电流的原因是由于结构材料质地不匀、组织多变，形成电位差；或因存在漏电现象和静电感应现象，形成杂散电流，构成对钢筋的电化学腐蚀，导致结构裂缝。

2）碱骨料反应裂损

浇筑混凝土用的碎石或卵石中如果含有较多的活性骨料，比如蛋白石、方石英、流纹岩、安山岩、白云石等，会与水泥的高碱度发生反应，产生体积膨胀的胶体，从内部将混凝土胀裂、崩开、剥落，这种裂损往往无法救治。

3）氯离子腐蚀裂损

氯离子对钢筋混凝土有强烈的腐蚀作用。氯离子富集于沿海地区的潮湿空气中，更富集于海水和海砂中，因此，受潮汐直接袭击的海港码头堤岸工程，用海水和海砂代替自来水和河砂浇筑混凝土的一切工程，受氯离子的腐蚀作用最严重。还有北方冬天直接撒氯盐防冻的路面、桥梁工程，用氯化钙防冻进行冬季施工的工程，都受到氯离子直接腐蚀作用。

4）酸腐蚀裂损

普通硅酸盐水泥混凝土没有耐酸腐蚀能力，在与各种酸类及硫酸盐接触的环境中，自然有酸性腐蚀问题，必须考虑。

5）盐渍土腐蚀碎损

盐渍土腐蚀混凝土的现象比氯离子腐蚀现象更可怕，这是一个新课题。我国内陆新疆、青海、西藏、内蒙古等地区存在大量的咸水内湖，盐渍土面积几乎占了全国版图的一半。这些饱含卤盐成分的盐渍土对混凝土的腐蚀作用特别强烈，几年甚至几个月之内就可能让新施工的混凝土全部碎损瓦解。而我国大量的油气田资源和矿产资源却分布在这些地区。在已经吹响向西部进军号角的今天，如何防治盐渍土对混凝土的腐蚀是一个严峻的新课题。

6）外力意外损伤

混凝土在早期的养生、拆模阶段，或后来的安装施工阶段，常会受到外力的意外碰撞损伤，此种损伤特点比较明确，不难识别。只是在裂缝检测事故分析的各个阶段往往容易忽略这个方面的原因，故特别提请注意。

7）混凝土炭化损伤

混凝土在其长期的服役过程中，与空气中的二氧化碳表面接触，混凝土中的氢氧化钙 Ca(OH)$_2$ 成分与 $CO_2$ 成分起化学作用形成碳酸钙。由于碳酸钙体积收缩，会在混凝土表面形成无方向性的微裂缝，并逐渐向混凝土内部扩展。混凝土的实际寿命也就是耐碳化寿命，等到碳化现象深入到核心，混凝土的寿命也就宣告终止。但如果混凝土表面有足够的保护层厚度，有很好的密实度，而且环境中的二氧化碳浓度不那么高，则碳化的危险就小多了。

8）钢筋锈蚀胀裂

其实，钢筋锈蚀胀裂现象是以上所有各种裂缝现象发展的最终结果。不管是哪一种致裂原因引起的结构裂缝，当裂缝的开展深及钢筋表面时，必然导致钢筋锈蚀。钢筋锈蚀从钝化锈蚀阶段进入脱钝锈蚀阶段，最后发展到胀裂锈蚀阶段，也就等于宣告了钢筋混凝土结构寿命的终止。

关于化学反应裂缝及损毁的讨论，详见第9章。

## 3.5 结构裂缝检测、鉴定、封闭与加固

本章着重讨论的是结构裂缝机理。从裂缝的现场检测工作开始，只要对结构裂缝的各种机理分析有了一定的理论基础，对现场的实际裂缝就可以做出正确辨认与鉴定。把裂缝原因找到以后，再对裂缝年龄进行一次确认，就可着手编写事故分析报告，同时进行裂缝封闭与结构加固的准备工作。详细内容将在后面第13章中讨论。

### 思 考 题

1. 结构裂缝的定义及其研究范围？
2. 结构裂缝的特性是什么？它产生的机理是什么？
3. 早期自生裂缝有哪几种？
4. 结构裂缝与工程事故有何联系？

### 实 习 题

某大型国际酒店为三层框架，平面为长270m、宽57m，分成85m+97m+85m 3个结构单元，地基可靠，按八度抗震设防，施工质量无问题，试分析其结构裂缝可能出现的情况。

# 第4章

# 荷载超限裂损机理

## 教学目标

为什么规范《混凝土结构设计规范》(GB 50010—2010)、《建筑抗震设计规范》(GB 50011—2010)在加大荷载标准，放大安全系数、提高安全水准方面已下了很大工夫，结构裂缝现象和工程事故几率依然居高不下？为了回答这一问题，必须从深入研究"荷载超限裂缝机理"下手。因此要求在培养学生的结构计算能力方面达到以下目标。

(1) 熟悉荷载规范：随时关注实际荷载是否超限。

(2) 掌握应力状态：通过结构计算去查定结构各个不同部位的实际受力情况。

(3) 检查裂缝状态：用计算所得的应力图形与实际发生的裂缝图形作对比分析。

(4) 作出相关结论：得出荷载是否超限的结论。

## 基本概念

荷载标准；安全水准；承载力极限状态；超载状态；异常状态；带病工作状态；应力状态；裂缝状态；异常裂缝；危险裂缝。

## 引言

这里练的是基本功，要求先在结构计算方面打好基础，一时可能难以全面进入状态，不必着急。只要工夫到位，心里有了一条底线，手中有了一把尺子，就会运用自如，终身受益。

只要结构荷载控制在规范和设计允许范围之内，就不应该出现规范所不允许的结构裂缝现象和工程事故。为了防止事故发生，或降低事故率，人们已在争取加大荷载标准，放大安全系数，提高安全水准方面下了很大工夫，寄予了很大希望。问题是研究发现：随着规范 GB 50010—2002 的颁布实行，安全水准确实提高了许多，而结构裂缝现象和工程事故几率却仍然居高不下，甚至还有逆向发展趋势。为了回答以上问题，本章将围绕"荷载超限裂缝机理"这个中心问题，从结构荷载状态、结构应力状态、结构裂缝状态等几个方面来进行讨论，寻求对策。

目前存在的问题是，结构裂缝的直接原因往往并不是荷载超限，由于在规范和设计中已设有各项安全系数在层层把关，在工程实践中确实也极少见到过因荷载超限而导致工程事故发生的。这就使得问题进一步变得复杂化。但是只有按照设计规范，遵循结构力学理论，完成系统的结构计算以后，人们对结构各个部位、各个构件的受力情况及其所能提供的抗力水准，心里才有数。也只能是心里有这个底数，才有条件去发现和分析其他问题。所以说，这是工程师的基本功，必须掌握它。

# 4.1 荷载状态

## 4.1.1 荷载标准和安全水准

荷载标准是安全水准的基础。以荷载标准值再乘以荷载分项系数（即超载系数）将荷载值放大，再从另一方面将材料强度标准值乘以材料分项系数将材料强度计算值缩小，得到的综合安全系数就取得了最终的安全储备。比较起来，我国荷载标准值在国际上处于较低水平。以量大面广的居住用房与办公用房为例，我国旧规范的标准荷载取值为 $1.5\text{kN/m}^2$（新规范为 $2.0\text{kN/m}^2$），而美、加两国则取 $240\text{kgf/m}^2$，英国取 $250\text{kgf/m}^2$，法、德、俄取 $200\text{kgf/m}^2$，日本取 $290\text{kgf/m}^2$，澳大利亚取 $300\text{kgf/m}^2$，且我国的荷载分项系数取 1.4，而美、加取 1.7，英国取 1.6。因此我国的荷载安全水准实际上只有美国的 51.5% 和英国的 52.5%，显然是偏低了许多。但是我国荷载标准也是经过大量的实测数据统计分析和长期的工程实践考查验证过的。从现实情况考察，在符合国情的生活与办公用房中，最主要的活荷载也只是常用家具在起控制作用，采用 $1.5\times1.4=2.1\text{kN/m}^2$ 或 $2.0\times1.4=2.8\text{kN/m}^2$ 的设计荷载，也应该认为绰绰有余了。当前居高不下的结构裂缝现象和工程事故发生率是否真正与荷载安全水准偏低有关，是一个值得研究与探讨的问题。

## 4.1.2 承载力极限状态

根据现行规范，现行的设计都是保证满足结构承载力极限状态要求的，也就是满足力学平衡条件。保证结构的任何构件，任何部位在荷载条件下所产生的内应力不超过其材料允许强度，保证构件和体系的稳定，保证构件和体系在长期工作条件下不进入不允许的变形状态。既然如此，也就不应该出现危险性的结构裂缝，更不应该形成事故。那么，居高不下的结构裂缝现象和安全事故原因值得探讨。

### 4.1.3 正常使用极限状态

现行规范明确了结构设计必须满足正常使用极限状态的要求，还特别对裂缝控制和变形控制作了详细规定，裂缝宽度控制在 0.2~0.4mm 的范围内；各种梁的挠度控制在 1/200~1/600 跨度范围内；地基基础的沉降差控制在 3/1000 倾斜的范围内；高层建筑的顶点位移控制在 1/400~1/1000 楼高的范围内；层间位移控制在 1/550~1/1200 层高范围内。从以上的控制水准来看，TJ10—74、GBJ 10—89、GB 50010—2002、GB 50010—2010 四代规范基本上保持原地踏步，没有多少与承载力安全水准提高相适应的变化，因此认为存在安全水准偏低的问题，这是否就是引起裂缝的主要原因，值得作深入研讨。

### 4.1.4 超载状态

按理只有在荷载条件超过了两种极限状态规定的标准限额时，才会导致结构裂缝，引发工程事故。可是有关工作人员在长期的大量的工程事故分析工作中发现，极少遇到过荷载超限的情况出现。大量的结构裂损事故甚至工程坍塌事故往往出现在负荷未满，远远没有达到设计计算值的情况下。原因是应该研讨的。相反，在一些现场进行的荷载试验中，或者在进行结构拆除的实践中还发现，现浇钢筋混凝土结构具有很大的延性，即使在超载状态下，仍具有很高的抗裂损抗倾覆能力，很不容易进入坍塌状况，这又从另一方面提出了疑问，都是应该深入研讨的。

### 4.1.5 非常状态

这里所指的结构非常状态是指结构的带病工作状态。在正常情况下，由于有各种安全系数的保护，结构即使在承载力极限状态或正常使用极限状态下也不一定出现结构裂缝。可是由于某种偶然的特殊原因乘虚而入，导致了结构局部出现了某种裂缝，则已成为病态。在带病工作状态下，结构构件或整个体系的刚度锐减，计算图形或计算模型都可能大不一样，情况也就迥然不同了。很多本不应该出现的结构构件裂损事故或工程坍塌事故，可以说绝大多数都是结构在带病工作的情况下出现的。因此认为，加强工程事故防范工作，应从勘察、设计、施工到使用的每一个阶段，随时给予关注。对结构裂缝等异常现象，宜及时处理，以免带病工作，酿成事故。

## 4.2 应 力 状 态

### 4.2.1 内力图形

结构裂缝是由于结构在荷载作用条件下所产生的内力值超过了结构材料的强度允许值

而形成。研究结构裂缝机理，应从研究结构的内力图形开始。结构构件的内力图形包括弯矩图和剪力图。试以最常见的简支梁与固端梁为例，来说明其分别在均布荷载与集中荷载两种情况下的弯矩图形及剪力图形的变化(图 4.1)。并进一步对由弯曲应力与剪应力合成的主拉应力进行研究。因为主拉应力是直接产生结构裂缝的作用力。

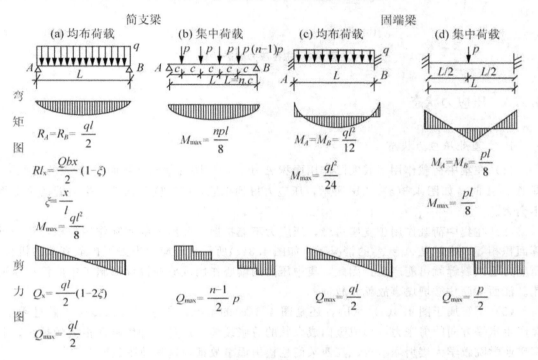

图 4.1　结构构件的内力图

## 4.2.2　主拉应力状态

从跨度内的弯矩图形与剪力图形来考察主拉应力的变化状态(图 4.2)，就可推知全跨度范围内结构裂缝可能出现的状态，就以简支梁在均布荷载条件下为例，梁的跨中弯矩为最大，因此梁底拉应力 $\sigma = \dfrac{M}{Z}$ 也为最大，拉应力方向为水平，而跨中的剪应力则为零，所以主拉应力方向也只能是弯曲拉应力的方向，其值为 $\dfrac{M}{Z}$，此拉应力在一般情况下，完全由梁底充足的配筋所承受。因此不致出现规范允许以外的裂缝。

在梁底支座附近，弯矩等于零，弯曲应力(水平向)已不存在，仅存在垂直方向的最大剪应力，而在一般情况下，剪力设计值 $V$ 控制在 $0.2 \sim 0.25 f_c b h_0$ 范围之内，也就是梁的断面 $b h_0$ 提供的抗剪强度有足够的安全储备，纯剪破坏现象是绝对不会发生的。只有在从跨中到支座之间这个范围内，随着水平方向弯曲应力的逐渐减小，垂直方向剪应力的逐渐加强，主拉应力的方向由水平逐渐向右(或左)下方倾斜，发展到支座附近时主拉应力方向趋近于 $45°$ 的方向。这就是主拉应力的应力状态，如图 4.2(d)所示。

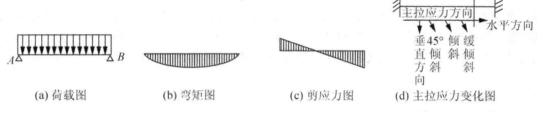

(a) 荷载图　　　　(b) 弯矩图　　　　(c) 剪应力图　　　(d) 主拉应力变化图

**图 4.2　主拉应力状态示意**

## 4.2.3　压应力状态

**1. 支座处压应力状态**

(1) 在集中荷载作用下其实际作用面积 $A_t$ 小,而支座的承压计算面积 $A_b$ 大的情况下,即 $A_b > A_t$ 时,如图 4.3(a)、(b)所示,压应力得到扩散,则支座下构件产生裂缝的可能性不会大。

(2) 在集中荷载作用于支座边缘,压应力不能扩散,即压力的实际作用面积与承压计算面积相等,也就是 $A_t = A_b$ 的情况下,如图 4.3(c)所示。压应力失去了扩散衰减的机会,压应力超载裂缝就可能产生,因此,集中压力的偏心作用现象在设计与施工中应该尽量避免。江西某商住楼坍塌事故就是教训。

(3) 不管属于图 4.3(a)、(b),还是图 4.3(c)的情况,集中压力在传递扩散过程中,会产生水平方向的剪胀力,形成竖向成束状的剪胀裂缝。这是一种危险性很大的裂缝。北京矿业学院教学大楼坍塌事故、江西某商住楼坍塌事故都与这种剪胀裂缝有关。

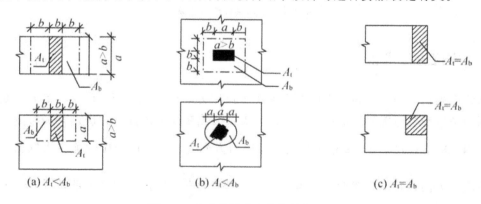

(a) $A_t < A_b$　　　　(b) $A_t < A_b$　　　　(c) $A_t = A_b$

**图 4.3　支座处压应力变化状态示意**
注:$A_t$ 为集中荷载作用面积;$A_b$ 为集中荷载计算面积

**2. 梁内的压应力状态**

梁内压应力按线性规律分布于梁的中性轴以上。应力强度随弯矩的变化而变化。根据梁断面的平衡破坏设计理论进行足够配筋和混凝土抗压强度偏高的优势,梁内出现压应力超限导致结构裂缝引起事故的几率很低。只是在预应力混凝土构件中,梁端的底部本来是因负弯矩的存在而属于压应力区,如果预应力张拉索在梁端底部区域没有及时弯起转向梁

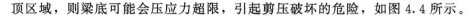

顶区域，则梁底可能会压应力超限，引起剪压破坏的危险，如图4.4所示。

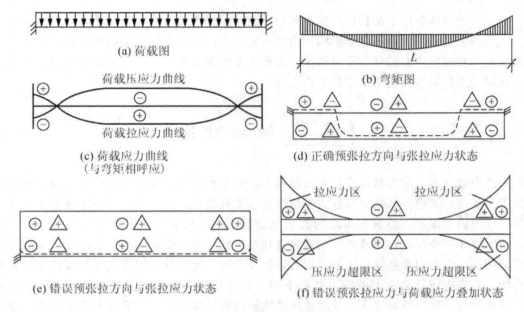

(a) 荷载图

荷载压应力曲线

荷载拉应力曲线

(c) 荷载应力曲线
(与弯矩相呼应)

(e) 错误预张拉方向与张拉应力状态

(b) 弯矩图

(d) 正确预张拉方向与张拉应力状态

拉应力区　　　　拉应力区

压应力超限区　　压应力超限区

(f) 错误预张拉应力与荷载应力叠加状态

**图4.4　梁内的压应力状态**

注：⊕代表荷载拉应力；⊖代表荷载压应力；△代表张拉拉应力；▲代表张拉压应力。

## 4.2.4　屋(桁)架节点内的应力状态

理论上桁架(或屋架)仅有受轴向力的压杆和拉杆两种构件，除了节点区在由压力向拉力转化过程中应力状态比较复杂外，杆件应力状态应该是很规范的。可是由于桁架构造尺寸上的施工误差，或因杆件自重应力和温湿度胀缩变形应力的存在，实际工程中的桁(屋)架的应力状态仍是复杂的。次应力多集中出现在节点区附近，尤其是端节点，往往存在剪应力。这两种应力引起的裂缝导致的结构的损伤与破坏属于脆性破坏。在工程事故分析工作中，必须倍加注意。

## 4.2.5　应力合成与应力叠加

在很多情况下，结构构件上的裂缝分布情况与理论分析得到的结构应力分析情况不是很吻合。本来裂缝开展的方向与应力方向应该正交，实际情况是方向有很大偏离。本来裂缝分布应该很有规律，实际裂缝分布却常常没有规律。出现这样的异常情况是因为产生了应力合成与应力叠加的问题。

### 1. 应力合成

在同一荷载条件下产生的两种应力比如垂直方向的剪应力与水平方向的张拉应力经过合成以后，应该成为大小和方向一定的主拉应力，可是由于构件各个部位材料阻抗能力（抗裂能力）的不均匀，会导致裂缝方向略有改变。

### 2. 应力叠加

当在一种荷载作用下结构已产生了某一种应力，如果又有另一荷载出现，产生了新的应力，两种应力叠加，则不仅会影响应力和裂缝的走向，也会影响裂缝的产状。这都是在裂缝机理分析过程中会遇到的异常情况。根据异常情况就可找出特殊的裂缝原因和事故原因。这都是工程事故分析工作中的关键点。

# 4.3 裂缝状态

本来裂缝状态与应力状态应该是直接相关，完全相应的。裂缝走向应该与理论分析的应力走向正交，裂缝产状应该与应力图形呼应。真若如此，则只需进行一次理论上的应力计算，绘出内力图形，裂缝和事故的真相也就会大白。可是在实际的工程事故分析工作中，情况并非完全如此，眼前的结构裂缝往往是产状、走向多种多样。原因在于实际工程的环境条件，内在因素往往是千差万别，错综复杂的。因此致裂因素也就错综复杂。要理出头绪，首先应该从理论上的应力分析下手，再进行裂缝现状的详细检测记录，综合观察，对比分析，找出裂缝原因。最后才根据实际的裂缝状态，认定裂缝的真实性质、发展趋势及其危害性。

出现在实际工程结构上的值得关注的危险裂缝状态有下列多种，它们往往是恶性事故的元凶。

## 4.3.1 冲剪裂缝

冲剪裂缝多出现在柱顶或柱底的无梁板面上，比如无梁楼板或筏板基础上。一般在设计过程中多把注意力集中在板的抗弯能力方面，而忽视了板的抗冲剪能力。冲剪裂缝环柱头周边均匀分布，危险性极大，接近脆性破坏，没有延性，不给预警，如图4.5所示。

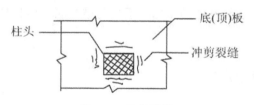

**图4.5 冲剪裂缝**

## 4.3.2 剪压裂缝

剪压裂缝是剪力与压力同时存在同时作用而形成的裂缝，如图4.6所示。多出现在受力的桁(屋)架的端节点附近，裂缝虽然属于挤压、闭合型，从外表检查，似乎裂缝宽度并不大，因而容易误判成危险性不大，甚至被视为无害裂缝。可是它也属于脆性破坏型裂缝，会沿裂缝面产生滑动，导致桁(屋)架体系变形、失稳，直致猝然坍塌。

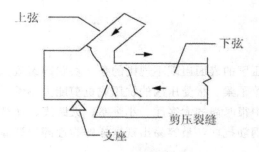

**图 4.6 剪压裂缝**

### 4.3.3 剪拉裂缝

在挤压力、剪切力与拉力同时存在的情况下,其共同作用的结果,就产生剪拉裂缝。剪拉裂缝属于错动状,张拉型裂缝。裂缝宽度大,不仅外观上看来危险性大,实际上也是一种危险型裂缝。它多出现在钢筋混凝土梁的支座附近或桁架的端节点附近,如图 4.7 所示。

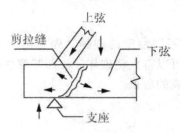

**图 4.7 剪拉裂缝**

### 4.3.4 剪胀或挤胀裂缝

剪胀裂缝是在强大的集中荷载作用下结构在产生强大的压缩变形的同时,由于压缩机理寻求压应力扩散的机会而自然形成与压缩方向正交的变形,这也称挤胀现象。挤胀裂缝则与压缩变形方向平行,与剪胀方向垂直,并呈束状出现,危险性极大。压力机下混凝土试块上最先出现的裂缝就属于挤胀或称剪胀裂缝(图 4.8)。北京矿业学院教学楼倒塌事故发生时砖混夹心柱上出现的裂缝就属于剪胀裂缝。

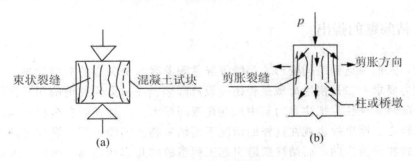

**图 4.8 剪胀裂缝**

### 4.3.5 脆性碎损

如果在梁或板的受压区的表面出现不规则的条、块状碎裂现象，则必然是梁、板刚度不够，而配筋过量，导致了梁、板受压区的抗压或抗剪能力不够，引起的脆性破坏，危险性极大。现时结构设计中很时尚的大客厅、小卧室、大跨度、薄楼板，却仍在板内用分离配筋的方式，没有弯起钢筋抗剪，最容易出现这样的脆性碎损裂缝事故(图 4.9)。

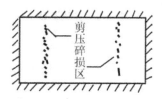

图 4.9 大跨度板面碎损

### 4.3.6 杂交裂缝

若两种以上不同原因产生不同性质的裂缝，先后出现，迅速杂交，必具有很强的活力。其发展迅猛，一夜之间，可以将大楼破坏。江西某商住楼坍塌事故和北京矿业学院教学楼坍塌事故都是裂缝杂交促成的后果。

### 4.3.7 其他裂缝

其他裂缝主要指的是最常见的张拉裂缝，比如板面上的通长贯穿裂缝、墙面上的通长倾斜裂缝、梁侧面的枣核型裂缝、梁底的密集型裂缝，这类裂缝的出现几率最大，数量最多。因为它们往往影响使用功能，影响外观，最被人们所关注，也是很有害的裂缝。但绝不是危险性最大的裂缝。在工程事故分析工作中应该心中有数，分别对待，以免陷于被动。

# 4.4 安 全 评 估

### 4.4.1 评估问题的提出

按习惯，人们在遇到结构变形、裂缝等异常现象时，最关心的有两件事：一是设计是否满足承载力要求；二是使用荷载是否超过设计限额。在未见到其他的明显原因，比如地基下沉等情况时，往往只把注意力集中放在荷载问题上。一旦查明在荷载方面不存在问题时，就掉以轻心。而事故也就在这样的情况下悄悄来临。实践证明，设计与超载方面存在问题的情况确实是极少的，而结构裂缝引起工程事故的几率却很高。因此，对结构裂缝现象进行安全评估，必须持绝对慎重的态度。要查明原因，切不可轻易放过。

## 4.4.2 安全评估的内容

在初步怀疑裂缝原因系由荷载引起，却又不能完全确认的情况下进行安全评估，操作步骤须包括以下具体内容。

（1）对结构图纸和结构计算进行重点的深入复查。

（2）对施工现场环境和施工档案记录进行深入查访。

（3）将裂缝现状检测记录进行系统整理。

（4）对异常裂缝特征进行个性化机理分析。

（5）最后做出有理论依据、负责任的安全评估。

# 思 考 题

1. 荷载应力超限会在结构中出现哪几种裂缝？

2. 在设计、施工与使用过程中应如何控制结构的荷载应力？

3. 试举出几种危险性的因荷载引起的结构裂缝。

4. 试举例说明结构中的应力合成与应力叠加现象。

5. 试举例说明杂交裂缝的危害性。

# 第5章

# 地基变形裂损机理

### 教学目标

地基压缩变形、沉降不均、剪切破坏、失效失稳都会引起结构裂缝和工程事故。压缩变形、沉降不均引起的结构裂缝为常见事故，剪切破坏和失效失稳引起的事故是危险事故。应该善于处理常见事故、杜绝危险事故。因此必须在教学中瞄准以下目标，作出努力。

（1）摸清地下情况：地基失事包括地基土被压缩变形，沉降不均，剪切破坏，局部挤出；粉沙土液化，淤泥土流变；桩基失效失稳等多种原因，首先必须摸清情况。

（2）掌握裂缝特征：要从错综复杂的裂缝现象中寻找规律，掌握特征，掌握现场实况。

（3）深入机理分析。

（4）最后作出风险评估，提出加固措施。

### 基本概念

土的压缩性；土的压缩过程；土的抗剪切强度；上下（结构与地基）共同工作理论；两种裂损机理；四种墙面裂缝；整体坍塌。

 引言

著名的美国土木工程师 R. F. Legget 曾说过："要成为一名有成就的土木工程师，首先必须是一名有修养的地质师。"因此，谁想先成为一名有成就的土木工程师，在地基变形裂损机理研究方面也必须有所成就。因此说，本章的实用价值很高。

地基压缩变形、沉降不均、剪切破坏、失效失稳等现象引起的结构裂损和工程事故，危险性都是很大的，而且出现频率也是很高的，应该引起特别关注。只是地基土深埋在地下，而且是咫尺之间，千变万化。如何根据上部结构的变形与裂损情况，来准确判断地基土的实际工作状态及其可能形成的破坏机理，就成了工程师们必须面对的一道难题，也就是本章讨论的重点。

# 5.1 地基的特性

## 5.1.1 工程地质变化与地基土体构造

任何土木建筑物离不开地基，而构成地基的工程地质却又是变化万千的。往往咫尺之间，地质条件迥然有异。工程师们如果对它不研究、不熟稔、不关注，遇到情况就不免茫然，易犯错误。因此建议未来的工程师们，即使自己限于时间与精力，不能进一步加强对工程地质学的研究，最低限度也应该养成重视工程地质报告的习惯，具备读懂工程地质报告的能力，要时刻警惕工程地质条件的变化。

地基土体是由气相、液相、固相三相组成的复合体，构造复杂。由矿物颗粒构成的固态成分，孔隙中被水充填的液态成分，与其余被气体充填的非饱和成分三者之间的比例关系随时在变化。这一基本情况构成了地基土特殊的、复杂的物理力学特性，与其他建筑材料都不太相同，必须切记这一点。

## 5.1.2 地基的压缩性能

1. 地基土的压缩量

根据地基土体的三相特性，土体的压缩量包括以下几个部分。

1）固态矿物颗粒的压缩量

固态颗粒根据岩性的不同，其可压缩量也是不同的，硬度大的矿物颗粒的压缩量就小，软弱颗粒的压缩量就大。但是根据工程实践经验，在一般工程上常用的压力 100～600kPa 作用范围内，固态颗粒被压缩的量是极小的，可以忽略不计。

2）孔隙内水体的被压缩量

据研究，水体本身在受约束的条件下，被压缩的量也微不足道，可以忽略。

3）气体和水体被挤出压缩量

对于干燥的非饱和的非粘性土，充满孔隙的气体和水体完全有可能在压力作用下被挤出，构成压缩量的主要分量，而且压缩完成的时间过程也比较快。但是对于饱和粘性土，充满孔隙的气体和水体却很难从土体中被挤出，需要一个漫长的时间过程。

4）土的压缩系数

$a_{1-2}$ 为地质报告上标志着土体压缩性能的指标也称为土的"压缩系数"，单位为 $MPa^{-1}$，表征着土体在承受 100～200kPa 这个压力段的压力情况下，其被压缩的程度，共分以下三级。

低压缩性土：$a_{1-2}<0.1\mathrm{MPa}^{-1}$。

中压缩性土：$0.1\leqslant a_{1-2}<0.5\mathrm{MPa}^{-1}$。

高压缩性土：$a_{1-2}\geqslant0.5\mathrm{MPa}^{-1}$。

**2. 地基土被压缩的过程**

地基土在压力作用下被压缩而固结下沉，有一个漫长的过程，可以分为以下三个阶段。

**1) 瞬时沉降**

瞬时沉降现象发生在地基受荷的初期阶段。在工程实践中发现，建筑物主体结构施工正在进行中，荷载量还远没有达到设计额度的情况下，就可从沉降观测记录中看到可观的沉降量，这往往会让设计与施工人员感到紧张。实际上这种瞬时沉降现象往往是基础底板与地基土的接触面不够密贴，自行进行调整的行为。在进行荷载试验时，也经常能遇到这种瞬时沉降量过大的情况。这类瞬时沉降量完全可以不计入总沉降量中去。

**2) 固结沉降**

饱和土体在荷载作用下产生压缩的过程包括以下几点。

(1) 土体孔隙中自由水逐渐渗流排出。

(2) 土体孔隙体积逐渐减小。

(3) 孔隙水压力逐渐转移由土骨架来承受，成为有效应力。

上述三个方面为饱和土体的固结作用：排水、压缩和压力转移三者同时进行的一个过程。

地基在压力作用下，其孔隙内的气体和水体被挤出，孔隙压缩的过程是其正常的固结过程。对于渗水性良好的砂类土来说，这个过程完成很快。根据工程实践，砂石类地基的沉降观测在主体结构封顶以后很短时间即最多2～3个月之内就会稳定。也就是说固结过程终止，不会延续到工程装修阶段。而饱和粘性土，尤其是淤泥质土的压缩固结却需要一个漫长的时间过程，往往在主体结构封顶阶段，观测不到明显的下沉量。而在主体结构封顶以后，正进入装修阶段时，沉降量却明显的加大，往往导致装修质量受损，让施工人员尴尬。个别工程，沉降现象甚至会延续几年甚至几十年，长期使工程遭受损害。

**3) 次固结沉降**

次固结沉降是土体完成正常固结沉降以后，由于固态矿物颗粒之间在压力作用下发生蠕变现象的结果。次固结沉降现象一般只出现在淤泥质软土地基中，其值也不会太大，不会带来严重后果。

由于沉降具有时间过程，因此在工程施工的全过程必须进行沉降观测跟踪，对粘性土地基上的工程，在使用后也必须进行长期的沉降观测。

在进行沉降观测和整理沉降观测记录时，必须密切关注沉降的发展过程，不能只关注总沉降量。

## 5.1.3 地基的抗压强度与抗剪能力

**1. 抗压强度**

在规范与设计中，人们习惯于把地基的承载能力或抗压强度说成地耐力。用地耐力指标来控制设计，并在设计地耐力与极限地耐力之间保持着 2.0 以上的安全系数。实际上，真正的极限地耐力拥有很高的潜在力量，安全系数远比 2.0 要大得多。就以地耐力很低的上海软粘土和天津软粘土来说，现场荷载试验证实，单位承压板下的压力强度达到 350kPa 以上时，地基也并未曾出现过破坏迹象。只是其沉降（压缩固结）量早已超出了允许范围。因此认为地基的抗压强度实际上并不是起决定性作用的控制指标。

2. 抗剪能力

根据大量的土样剪切试验，发现砂类土体的抗剪强度与剪切面上的正应力（压应力）强度 $\sigma$ 有关，也与土的内摩擦角 $\varphi$ 有关：

$$\gamma_f = \sigma\tan\varphi + c \tag{5-1}$$

式中：剪应力 $\gamma_f$、压应力 $\sigma$ 与内聚力 $c$ 的单位均为 kPa，内摩擦角 $\varphi$ 的单位为度（°）。从公式得知，土的抗剪切强度比抗压强度要小许多。这就是地基破坏基本上都是剪切破坏的原因。

## 5.1.4 地基的稳定条件

1. 自然灾害的形成

工程地质学告诉人们，地壳上存在很多特殊构造和薄弱环节，成为不稳定因素，容易引起地震、地动、山崩、滑坡、泥石流、地陷落等种种险情。带给地基基础和上部结构的将是毁灭性的大灾难。虽然可以归咎于天灾，但有些情况完全可以防范与规避而在工程实践中不加防范与规避，则造成的后果应视为人为过失。

2. 内在约束力的丧失及地基土液化与流变失效

导致地基失稳的另一内在原因是土体内部分子结构之间失去了相互约束的自约束能力。根据朗肯理论，土体的侧压力或称主动土压力 $p_a$。

对于砂类土：$p_a = \gamma z \tan^2(45° - \dfrac{\varphi}{2})$ (5-2)

对于粘性土：$p_a = \gamma z\tan^2(45° - \dfrac{\varphi}{2}) - 2c\tan(45° - \dfrac{\varphi}{2})$ (5-3)

式中：$\gamma$——土体的有效自重；

　　　$Z$——土体所在深度；

　　　$\varphi$——土的内摩擦角；

　　　$c$——土的内聚力。

当饱和土体被振动波扰动后，土中超静孔隙水压力大增，使土体分子受到了极大的额外上浮力，因而失去其部分自重压力，甚至成为完全失重的悬浮体，此时 $\gamma$ 接近于零。由公式得知，此时土体内部分子之间互相挤紧，互相约束的主动土压力会全部或部分丧失，导致地基失稳、桩基失稳事故；地基液化失效事故，地基流变失效事故，这些都是最严重，最可怕的破坏事故。

# 5.2 地基破坏

地基破坏除了地基失稳破坏、地基液化失效破坏、地基流变失效破坏等最可怕的破坏模式外,常见的还有地基沉降失控破坏与地基冲剪下陷破坏等几种比较危险的破坏模式。

## 5.2.1 沉降失控破坏

从理论上说,缓慢形成的均匀沉降现象,对建筑物的安全与使用并不构成威胁。据报道,上海国际大厦和上海展览馆的地基总沉降量早已接近或超过 2000mm,但至今仍在安全服役。可是沉降速率失控,总沉降量过大,就不可能是均匀沉降,必然形成破坏事故。因此,规范(GB 50007—2002)对一些整体性或稳定性差的建筑物的允许总沉降量,还是作了严格控制,比如对排架柱的允许总沉降量控制在 200mm 以下,对高层构筑物的允许总沉降量控制在 200~400mm,最新规范 GB 5007—2010 对高层建筑的沉降控制要求还做了进一步的提高,已将 200~400mm 的允许范围限制在 200mm 以内。因此在事故分析与事故防范工作中,对这类条文的规定应该有个正确的理解。过大的沉降量对建筑物的使用总是不利的,以严格控制沉降量,尤其是沉降速率,规避沉降失控的破坏事故为宜。

## 5.2.2 地基土体冲剪下陷破坏

因为软弱的深部地基持力层遭到剪切破坏,引起的总沉降量虽然不一定很大,但由于冲剪破坏必然是猝然出现的瞬间下陷破坏,其破坏力很强,因此危险性更大。比如 20 世纪初意大利有一教堂因为木桩基础刺穿了浅薄的持力层而引起冲剪破坏。在美国波士顿等城市由于城市地下水位下降,使得多座建筑物的木桩桩头腐烂,导致的建筑物陡然下降,这也属于冲剪下陷破坏。虽然下陷的总量并不大,但破坏力极大。

# 5.3 上部建筑与地基基础共同工作

除了地基整体失稳,地基液化失效,地基流变失效等特大的地基灾害外,对于一般软弱地基,都是可以通过调整上部结构与基础和地基的刚度差别,争取上部结构与地基基础互相协调,来控制地基的沉降变形,减少结构裂缝。

## 5.3.1 刚度差别

除了基岩外,对于一般地基,其刚度是有限的,尤其是软弱地基,则刚度最弱。可是对于基础和上部结构的整体来说,不论是砖石基础混合结构,还是筏板基础、箱型基础钢筋混凝土框架结构，剪力墙结构，框筒结构，其整体空间刚度是巨大的，属于绝对刚体。这样一来，基础加上部结构的整体与地基之间，就存在了极大的刚度差别，会给结构的力学平衡、变形协调带来很多复杂问题。

## 5.3.2 变形协调

在荷载作用下，上部结构和基础的整体与地基之间争取变形协调是一种客观趋势。而彼此之间，如果有比较接近的刚度，其变形协调条件就较好，建筑物出现裂缝、倾斜、甚至坍塌的可能性就不大。相反，如果彼此的刚度相差悬殊，事故率就会很高。比如在软弱地基上，如果上部结构和基础的刚度特大，就会导致建筑物整体倾斜甚至坍塌，而裂缝现象倒不会严重。如果上部结构和基础与地基之间的刚度基本上相适应，则上部结构与地基基础相互协调的结果，会发挥其极大的空间刚度优势，形成强大的抵抗力，使结构不易受损。如果上部结构和基础与地基之间的刚度都偏低，则其经过彼此变形协调以后，会形成各种不同的变形和沉降曲线，在结构上的相关部位产生与之相呼应的沉降裂缝。如果是地基的刚度只是稍偏低，而上部结构刚度只是稍偏大，则彼此协调以后，只会在基础上产生裂缝和变形，却不会向上层结构发展。总之，上部结构和基础与地基之间的刚度平衡、变形协调问题是一个极其复杂的问题，在工程设计、施工与事故分析工作中都必须进行深入研究，准确把握。

## 5.3.3 整体倾斜与冲剪下陷事故的控制

在上部结构和基础的整体刚度接近无限大而地基相对软弱的情况下，基底与地基接触界面必然保持平面状态，地基的压缩变形量也必然是均匀的。这样，基础底面下基于马鞍形压力强度分布规律，必然在底板周边出现压力集中现象。

如果地基只是刚度偏低但土质均匀，则在周边压力强度集中的条件下，可能出现的是地基整体冲剪破坏，如图5.1所示，假如地基除了刚度不够，还同时存在土质不匀的问题，则某一面或某一角点应力集中现象严重，那么必然在那里率先形成塑性体，出现局部剪切基础破坏问题，导致建筑物整体倾斜，如图5.2所示。

若要避免出现冲剪破坏事故，只能是放大基底面积，减小附加压力 $P_d$ 值，或者是改变基底的平面形态，扩散基底压力，避免基础边沿的压应力集中，以免引起冲剪破坏。

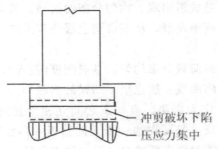

图 5.1 基底边沿的压力集中现象与地基冲剪破坏事故

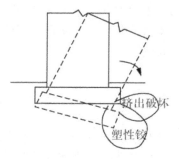

图 5.2　局部剪切挤出破坏与整体倾斜事故

　　若要避免由剪切挤出破坏引起整体倾斜事故，可以沿基础周边打一圈约束桩，或利用现成的基坑护坡桩，对地基土进行约束，以提高其抗剪能力，这样就可以避免挤出破坏和整体倾斜事故的出现。

### 5.3.4　变形趋势与沉降曲线的研讨

　　由于工程地质条件的不同，土层构造的变化，土质特性的差异，地基的不均匀沉降现象是不可避免的。尤其对于软弱地基来说，情况就更严重。在上部基础的压力作用下，软弱地基会出现各种不同的沉降变形曲线。下面就几种比较规律的也是最常见的沉降曲线和裂缝现象进行研讨，希望能从中找出规律，从而在设计与施工中采取相应措施，抑制结构裂缝。

# 5.4　下凹沉降曲线上的结构裂缝

### 5.4.1　下凹沉降曲线也称锅底状沉降曲线

　　当软土地基的软土层厚度是中间段偏厚，两端部位偏薄时，中间部分的压缩沉降量就偏大，端部沉降量偏小，使沉降曲线形成向下凹的锅底状曲线。基础和上部结构在争取与地基变形曲线相协调的情况下，也形成了下凹式的弹性地基上深梁的工作状态。深梁的内力与变形完全可以用弹塑性理论求解，裂缝走向则与应力图形走向正交，因此成为相对内倾式的八字形向斜裂缝，且是成组出现、均匀分布的裂缝。最先出现在基础或底层的勒脚上，窗台下，从中部向两端逐渐发展，从底层向上层逐步发展，但决不致发展到中性轴以上，更不致发展到顶层（图 5.3）。

　　还必须指出：即使在上部荷载分布均匀，基底刚度（筏板）均匀，下面软弱持力层和下卧层厚度均匀的条件下，沉降曲线一般也呈下凹式的锅底形，只是下凹度较小而已。那是由于基底中心地带存在一个应力密集，点与点之间互相干扰的问题，其承载能力有所降低，沉降量则有所增加。相反，基底周边一带则因傍近一圈没有负荷的义务"保镖"，其承载能力自然有所增强，沉降量则有所减少。这一论点已经过了大量压力合测试和沉降观测记录的证实。

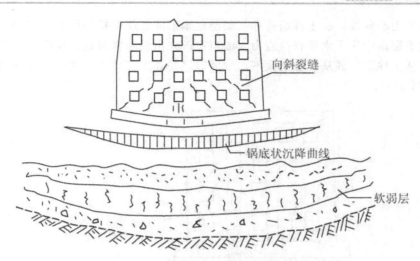

图 5.3 锅底状下凹沉降曲线上的向斜裂缝

## 5.4.2 相向倾斜的墙面裂缝走向

相向倾斜的墙面裂缝的走向可以用简单的材料力学方法来进行定性分析予以证明。在深梁(纵墙墙体)受到下凹式弯曲变形的条件下，底层墙体内产生一个水平方向、从两端向中部相挤压的内应力，水平挤压力与墙身内垂直方向的荷重压力与自重压力相组合，就合成为倾斜方向的主拉应力。裂缝方向与主拉应力正交，就是相向内倾的八字形裂缝形成的原因与机理(图 5.4)。

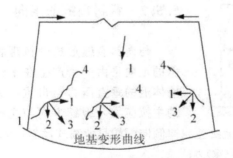

图 5.4 相对内倾式墙面裂缝机理
1—水平挤压力；2—垂直压应力；3—主拉应力；4—墙面裂缝

## 5.5 上凸沉降曲线上的背斜裂缝

### 5.5.1 上凸沉降曲线也称两端下垂的扁担形沉降曲线

当软土层的中间段厚度较薄，两端段厚度较大时，地基压缩量和沉降曲线是中间小，两端大,形成上凸曲线。在上部结构和基础与地基沉降曲线保持协调的过程中,纵向墙体内从顶层往下逐渐产生了水平张拉应力。墙顶中部先出现垂直裂缝,反向背斜的倒八字形裂缝则逐渐从上往下,或从下往上发展,发展顺序要随上部结构的整体刚度和墙体的抗拉能力而定(图 5.5)。

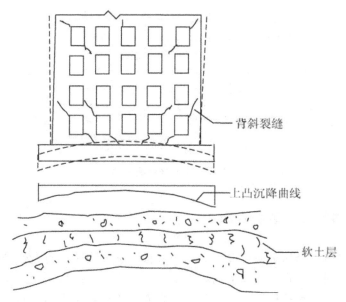

图 5.5　上凸沉降曲线墙体上背斜裂缝

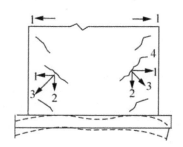

图 5.6　相对外倾式裂缝机理
1—水平张(推)力;2—垂直压(重)力;
3—合成主应力;4—裂缝

### 5.5.2　背斜裂缝的走向

与向斜裂缝形成的机理相似,背斜裂缝向两端倾斜的走向是由一个产生在墙体内的水平张拉(推)力和墙体上的垂直压力与自重压力组合以后形成向外倾斜的主拉应力,裂缝方向与主拉应力正交,所以裂缝一律倾向两端呈背离式倾斜,如图 5.6 所示。

## 5.6　一面坡或两面坡沉降裂缝

如果建筑物的地基是一端软弱,另一端逐渐变得刚强,则软弱端会逐渐产生较大的沉降量,沉降曲线则呈一面坡的形式。

如果建筑物的地基是一个角区软弱,向另外三个角区逐渐增强,则建筑物的沉降量为一个角区最大,向这一角点作整体倾斜,沉降曲线也保持对角线方向的两面坡形式。

不论是一面坡向倾斜，还是两面坡向倾斜，墙面裂缝的开裂机理与前述的墙面相向倾斜裂缝或背向倾斜裂缝情况完全相似，这里不多加讨论。

## 5.7 局部地基陷落与基础破坏和墙面裂缝

建筑物基础以下局部出现暗浜、溶洞、古井、地道等薄弱区是常有的事，在承重的墙、柱基础压力作用下，必然会出现地基和基础局部陷落破坏的情况。对于砖石砌筑的带形基础，墙基出现的是压剪破坏。对于钢筋混凝土带形基础，则基础出现的必是拉剪破坏。不论是拉剪破坏还是压剪破坏，该段基础已完全失去承载力，向上面反映的将是墙面上的重叠式倒V形裂缝，如图 5.7 所示。

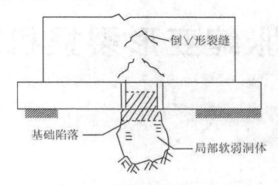

**图 5.7　局部软弱区上的倒V形裂缝**

## 5.8 沉降裂缝的稳定、封闭与加固

地基沉降引起的墙体裂缝在相当长的时间段内都不会稳定，尤其是饱和软土地基上的沉降现象往往会持续几十年。如果一律等到稳定以后再作裂缝封闭与加固处理，就很可能会失去良机，带来事故隐患。因此，最好的办法是先治本，后治标。先从加固地基、控制沉降着手，然后进行裂缝封闭、结构加固工作。

## 思 考 题

1. 为了防止地基出现过大的沉降量，应关注地基土的哪些特性？
2. 地基土被压缩有哪些过程？
3. 为什么地基土的破坏模式多数表现为剪切破坏或挤出破坏？
4. 有什么办法能促使上部结构和基础与地基之间的变形能够接近协同？
5. 最常见的因地基不均匀沉降引起的墙上裂缝有什么样的特征？
6. 你知道墙上裂缝的倾角和走向是如何形成的吗？

# 第**6**章
# 温湿胀缩变形裂损机理

温湿胀缩变形引起的结构裂缝是钢筋混凝土结构和砖混结构中出现几率最高的裂缝，因此必须倍加关注，善于识别。建议用从理性认识到感性认识的逆向程序去加深理解，掌握技巧。

（1）加深对结构构件受约束条件的理解和认识：强化约束条件对提高结构的刚度和整体性有利，但对温度应力的控制不利。

（2）认识线胀系数 $\alpha$ 是建筑材料的一种物理属性，不以人们意志为转移。

（3）懂得只有控制温湿度的变化幅度（计算温差 $T$）才是控制结构构件胀缩应力和裂缝的唯一手段。

（4）掌握两个理论计算公式的推导过程和具体运用。

① 梁、板线性胀（缩）量计算。

② 断面温差冷缩力（温差弯矩）计算。

气候（温湿度）条件；胀缩机理；3个条件；裂损机理；裂缝特征；"放"、"抗"措施。

**引言**

温湿胀缩变形是一种常见病，出现的几率很高，覆盖面最广，却极容易被忽视。它是让结构带病工作，最后形成大灾难的根本原因之一。

温湿胀缩变形裂缝其实也属于变形失调裂缝，只因温湿胀缩裂缝出现的几率很高，有必要对其裂损机理进行单独讨论。但也正因为其出现的几率高，而且随时随地处于发展和变化中，人们的意志很难改变这一自然趋势，因而也就习以为常了，并且往往对之束手无策，任其自然发展下去。可是带病工作的后果往往可能是彻底毁灭的大灾难。

# 6.1 温湿胀缩与自然环境

## 6.1.1 温度与湿度

温度与湿度因素存在于自然界任何一个角落里，是不以人们意志为转移的客观自然规律。对于工程结构来说，温度与湿度变化因素也可以说是不可避免的。

## 6.1.2 胀缩现象的危害性

热胀冷缩和湿胀干缩现象对于工程结构来说，其危害性却很大。正像人们患的伤风感冒，虽然不曾引起人们足够的关注，但有可能引发其他重大疾病。同样，导致工程结构裂损倒塌的大事故也往往是从几条微不足道的温度裂缝开始的。关于这一点，从事工程事故分析工作的工程师们应该有一个清醒的认识。

# 6.2 干湿胀缩与当量温差

## 6.2.1 干湿胀缩现象的影响因素

影响工程结构或混凝土干缩、湿胀变化的因素很多，首先是时间、温度、风速等直接影响结构或混凝土湿度效果的因素；其次还有水泥品种、水泥细度、水泥用量、水灰比、用水量、砂石质量、砂石级配、浇捣质量、养护条件等众多复杂因素。每一个因素的影响程度都不可能用准确的数字来进行计算或表达，只能引入一个个计算参数来进行一些近似的估计，但这样做没有实用意义，因为干缩现象的评估或干缩应力与干缩裂缝的分析是个难度很大的工作。

## 6.2.2 干缩当量温差

在实际工作中，人们为了方便，只能凭经验对混凝土的干缩现象、干缩应力和干缩裂缝进行宏观上的模糊控制。据统计，在一般的环境条件、材料选择和施工操作情况下，混凝土从浇筑终凝到全干燥这个时段发生的总干缩量相当于混凝土在温度下降了15℃左右这个幅度范围内的冷缩量。为了计算上的方便，也就把这个15℃左右的温度作为估算混凝土干缩量的当量温差，合并到温度应力和温度胀缩计算程序中去。

# 6.3 胀缩变形与结构裂缝

## 6.3.1 三个条件

下面所说的胀缩现象是热胀冷缩现象，已将干缩当量温差包括进去。混凝土及其结构构件在温度变化下要产生相应的热胀冷缩现象，并形成应力，出现裂缝是离不开以下3个条件的，不仅理论上如此，实践中也有了充分的案例证明。

1. 温度变化条件

所谓胀、缩、变形，都是相对而言的，如果温度永久保持在不变状态，就谈不上热胀冷缩，谈不上温度应力和温度裂缝的问题。所以要研究分析温度应力和温度裂缝，必须有一个相对而言的基准温度 $T$。这个基准温度 $T$ 多指混凝土终凝达到一定强度时的施工温度。在这个温度基础上，随着气温的变化，混凝土的温度升高了，相对于施工时的温度与状态来说必会产生热胀现象。温度降低了，就会产生冷缩现象。

既然热胀冷缩现象是相对而言的，也可把结构构件的局部温度，比如把外墙板室内侧的温度视为基准温度，则外墙板室外侧的温度在严冬时大幅度下降，外墙板外侧就会出现冷缩现象和冷缩裂缝。内外侧墙面上的温度差就成了温度应力与温度裂缝的计算温差。

总之，没有温差，就不会有胀缩现象，也没有温度应力和温度裂缝问题。

2. 结构约束条件

事实上，包括混凝土等结构构件在内的任何物体，在其不受任何约束的条件下，完全可以自由胀缩，并不会产生任何内应力，也不会出现裂缝。只有在其胀缩现象受到制约的条件下，才能产生应力和裂缝。必须注意，这里所说的裂缝并不单指人们通常所说的冷缩裂缝或收缩裂缝，还要包括热胀裂缝。

结构构件的受约束程度是随结构构件，尤其是节点构造的不同而变化的。约束程度越高，所产生的胀缩应力就越大，裂缝现象就可能越严重。约束程度以约束系数 $\gamma$ 表达，通常将百分之百的全约束程度用约束系数 $\gamma=1.0$ 来表示，而把百分之百放松的情况用 $\gamma=0$ 来表示，一般现浇钢筋混凝土结构的约束系数都在 0.5 以上。

3. 线胀系数条件

线胀系数表征着各种材料在温度变化下热胀冷缩一个度量的指标，常用建筑材料的线胀系数见前面第3章的3.4节。碳纤维的线胀系数则为负值，不是热胀冷缩，而是热缩冷胀，这一点也值得关注。研究结构温度应力、温度裂缝问题，还必须研究线胀系数这个相对固定的条件。

### 6.3.2 胀缩应变计算

根据定义及条件，得到胀缩应变的计算公式为

$$\varepsilon = \gamma \alpha t \qquad\qquad (6-1)$$

式中：$\varepsilon$——胀缩应变量；

$\quad\quad\gamma$——约束程度系数；

$\quad\quad\alpha$——线胀系数；

$\quad\quad t$——计算温度差。

当计算应变量 $\varepsilon$ 之值大于混凝土的极限应变（抗拉极限）$1 \times 10^{-4}$ 时混凝土就会出现裂缝。

# 6.4 裂缝机理分类

### 6.4.1 冷缩裂缝

#### 1. 板面冷缩张拉裂缝

板面冷缩张拉裂缝又分外墙板外表面裂缝与屋面板板底面裂缝两种情况。在严冬气候条件下，外墙板外表面温度接近气温，在北方地区，往往在 0℃ 以下，而内表面则接近室温，一般在 +20℃ 左右；屋面板，尤其是没有及时做好保温隔热层或者是保温隔热层年久失效的屋面板，板顶温度接近室外气温，偏低；而板底接近室内气温，偏高，不论是外墙板还是屋顶板，都有一个板面计算温差存在。以高温一侧为基准温度，则低温侧温差幅度都在 30℃ 以上。低温侧产生强烈的冷缩趋势，直接受到断面上高温一侧的制约，就在高温侧产生热胀引起的压力，低温侧产生了一个抵抗冷缩的应力，这个均匀分布于全板面内的冷缩应力就将使低温侧板面产生冷缩裂缝。本来冷缩应力应该机会均等，但是哪里约束程度高而抵抗力小，裂缝就先在哪里出现。因此，屋面板上的冷缩裂缝首先出现在与短向跨度支座平行处附近，也可能逐步向长向跨度支座平行处发展。而外墙板内因为存在一个自重或荷载而产生的垂直压应力可以与垂直方向的冷缩应力相抵消，所以冷缩裂缝只出现在垂直方向，而不出现在水平方向（图 6.1）。

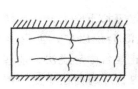

(a) 屋面板顶冷缩裂缝　　　　　(b) 外墙板外侧冷缩裂缝

**图 6.1　屋面板顶、外墙板外侧冷缩裂缝**

2. 板角冷缩切角裂缝

夏季施工的楼面梁板在骤然降温的条件下,面大且薄的板面不仅降温冷缩速度快,而且干缩量也比断面相对大许多的梁要大而快,板与梁之间就有一个收缩量差的问题,不等量的收缩变形必定在梁、板接触的界面上产生一个制约(抵抗)收缩的剪应力,这个剪应力就是产生板面切角裂缝的原因(图6.2)。

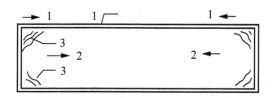

**图6.2 板面切角缝**

1—外框架、小收缩量;2—大面积板大收缩量;3—板面切角缝

应该说明,在外框架梁热胀量过大,板的热胀量小,甚至还产生冷缩与干缩的情况下,也同样能产生板面切角裂缝,只是与前一种机理相反,经仔细观察,两种裂缝外表似乎完全相似,只是产生的时节不一样。在事故分析工作中,这些都是必须关注的细节问题。

3. 大体积混凝土表面冷缩张拉裂缝

大体积混凝土在浇筑后3~7天的时间内,体内释放了大量的水泥水化热,导致了混凝土升温、热胀,体积内部温度高,体积表面温度低,内外形成较大温差,如果就在这时候来一个寒潮,混凝土外表收缩更大,就会导致严重的表面裂缝问题。这种裂缝属于表面冷缩张拉裂缝,没有方向性。关于大体积混凝土的养护温度调控与抗裂问题在后面的第20章还将作专门讨论。

4. 框架梁轴向冷缩张拉裂缝

大量的框架梁,尤其是那些敞开通风,暴露于外的框架梁,一旦受到寒流袭击,梁端在框架节点的强劲约束下会在梁身产生强大的冷缩应力。由于框架梁中性轴附近的腰筋配置量严重不足,抗冷缩变形能力低,就会在梁的中性轴附近产生两端细、中间粗、走向垂直的枣核型裂缝。由于梁顶存在由于荷载引起的压应力,可以与冷缩应力抵消,而梁底则配有足够的受力筋,有足够的抗裂能力,所以枣核形裂缝只是上不到顶,下不及底而出现在中腰。某中学教学楼出现的800余条裂缝就属于枣核型冷缩裂缝。

## 6.4.2 热胀裂缝

混凝土结构在升温热胀的条件下只产生膨胀效应和压应力,不应该产生裂缝。长期以来,至少是召开国内第一次结构裂缝会议——上海会议以来,工程学术界都是这么认为的,因此在钢筋混凝土结构理论中就没有热胀裂缝这名称与说法。前些年,有人还将地下室墙面、板面上出现的所有裂缝,包括外墙板的内、外两面在盛夏与严冬条件下出现的不同裂缝,统统归纳成收缩裂缝,甚至把裂缝原因归于高性能、高强度混凝土的早期微裂现象。此种认识有不妥之处,值得探讨。不论从哪个角度看,下列几种裂缝归属于热胀裂缝才算比较确切。

1. 火灾中的煤仓外表裂缝

某煤仓在施工中因电焊引起模板着火，从而引起了火灾。灾后见到的是内壁面混凝土被烧焦，而外墙面有大量竖直胀裂裂缝存在。

2. 烈日下的屋顶板板底裂缝

在烈日曝晒下的屋顶板，板面温度升高膨胀，在板断面内产生偏心压应力，从而导致了板底面的偏心力矩，引起张拉裂缝。

3. 烈日辐射下的地下室外墙板内立面上竖直裂缝

一般情况下地下室外墙板内立面上的竖直裂缝出现在夏季，显然系因外侧遭晒烤膨胀引起的内壁张拉应力所致。相反，外墙板外侧立面上也出现了竖直裂缝，该裂缝的成因和机理却迥然不同，系外侧面直接冷缩引起。

4. 正常气温条件下的大体积混凝土表面的无方向性裂缝

大体积混凝土浇筑以后，尚在水泥水化热阶段，温度高、体积膨胀，如果遇到的是骤至的寒潮低温，可以认为是混凝土表面冷缩裂缝。如果遇到的是酷暑高温，就可能会保持内外温度平衡，差别不大，相安无事，裂缝可能不会出现。如果遇到的是正常温度，则显然应理解为体内水化热升温膨胀引起的表面张拉裂缝。其生成机理与板的一侧受高温晒烤引起的低温侧裂缝完全一致。

## 6.4.3 板(梁)面热胀与冷缩应力的理论计算公式

温差内力分析如图 6.3 所示。

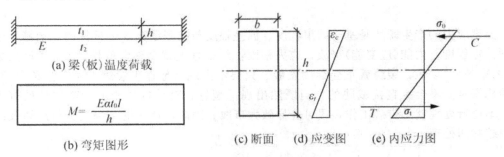

(a) 梁(板)温度荷载

(b) 弯矩图形    $M = \dfrac{E\alpha t_0 I}{h}$

(c) 断面    (d) 应变图    (e) 内应力图

**图 6.3 梁(板)两面温差内力分析图**

(1) 条件。梁(板)断面 $bh$、弹性模量 $E$、梁(板)顶面温度 $t_1$、底面温度 $t_2$($t_1 > t_2$)，呈均匀变化，$t_1 - t_2 = t_0$。

(2) 公式推导。以中性轴 $\dfrac{1}{2}h$ 处的温度视为平均温度条件下：

顶面压缩应变 $\qquad\qquad\qquad\quad \varepsilon_c = \alpha \dfrac{t_0}{2}$ $\qquad\qquad\qquad\qquad$ (6-2)

顶面压缩应力 $\qquad\qquad\qquad\quad \sigma_c = E\alpha \dfrac{t_0}{2}$ $\qquad\qquad\qquad\qquad$ (6-3)

断面合压力 $\qquad\qquad C = E\alpha \dfrac{t_0}{2} \dfrac{hb}{2} \dfrac{1}{2} = \dfrac{1}{8} E\alpha t_0 hb$ $\qquad\qquad$ (6-4)

| 底面拉伸应变 | $\varepsilon_{t} = \alpha\dfrac{t_0}{2}$ | (6-5) |
|---|---|---|
| 底面拉伸应力 | $\sigma_{t} = E\alpha\dfrac{t_0}{2}$ | (6-6) |
| 断面合拉力 | $T = \dfrac{1}{8}E\alpha t_0 hb = C$ | (6-7) |
| 断面温度力偶 | $M = T\dfrac{2h}{3} = \dfrac{E\alpha t_0 bh}{8}\dfrac{2h}{3} = \dfrac{E\alpha t_0 bh^2}{12} = \dfrac{E\alpha t_0 I}{h}$ | (6-8) |

式中：$I = \dfrac{bh^3}{12}$——梁（板）的断面惯性矩。

（3）计算结论。从以上公式推导得到了以下结论。

① 全跨度温度应力和弯矩图形为矩形，正弯矩，在低温一侧全跨度内弯矩强度或温度应力强度为均等。因此，全跨度内低温侧裂缝机会为均等。

② 低温侧永远为拉应力区，高温侧永远为压应力区，因此，温度裂缝只出现在低温一侧，不出现在高温一侧。

③ 两面出现温差原因系高温一侧吸收外热引起，则应定义为热胀裂缝；系低温一侧失热引起（散热引起），则应定义为冷缩裂缝。但不论热胀裂缝还是冷缩裂缝，必定只出现在低温一侧，不会向中性轴以上扩展，永远不会形成贯穿性裂缝。

④ 实际工程中出现两面贯穿性裂缝，既存在因夏天曝晒吸热的问题，又存在因冬天严寒失热问题，两种原因并存，裂缝才会贯穿。

# 6.5 裂 缝 处 理

温度应力的产生既然是基于约束程度、温差幅度与线胀系数 3 个条件的，裂缝发生发展到一定程度，内能（应变能）释放，应力松弛，约束程度就会逐渐放松。3 个条件失去一个（约束条件）以后，裂缝就不会继续发展，只要不出现其他伴生裂缝，尤其是杂交裂缝，对结构安全是不会有直接威胁的。但既然出现了裂缝，对结构的刚度和整体性就有了削弱，不进行处理就是带病工作，很可能导致大事故。因此，待裂缝一稳定，就应该及时进行裂缝封闭处理。

# 6.6 关于伸缩缝间距问题的讨论

关于建筑结构的允许长度，各国不同时期制定的规范都做过明确规定。我国混凝土结构规范 GB 50010—2002 也就此做了相应规定：室内条件下的钢筋混凝土框架限长为 55m，室外条件下则限长为 35m。最新规范 GB 50010—2010 虽然保持了规定水准不变，但考虑到实际情况，在具体执行过程中已允许做些变通。各国各种规范的规定数值则差别很大，这是一个很有争议的问题，为了加强对温度胀缩裂缝机理问题的认识，不妨在这里做一些讨论。当前国际上关于这个问题存在着两个学派，一派主张"放"，一派主张"抗"。各国规范对伸缩缝间距做出规定，就是接受了主张"放"的主流派的观点。其观点是：鉴于在热胀冷缩作用下，过长的建筑物总的热胀冷缩量太大，会导致建筑物中间出现大量裂缝。为了减少裂缝，就只有将长度缩小，留置更多的伸缩缝，主动将建筑物进行分段放松，免得被动地出现大量的不规则裂缝，这就是"放"的方法。"抗"的观点与之相反，主张强化结构自身，争取主动，控制裂缝，保持建筑结构应有的长度及其整体性，不设伸缩缝。两种观点都有一定道理，现试讨论如下。

## 6.6.1 "放"的麻烦性

对于一个建筑结构来说，能保持其整体性当然是理想的，要人为地将它划分成若干段不仅会丧失整体性，而且会带来很多麻烦。比如一个600多米长的厂房，如果按30m左右留一道伸缩缝，就要将一个完整的厂房分割成二十几段，中间要留置二十几道伸缩缝。伸缩缝要增加工作量，要解决屋面防雨，地下防渗，侧面防风问题，对使用不利，会给管理带来麻烦，给工程增加造价，对工程的安全性与耐久性都有负面影响。因此认为，放的办法只有不得已而为之。

## 6.6.2 "放"的有效性

用伸缩缝放松以后，是否就可取得建筑结构不致裂缝或减少裂缝的效果，应做一些具体分析。

### 1. 定量分析

现以一道钢筋混凝土围墙为例来做定量分析。设墙基对围墙的约束系数 $\gamma$ 为 0.5，围墙的计算温差取 30℃ 的最低值，按理论计算，其胀缩应变为

$$\varepsilon = \gamma \alpha t = 0.5 \times 1 \times 10^{-5} \times 30 = 1.5 \times 10^{-4}$$

这已大于钢筋混凝土的极限抗拉伸应变，显然会出现裂缝。计算公式表明，胀缩应变量指单位长度范围内的应变值与结构总长度并无关系。只有裂缝的总条数与裂缝的总宽度才与结构长度有关。这一性质也说明，不管怎样划分结构长度，裂缝总是会分散出现，不会以人们的意志为转移，集中出现到伸缩缝去。因此说明"放"的办法并不会完全消除裂缝，只能是分散裂缝。

### 2. 定性分析

在冷缩条件下，由于上部结构围墙的冷缩，要受到无冷缩的地基的制约，因而会在围墙与地基的接触界面上产生一组均匀分布的背向阻抗剪应力。这组剪应力对于墙板来说是偏心张拉力，以墙板的长向中分线为不动点，剪切阻抗应力从墙端向不动点逐渐聚集，聚集到不动点时其值为最大。当其值已大于墙板的允许抗拉能力时，裂缝就会在中分线上产生，将墙板一分为二，然后二分为四，循序递进，直至将长墙板分到极短时，地基对墙板的约束程度低到可以忽略不计，裂缝才会终止。对于短墙板来说，不同之处只是因为其长度短一些，半段墙上聚集起来的阻抗剪切力可能值要低一些，因此中分线上裂缝的起步计算温度可能要高一些，也就是裂缝会出现得稍晚一些而已。但一分为二、二分为四……的开裂规律并不会改变，如图 6.4 所示。

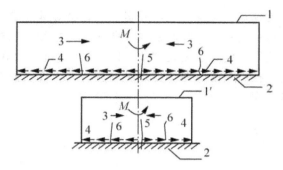

**图 6.4　墙板冷缩裂缝机理**

1—长墙；1′—短墙；2—基础；3—冷缩；

4—冷缩阻抗张拉力；5—第一茬裂缝；6—第二茬裂缝

　　在热胀条件下，由于墙板要伸长，被基础所制约，在墙板与基础的接触界面上会产生一个阻止墙板伸长的相向阻抗剪力组，这个剪力组对于墙板来说是一个偏心压力，会形成一个偏心力矩。因此在墙板的下半节范围内不会出现裂缝，裂缝会出现在墙顶，其出现顺序也像冷缩条件下的墙脚裂缝一样，长墙与短墙的裂缝规律也完全相似，如图 6.5 所示。

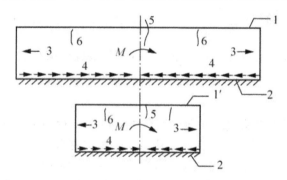

**图 6.5　墙板热胀裂缝机理**

1—长墙；1′—短墙；2—基础；3—热胀；

4—热胀阻抗压力；5—第一茬裂缝；6—第二茬裂缝

　　以上定性分析与定量分析表明，设置伸缩缝，将建筑结构分段、缩短的办法对于抑制裂缝并无帮助，最多只能稍许推迟裂缝的出现时机。

## 6.6.3　"抗"的代价

　　从理论计算得知，在温差幅度大、约束程度高的情况下，胀缩应力和胀缩变形量如此之大，要完全依靠增加配筋，提高结构的抗裂能力来防止胀缩裂缝，显然代价极高，是极不经济，甚至是不现实的。

## 6.6.4　留置后浇带是抑制裂缝的一个好方法

　　在建筑结构中留置适当的后浇带，并且注意采取以下几点措施是能有效地抑制温湿胀缩变形裂缝的一个好办法。

（1）后浇带设置的间距与宽度应适于操作。

（2）后浇带封缝合龙时间宜选择在结构的干缩过程已经完成，混凝土设计强度已经达到之后，具体时间应选择在气温相对为最低时。

（3）后浇带的填筑材料应选择微膨胀混凝土。

# 6.7 关于温湿胀缩裂缝的危害性问题的讨论

对于结构裂缝的危害性，人们最关注的首先是荷载应力超限裂缝。多少年来，结构设计规范不断推陈出新，几代结构设计师孜孜不倦做出努力，几乎都是为了确保荷载应力不超限，结构构件不产生裂缝这一设计目标的实现。其次关注的才是地基沉降变形裂缝。其实，对于这两种人们认为可怕的裂缝，是可控制、可治理的。唯独由于结构内部的温湿度变化、胀缩变形因受到制约而产生应力所引起的裂缝却是无休止、难治理的。从理论上说，因温度变化引起的钢筋混凝土构件应变量 $e=r\alpha T$，当结构受约束程度为最高时，约束条件系数取 1，为定值。$\alpha$ 为钢筋混凝土的物理属性线膨胀系数，亦为定值，取 $1.0\times10^{-5}$，因此对应变量 $e$ 起决定作用的只是温度变化幅度 $T$ 而已。因为钢筋混凝土的极限变形量为 $1.0\times10^{-4}$，也就是说只要降温幅度超过 $10\,^{\circ}\!C$，结构裂缝就会出现。可是在大部分地区，全年季节性的室外极限温差都在 $50\,^{\circ}\!C$ 以上，即使人们能在结构的设计、施工与维修保养工作中均严守规程，小心翼翼，包括对伸缩缝间距的控制、后浇带的设置、保温隔热措施都做到位，也很难达到规范要求，将计算温差（施工基准温度与极限最低温度之差）控制在 $20\sim25\,^{\circ}\!C$ 以下。何况人们还往往对伸缩缝的控制和后浇带的设置不屑一顾。比如某大酒店的结构单元长度竟做到 97m，假如能将计算温差控制在 $30\,^{\circ}\!C$ 以下（含当量温差），则全长 97m 的纵梁，其冷缩（裂缝）总量就达 29mm，裂缝平均宽度按 0.2mm 计算时，全梁段内裂缝总数就将达 190 条之多。如此密集的结构裂缝，其连续性和刚度显然已全部丧失，即使短期内还不影响其承载力和使用功能，一旦地震来临，也必然彻底瘫痪。这就是温湿胀缩裂缝最大的危害作用，急待取得有效的治理方法。

# 思 考 题

1. 决定建筑结构温度胀缩变形量的 3 个条件是什么？
2. 如何考虑建筑结构的干湿胀缩问题？
3. 试举出 3 种最常见的结构冷缩裂缝。
4. 什么样的情况下会出现热胀裂缝？
5. 你知道设计规范为什么要控制结构伸缩缝间距的道理吗？
6. 如果建筑物太长又不便于留伸缩缝，你有办法处理吗？

# 第7章
# 变形失调裂损机理

## 教学目标

　　虽然引起结构裂缝的具体原因很多，但是总的原因都是因为结构变形失调。当前结构裂缝现象很普遍、也很严重，并没有随安全水准的提高而有所缓解，原因就是没有很好地解决变形协调问题。因此希望以下列几个方面为目标，狠下工夫，来解决变形协调问题，抑制疯狂的结构裂缝现象。

　　（1）关注生物结构的进化和仿生学原理。

　　（2）明白力学平衡只是结构设计的必要条件，本构合理和变形协同才是结构优化的主要标志。

　　（3）了解历代规范限制结构变形的安全水准。

　　（4）关注用户呼声最高的12种结构变形失调裂缝。

## 基本概念

　　变形协调；本构关系；变形失调裂缝。

## 引言

　　本章内容对加深理解新规范的良苦用心，以望抑制当前普遍出现的结构裂缝现象有一定的实用价值。

长期以来，从事结构设计的工程师们毕生的精力，可以说全部耗在了寻求结构体系的力学平衡这件工作上。可是从近年来的工程实践中发现：在结构体系越来越复杂，结构计算技术越来越先进，计算成果越来越精细，结构计算中对力学平衡条件的遵守越来越严格认真的情况下，结构裂缝现象却越来越多，问题越来越严重，原因究竟何在？人们处在迷惘中。规范（GB 50010—2002）率先提出了结构设计必须同时满足力学平衡条件、变形协调条件、本构关系合理条件三个条件的新要求。这是一种新思路和新观念。但是关于如何满足变形协调条件，包括新规范（GB 50010—2010）在内，至今也还没有提出更多的具体措施。这就是要在这里对结构变形失调裂损机理进行专门讨论的重要原因。

## 7.1 传统的结构设计方法与异常的结构裂缝现象

自19世纪英国皇家土木工程学会的第一部土木建筑设计规范问世以来，人们在工程设计中莫不以经典的材料力学和结构力学理论为基础，严格遵守力学平衡的准则进行结构设计。不论是早年的砖木结构、后来的砖混结构、近期的钢筋混凝土结构、钢结构，还是时尚的薄膜结构，都无例外。长期的工程实践已经证明，只要严格遵守了力学平衡条件，就已足够确保结构安全。随着经济的发达，技术的进步，结构计算技术从手工作业到电子计算机的高速运算，电算程序精且专，控制理论高且深，计算结果准而全。加上建筑材料品质的不断改进，施工技术水平的不断提高，工程质量水平也理应与时俱进，步步高升。可是实际情况竟与之相反，暴露的问题越来越多。尤其是在钢筋混凝土结构中，裂缝现象还异常严重。

### 7.1.1 国外情况

据报道，自从波特兰水泥问世、钢筋混凝土结构盛行以来，直至第二次世界大战结束的一个多世纪中，钢筋混凝土结构的服务质量一直是令人满意的。除了地基因素引起的坍塌事故外，可以说在全世界范围内并没有报道过什么特大的结构裂损事故。自第二次世界大战摧毁了大半个世界，钢筋混凝土结构在全世界范围内铺天盖地兴起后，不仅水泥品种增多、质量有了大幅度提高，设计技术和施工水平都在突飞猛进，向前发展。可是结构裂缝现象也在以惊人的速度出现。值得关注的是在美国，由于没有受到战争摧毁，至今尚保存大量的战前土木、水利、建筑工程。人们竟发现，当这些"老年工程"尚在安全服役时，却有大量新建工程裂损严重。国家大量建设资金都被迫为维修加固工作所占用。新建项目投资一般只占国家工程费用总支出的1/3左右，而维修加固费用几乎要耗费国家工程费用总支出的2/3，说明了问题的严重性。欧洲的英、法、德等国的情况也大致如此。

### 7.1.2 国内情况

国内情况也并不例外，上了年纪的人都有一个深刻的印象：新中国成立初期，如果在新建工程上发现了几条裸眼能够辨认的裂缝，必然引起震惊，要被严肃查处。随着时代的推进，经济的发展，技术的进步，结构裂缝现象倒已成了常有的事。号称一类建筑、重要工程的大会堂、大教学楼也不例外。某一栋教学楼竟出现 800 条以上裂缝，某一个小学校的校区工程建筑物竟有裂缝 9000 条以上，不能不说已到了相当严重的程度。问题是随着规范的修订，设计安全水准的提高，结构裂缝现象并未得到遏制，反而有日益严重的趋势，不能不令人深思。

## 7.2　本构关系的合理化与结构裂缝现象的严重性

促使组成结构体系的建筑材料、结构构件和地基基础之间的内在本构关系合理化，应该是提高结构质量水平的基本保证。随着高强度、高质量钢材的生产与供应，高强度高性能混凝土的开发与应用，可以说，在结构体系本构关系合理化方面已经有了坚实的基础。高强高质钢筋和高强高性能混凝土的微观构造和细部结构组配合理，材质均匀，比如钢材的晶体结构，混凝土的颗粒级配，钢筋与混凝土之间的粗细、稀密搭配，都是结构体系本构关系合理化的前提条件。再加上构件之间的合理搭配，节点上的合理构造，就构成了完整的合理的本构关系。在这些方面，近年来人们已做了很大的努力，对减少结构构件裂缝的产生，本应该起到成效。可是事与愿违，结构裂缝现象却越来越严重，越来越普遍。甚至有人对高强钢筋、高性能混凝土的推广应用产生了疑虑，究竟原因何在？值得深入研究。

## 7.3　医学上的富贵病与工程上的多裂缝症

随着经济的发展，人们生活水平的提高，医学上由于营养不良引起的瘦弱病已逐渐被营养过剩所引起的富贵病所代替。工程上出现的多裂症也与此有些类似。

高血糖、高血脂、高血压、心脏病、糖尿病、肥胖症都属于营养过剩所引起的富贵病。相对说来，富贵病比瘦弱症更危险、更可怕，治愈难度更大。已引起了社会的普遍关注，成为人类生存的一大威胁，不可掉以轻心。

在物资短缺、经济困难、一切实行低标准的日子里，建设标准偏低、设计安全水准偏低、结构构件的断面偏小、刚度偏小、相互约束的程度偏低，因而使结构体系内部不会产生那么多次应力，结构构件之间变形容易协调，结构裂缝自然也就少。随着人们生活水平的提高，安全意识的提高，工程建设标准也在迅速提高。肥梁、胖柱、厚墙厚板现象越来越多，结构体系刚度被盲目增大，从而使体系内部构件之间大量的变形失调现象出现，进而引发了大量的结构裂缝，这就是工程上的多裂症。其危害性很大，应予关注。

## 7.4　变形失调现象与结构裂损机理

从结构裂缝机理来考查结构裂缝原因，基本上可以综合划分为以下两大类。

### 7.4.1 非变形失调原因引起的结构裂缝

（1）荷载超限裂缝。已如前面第 4 章所述，真正由于荷载超限引起的结构裂缝现象并不多见。

（2）早期自生裂缝。混凝土的早期自生裂缝实际上属于无害裂缝，将在下面第 8 章中作进一步介绍。

（3）其他反应裂损。其他反应裂损原因都较特殊，情况比较复杂，但问题也较明显，将在第 9 章中讨论。

（4）偶然原因裂损。混凝土在施工、养护过程或在装修、使用阶段由于某种偶然原因遭遇机械碰撞造成的损伤，情况比较明朗，多属于外伤，一般威胁不会太大。

### 7.4.2 变形失调原因引起的结构裂缝

**1. 地基变形失调引起的结构裂缝**

由于地基变形失调引起的结构裂缝现象比较普遍而且严重，其原因也比较明显，已经在第 5 章单独进行了论述。

**2. 构件内部或构件之间温湿胀缩变形失调引起的结构裂缝**

由于温湿胀缩原因而引起的结构裂缝现象是一种最常见的现象，同时也是一种最难防治，最不容易控制的裂缝现象，已在前面第 6 章中作了探讨。但是温湿胀缩只是导火线，构件之间变形失调才是根本原因，因此还必须做较全面的研究。

**3. 体系内部整体变形失调引起的结构裂缝**

随着经济的发展，技术的进步，房屋越建越高，工程规模越来越大，结构体系越来越复杂。除了经典的框架体系，剪力墙体系之外，又有了衍生的框剪体系、框筒体系、筒筒体系、群筒体系。结构构造复杂了，就难免刚度失衡，变形失调，引起裂缝。

随着生活水平的提高，安全意识的增强，结构设计安全水准一再提高，梁、柱等主体构架的刚度偏大，而墙、板等构件的刚度应如何合理确定，却往往被忽视，因而引起了较普遍而且严重的变形失调结构裂缝。

总之，当前的结构裂缝现象之所以越来越普遍，越来越严重，实际上是一种"富贵病"。它的危害性与瘦弱病相比较，只有过之，而无不及，这就是要对变形失调裂损机理单独进行讨论的原因。

# ▌7.5 结构变形协调原理

所谓结构变形，是指结构的形状尺寸在受力后有所改变。改变结构形状尺寸的外因是力（含温湿胀缩应力），内因是结构材料本身的弹性模量、构件刚度等物理特性。常见的结构变形现象有压缩、拉伸、弯剪、热胀冷缩、湿胀干缩等力学作用和物理现象。单个构件的伸缩变形对于其本身来说，应该有其充分自由。可是对于结构体系来说，每个构件的变形必然要受到其他相邻构件严格的制约,变形要相互协调。比如一个三角形屋架,它是由上下弦与多数腹杆组成的多个小三角形的几何图形组合而成的整体结构,每一构件有自己的岗位、自己的规格,承受一定的内力,各自会产生一定的变形,形成共同的整体变形,这就是屋架的挠度。

屋架挠度只有在一定限度的范围内才能维持正常工作。一旦超过这个限度,屋架的几何图形就不能继续维持,构件内力的正常比例关系就会改变,屋架节点就会产生次应力。最终结果是屋架遭到彻底损坏。这就是结构变形失调问题。

钢筋混凝土结构中的变形失调现象比钢结构中的变形失调现象更多。为了尽量减少变形失调现象,首先是断面设计必须满足变形协调要求。受弯断面弯曲变形以后仍须满足平截面假定。根据平衡设计原则,受压侧混凝土的最大压屈变形量 $\varepsilon_c$ 不能大于 0.0033,然后据此配置受弯钢筋的数量。配筋超量,或配筋不足,均有可能导致断面变形不协调现象,引起裂缝,或过早破坏。梁板构件之间,在受力条件下或在温湿度变化的胀缩变形条件下,其变形都必须取得协调,否则就将产生梁、板之间的次应力或温度应力,导致梁、板开裂。梁柱之间的变形协调问题就更加重要。但是要真正做到梁柱之间的变形完全协调是极不容易的。为了保证结构的整体安全不受威胁,也就是为了保全主帅,守住抗震设计三准则中"大震条件下裂而不倒"这一道最后防线,结构设计中才有强柱弱梁理论的出现,宁可让裂缝或塑性铰首先出现在梁上而不要向柱上发展。

结构设计中最重要的一个环节是基础设计,地基与基础之间必须共同工作,而且必须变形协调。可是桩基础就没有这个优势,尤其是刚性的桩与柔性的地基土之间的变形是很难协调的,这是它的最大弱点,这个问题尤其值得深入探讨。

## 7.6 现行规范对设计安全水准的设置和结构变形的限制

规范要求设计必须满足承载力极限状态要求和正常使用极限状态要求的两个基本条件。要满足承载力条件,就必须有标准荷载和各项承载力超载系数的设置,要满足变形协调条件,就必须对各种结构变形进行控制。现将我国既有规范对结构变形的控制水准列于下,并加以讨论(见表 7-1~表 7-5)。

1. 对受弯构件允许挠度的控制

表 7-1 梁的挠度限值

| 构件名称 | 允许挠度(按计算跨度 $L_0$ 计) |
|---|---|
| 吊车梁:手动<br>电动 | $L_0/500$<br>$L_0/600$ |
| 楼、屋盖构件<br>当 $L_0 < 7\text{m}$ 时<br>当 $7\text{m} \leqslant L_0 \leqslant 9\text{m}$<br>当 $L_0 > 9\text{m}$ 时 | $L_0/200(L_0/250)$<br>$L_0/250(L_0/300)$<br>$L_0/300(L_0/400)$ |

2. 对钢筋混凝土构件裂缝宽度的限制

**表7-2 裂缝宽度限值(mm)**

| 构件工作条件 | 构件类别<br>钢筋种类 | 钢筋混凝土构件<br>Ⅰ、Ⅱ、Ⅲ级钢筋 |
|---|---|---|
| 室内环境 | 一般 | 三级、0.3(0.4) |
| | 屋面梁、托架 | 三级、0.3 |
| | 中级工作制吊车梁 | 三级、0.3 |
| | 屋架、托架 | 三级、0.3 |
| | 重级工作制吊车梁 | 三级、0.2 |

3. 对高层建筑层间位移和顶点位移的控制

**表7-3 $\Delta u/h$ 限值**

| 结构类型 | 荷载类型 | 风荷载/地震荷载 |
|---|---|---|
| 框架 | 轻质隔墙 | 1/450~1/400 |
| | 砌体填充墙 | 1/500~1/450 |
| 框剪 | 一般装修 | 1/750~1/650 |
| 框筒 | 较高标准装修 | 1/900~1/800 |
| 剪力墙 | 一般装修 | 1/900~1/800 |
| | 较高标准装修 | 1/1100~1/1000 |
| 筒中筒 | 一般装修 | 1/800~1/700 |
| | 较高标准装修 | 1/950~1/850 |

**表7-4 $u/H$ 限值**

| 结构类型 | 荷载类型 | 风荷载/地震荷载 |
|---|---|---|
| 框架 | 轻质隔墙 | 1/500~1/450 |
| | 砌体填充墙 | 1/650~1/550 |
| 框剪 | 一般装修标准 | 1/800~1/700 |
| 框筒 | 较高装修标准 | 1/950~1/850 |
| 剪力墙 | 一般装修标准 | 1/1000~1/900 |
| | 较高装修标准 | 1/1200~1/1100 |
| 筒中筒 | 一般装修标准 | 1/900~1/800 |
| | 较高装修标准 | 1/1050~1/950 |

注：表中 $h$ 为层高；$H$ 为全高；$\Delta u$、$u$ 分别为按弹性方法计算的层间位移值和顶点位移值。

4．对建筑物地基变形的控制

表7-5　地基变形允许值

| 变形特征 ＼ 地基土类别 | 中、低压缩性土/高压缩性土 |
|---|---|
| 砌体结构基础局部倾斜 | 0.002～0.003 |
| 工民用建筑基础沉降差 | |
| （1）框架 | 0.002L～0.003L |
| （2）砖石墙填充边排柱 | 0.0007L～0.001L |
| （3）基础不均匀沉降不产生附加应力的结构 | 0.005L～0.005L |
| 柱距6m单层排架柱的绝对沉降量（mm） | 120～200 |
| 桥式吊车轨道倾斜纵向 | 0.004 |
| 桥式吊车轨道倾斜横向 | 0.003 |
| 多层和高层建筑基础倾斜 | |
| $H_g \leqslant 24m$ | 0.004 |
| $24m < H_g \leqslant 60m$ | 0.003 |
| $60m < H_g \leqslant 100m$ | 0.002 |
| $H_g > 100m$ | 0.0015 |
| 高耸建筑基础倾斜 | |
| $H_g < 20m$ | 0.008 |
| $20 < H_g \leqslant 50m$ | 0.006 |
| $50m < H_g \leqslant 100m$ | 0.005 |
| $100m < H_g \leqslant 150m$ | 0.004 |
| $150m < H_g \leqslant 200m$ | 0.003 |
| $200m < H_g \leqslant 250m$ | 0.002 |
| 高耸建筑基础沉降量（mm） | |
| $H_g \leqslant 100m$ | 200～400 |
| $100m < H_g \leqslant 200m$ | 200～300 |
| $200m < H_g \leqslant 250m$ | 100～200 |

5．结构裂缝控制水准偏低

工程实践证明，只对裂缝的宽度进行控制，对裂缝的产状、走向、长度、深度不加控制，显然是不够的。何况受气温和湿度因素影响严重，在实际的检测与鉴定工作中，对裂缝宽度也很难准确认定。而且很多严重的危险裂缝，其宽度却往往在规范控制的0.2～0.3mm以下。由于规范控制的水准偏低，裂缝事故多发也就不足为奇了。

6．梁的挠度控制水准偏低

现行规范对一般梁的挠度控制在$L/200$以内。甚至对小梁（次梁）的挠度根本不加控制。在实际的设计工作中，有人竟把小梁的高跨比做到了1/20以下。过大的小梁挠度显然将引起小梁的纵向延伸变形。而板的短向（垂直于梁的方向）跨度小，刚度大，是受力方向,长向(顺梁方向)则为非受力方向,因此板的长向不会产生延伸变形。且板面积大而厚度薄,容易在降温和干燥条件下产生较大的收缩效应,与梁的延伸变形方向相反,会形成显著的梁与板变形不协调,导致板面严重裂缝。

**7. 高层或多层建筑的层间位移或顶点位移控制水准偏低**

现按表 7-3 $\Delta u/h$ 限值,框架填充墙的允许层间位移取 $h/500$ 来考察规范对变形控制水准的高低。设建筑物层高为 3000mm,则允许层间位移值 $\Delta u = 3000/500 = 6$mm。再假定建筑物全长为 30m,计算温差或季节性温差为 40℃,框架柱顶对框架梁的约束程度系数取 0.5,则在温差作用条件下,框架梁的胀缩变形量:$\varepsilon = \gamma \alpha t l = 0.5 \times 1.0 \times 10^{-5} \times 40 \times 15000 = 3$mm $= 0.5 \times 6.0$mm $= 0.5 \Delta u$。

计算表明,30m 长的正常框架结构建筑物,在 40℃ 的正常温差条件下,其胀缩变形量也只达到层间变形限值的 50%,说明其层间变形控制的水准很低。在此温差作用下,框架梁上显然会出现枣核型裂缝。这足以说明现行规范对层间位移或顶点位移的控制不足以防止裂缝的出现。

**8. 地基变形控制的水准偏低**

工程实践证明,对于基础和上部结构刚度较小、整体性较差的低层框架来说,允许出现 0.002~0.003 的沉降差。以常见的全长 30.0m 左右的建筑物来说,若绝对沉降差量达 60.0~90.0mm,就很难避免墙上裂缝的出现。对于基础与上部结构整体性较好,刚度较高的高层建筑来说,出现 2‰~3‰ 的倾斜,已足以引起人们视觉和观感上的异常,会带来心理上的压力。因此认为从加强工程的安全性与耐久性角度出发,提高变形控制的水准很有必要。

**9. 从三代规范的对比分析中可以认定现行规范的变形控制水准偏低**

只要对"74 规范"、"89 规范"与"02 规范"三代规范有关结构变形控制的章节内容与表格数据进行一番对比分析,就不难发现:在变形控制方面,三代规范实际上是一个面孔,基本上没有什么改变;而在承载力安全水准的方面,却显然是在步步提高的。

经过对比分析,"02 规范"的实际结构可靠度指标 $\beta$ 值比"89 规范"提高了约 7.8%~14%。居住办公建筑的楼面活荷载提高了 33%(从 1.5kN/m² 提高到 2.0kN/m²),荷载分项系数、材料分项系数、抗风险能力、抗震设防标准都有相应的提高,综合安全水准提高幅度在 20% 以上。而在变形控制方面却没有作相应的提高,因而大大加剧了变形失调现象,这就是近年来结构裂缝现象严重与普遍的主要原因。

**10. 最新规范对变形控制的水准有了较大幅度的提高**

总的说来,最新建筑设计规范《建筑抗震设计规范》(GB 50011—2010)、《混凝土结构设计规范》(GB 50010—2010)、《高层混凝土结构技术规程》(JGJ 3—2010)、《建筑地基基础设计规范》(GB 5007—2011)对结构变形控制的水准都有了较大幅度的提高(详见最新规范)。这样一来,变形协调条件就有望得到较大满足,结构裂缝现象也就有望得到抑制。

# 7.1 综合原因引起的结构变形失调裂缝

下面列举的 12 种结构裂缝情况是工程中常见的比较典型的裂缝案例。其致裂原因往往不是单一的，而是由于地基沉降、温湿胀缩、荷载应力等多种原因综合形成。但其共同的特点则是结构变形失调。现试作概要的综合分析如下。

（1）地基与基础的变形失调裂缝，如图 7.1 所示。

遇到软硬不均匀的地基时，如果基础设计采用柔性筏板或壳板、或拱板、或折板，则通过底板的约束作用与扩散作用，可以对地基的变形起着有效的协调作用，以调整基底压力和沉降量，既不会出现建筑物倾斜，也不致引起结构裂缝，如图 7.1（a）所示。如果基础和上部结构的整体性很好，刚度极大，则不均匀沉降现象将导致建筑物整体倾斜，如图 7.1（b）所示。如果采用的是刚性和整体性较差的带形基础或独立基础，则导致的将是不均匀的局部下沉和墙面裂缝，如图 7.1（c）所示。

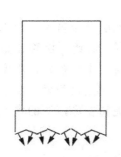 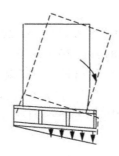 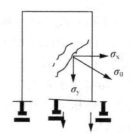

(a) 变形协调沉降均匀　　　(b) 整体失调倾斜　　　(c) 局部失调裂缝

**图 7.1　地基与基础间的变形协调**

注：$\sigma_0$ 为主拉应力；$\sigma_x$ 为水平应力；$\sigma_y$ 为垂直应力。

（2）外廊梁板变形失调裂缝，如图 7.2 所示。

外廊板面裂缝在裂缝调查中随处可见，是由外廊板所处的特殊环境条件所致。因为板面薄而且暴露于室外，对温湿度的变化比梁要敏感得多，冷缩与干缩量大，而边梁的刚度不足，荷载引起的挠度大，与板的变形相反，梁与板的变形互不协调导致了规律而且密集的横向板面裂缝。

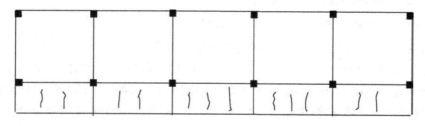

**图 7.2　外廊板面裂缝**

（3）内廊板面变形失调裂缝，如图 7.3 所示。

内廊板面出现大量横向规律性很强的裂缝，显然与承载力无关，而与变形失调有关。变形失调的原因是纵梁刚度大、体量大、温湿变形影响小，而薄板的温湿胀缩变形影响大，开裂机理与外廊板面裂缝相似。致裂的直接原因也是干缩与冷缩。在夏天的廊道里采用机械通风、空调降温，或在冬天，室内采用空调保温，而廊内保持自然通风时，裂缝最容易猝发。

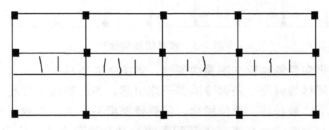

**图 7.3  内廊板面裂缝**

（4）屋面板板面或板底变形失调裂缝，如图 7.4 所示。

屋面板的板面和板底都会出现纵横两个方向的裂缝，裂缝原因虽然与荷载应力有一定的关系，但荷载应力绝不是决定因素。决定因素是板的温湿胀缩变形不协调。在南方的夏季，屋顶板板面在阳光直接辐射下，温度可达 70℃，而板底温度一般在 30℃ 以下，当室内使用空调时，温度就更低。所以屋顶板的板底裂缝，最容易在屋面保温隔热工程没有及时完成的南方工地上出现。相反，在北方，严冬的室外温度在零下若干度，而室内温度则在 20℃ 左右。如果北方工程在入冬之前不及时做好屋面保温隔热工程，则必然导致屋顶板的板面裂缝。因为屋顶板的四端支座约束条件相同，板面和板底的温差幅度基本均匀。因此纵横两个方向的裂缝机会是均等的，所以纵横两个方向均会出现裂缝。应该指出的是在实际工程中，不论是屋顶板的板面裂缝还是板底裂缝，其出现机理与按荷载应力与温度应力叠加的结果并不很吻合，说明温度应力与荷载应力并不是简单的裂缝原因。事实上，框架的整体刚度明显偏大，而板的厚度（刚度）明显偏小，板与框架的变形明显失调，这才是近年来屋面板裂缝，渗漏现象明显增多的原因。

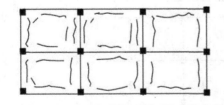 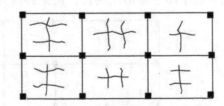

(a) 北方多出现在板面，裂缝多靠近支座　　(b) 南方多出现在板底，裂缝多靠近跨中

**图 7.4  屋顶板低温面裂缝**

（5）楼面板板底荷载应力与冷缩应力叠加裂缝，如图 7.5 所示。

楼面板处于室内环境，温湿度较稳定，板面荷载一般不会超限，实际上由于荷载应力与温度冷缩应力叠加而产生的板底裂缝不会多。只因这类裂缝处在人们的眼皮底下，抬头即见，而且要影响使用，还要产生心理上的不安全感，因此备受人们关注。实际上，这类板底裂缝只是因为由温度冷缩应力与荷载应力叠加引起，裂缝出现以后，应力松弛，裂缝不会有大发展，倒并不属于危险性的变形失调裂缝。

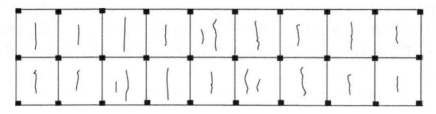

图 7.5  楼板板底裂缝

（6）楼板板面纵向裂缝和顺支座横向裂缝，如图 7.6 所示。

楼板面的纵向规律裂缝完全是因冷缩和干缩引起，多出现在工程竣工验收进住阶段遇到寒流袭击的情况下，最让施工单位尴尬，但裂缝深度不会大，不致引起渗漏。顺板支座出现的板面裂缝则与荷载应力和支座负筋配置的长度与数量有关。冷缩应力只是导火线。问题是板面裂缝过多，会削弱板的平面内刚度，恶性循环，引发更多的裂缝，导致变形失调，结构平面内失稳。

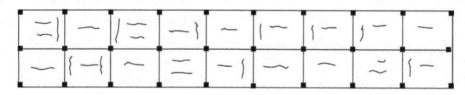

图 7.6  楼板板面裂缝

（7）板面切角裂缝和板中通长贯穿裂缝，如图 7.7 所示。

由于板和框架梁的体量与刚度相差悬殊，外框架直接受太阳曝晒升温热胀时，板则因低温干缩作用，使梁板之间出现变形不协调现象，在梁与板之间的接触界面上产生了一组阻止胀缩的剪应力，这组剪应力从梁、板的中部对称点（不动点）逐渐向两端积累，到端部发展到最大，将板角剪切撕裂，形成一条条切角裂缝。板内存在的冷缩与干缩张拉力，则将随之在板的中间一带形成通长、贯穿的轴向张拉裂缝。

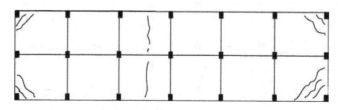

图 7.7  板面切角缝与贯穿缝

（8）板面次梁之间横向均匀分布通长贯穿缝，如图 7.8 所示。

均匀分布在板面次梁之间、走向与次梁垂直的通长贯穿裂缝，显然与板的荷载应力无关。因为梁的刚度不足，在荷载应力作用下，梁的挠度太大，梁有伸长趋势。板则因面积大而厚度薄，干缩与冷缩速度快，梁与板之间胀缩变形趋向不一致，无法协调，这是导致裂缝的原因。

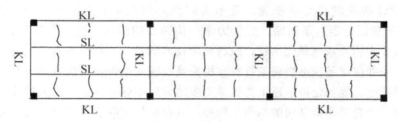

**图 7.8　板面次梁间横向贯穿缝**

KL—框架梁；SL—次梁

（9）大厅板面跨次梁斜向或对角交叉裂缝，如图 7.9 所示。

发生在教室或大会议室板面上的斜向裂缝，跨次梁伸展，长度达数公尺，严重时大厅板面四个角上都会产生呈×形交叉型裂缝，与双向板面的裂缝模式相同。这是由于次梁刚度不够，挠度太大，使板内应力过大，形成板面整体裂损。

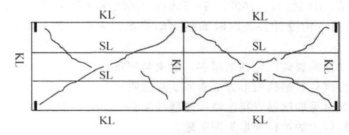

**图 7.9　大厅板面 X 形裂缝**

KL—框架梁；SL—次梁

（10）强梁弱柱框架、柱身出现的水平裂缝。

梁的刚度偏大时，梁的热胀冷缩作用力加大，将导致抗弯能力偏弱的柱身出现水平裂缝。

（11）强柱弱梁框架、梁支座附近出现的主拉或剪拉裂缝。

一般框架均为强柱弱梁框架，在荷载超限时，塑性铰率先出现在梁上，靠近端支座，多属剪拉裂缝。在荷载不超限的情况下，由于柱对梁的约束程度偏高，在降温冷缩条件下，梁侧面的中性轴附近由于腰筋配置不够，抗极限变形能力低，会出现枣核型冷缩裂缝。

（12）剪力墙外墙板或地下室外墙板板面垂直裂缝。

剪力墙外墙板或地下室外墙板的板面裂缝一般只出现在低温侧的表层（冬天在墙外表层，夏天在墙内表层），不向深部扩展。裂缝走向多为垂直，因为水平方向的裂缝被垂直作用的板内荷载应力或自重应力所抑制，不会出现。板在低温侧出现裂缝实际上与板面温度的绝对值无关，只是与相对温差有关。裂缝原因只是板的断面内出现了变形不协调现象。因此确切地说，这类裂缝属于变形失调裂缝。

# 7.8　变形失调现象与仿生学原理

以上分析表明，工程结构中的变形失调现象已很严重。因而规范（GB 50010—2002）强调提出了结构设计必须满足力学平衡、变形协调和本构关系合理三个条件。最新规范 GB 50010—2010 无疑仍是走这条道路。关于力学平衡条件的满足,已经是驾轻就熟的老问题,无难可言。关于本构关系合理化问题,随着科学技术的进步,新材料新工艺的面世,也已无后顾之忧。只是如何满足变形协调条件和本构关系合理的条件,虽然也是一个老问题却让设计人员感到很陌生,规范也似乎还不能提供更多的有效措施,只能依靠人们在工程实践中不断总结与摸索。大自然是最高明的结构工程师,只有在长期的生存竞争中为了适应环境而自然形成的生物结构,才算得上尽善尽美的结构。比较起来,工程结构方面存在的差距就太大了。这就需要从工程事故分析方面着手,去观察问题,发现缺点,不断改进。

# 思 考 题

1. 你知道规范(GB 50010—2002、GB 50011—2002 和 GB 50010—2010、GB 50011—2010)为什么都强调结构设计必须同时满足力学平衡、变形协调、本构关系合理三个条件吗?

2. 为什么当前结构裂缝现象越来越多,越来越严重?

3. 你知道现行规范对结构变形方面有哪些规定吗?

4. 为什么说最常见的钢筋混凝土结构裂缝往往是变形失调引起的?

5. 试举出五种以上的结构变形失调裂缝。

6. 为什么说最高明的结构工程师是大自然?

# 第 *8* 章

# 混凝土早期裂缝机理

## 教学目标

　　高性能混凝土的早期自生微裂缝、塑性混凝土的早期沉落阻滞裂缝及其早期吸附分离裂缝从表面上看起来很可怕，实际上是无害裂缝，应从理论上去加深认识，排除顾虑。本章具体内容包括以下几个方面。

　　(1) 对混凝土的早期进行界定。

　　(2) 对高性能混凝土和普通混凝土各自的抗裂性能有正确认识。

　　(3) 正确认识高性能混凝土的早期自生微裂缝。

　　(4) 正确认识塑性混凝土的早期沉落阻滞裂缝。

　　(5) 正确认识普通混凝土的早期吸附分离裂缝

## 基本概念

　　普通混凝土；高性能混凝土；早期自生裂缝；塑性分离裂缝；沉落阻滞裂缝；正常干缩裂缝。

## 引言

　　用于识别混凝土中的无害裂缝，并加强对高性能混凝土优越性的认识。消除高性能混凝土易裂的误会，在当前是有其实用价值的。

从混凝土结构裂缝所产生的时间阶段看,可以划分为早期裂缝、中期裂缝与后期裂缝三大类。前面各章所讨论的各种结构裂缝,指的都是中期裂缝。中期裂缝产生在混凝土强度得到充分发育、结构进入正常工作阶段,无疑,都是属于危险性裂缝,是一种病态,必须高度警惕,慎重对待。后期裂缝产生在结构的服役期已届期满或接近期满阶段,是一种结构进入自然老化的表征,最典型的混凝土结构老化现象就是碳化现象。虽然碳化现象是可以通过使用期间的精心养护去推迟甚至消除的,但是既已进入严重的碳化阶段就只能顺其自然了。混凝土早期裂缝则产生在混凝土的终凝前后,是一种先天性的缺憾,是完全可以在其成长、发育过程中,通过良好的养护得到弥补的。所以早期裂缝在理论上是无害裂缝。现对混凝土早期裂缝的形成机理及其危害性论述如下。

# 8.1 混凝土早期自生裂缝

## 8.1.1 混凝土结构成型阶段

研究混凝土在施工期间裂缝的发展,必须明确混凝土材料的成熟规律、施工环境条件的影响等。所有这些因素对成型"早期"混凝土结构的综合作用决定了裂缝的生成和发展。

目前,在混凝土材料科学领域,对于混凝土"早期"还没有一个比较明确统一的界定。混凝土从浇筑振捣完毕开始到混凝土凝固硬化,达到结构的使用功能标准,满足相应的使用要求,一般要经过以下四个阶段。

(1)塑性阶段。一般是指从混凝土浇筑振捣完成开始至混凝土终凝完成的时段,对于普通混凝土而言,约为浇捣后 6~12 小时的时段内。在该阶段,混凝土仍处于塑性流变阶段,水泥水化反应剧烈,混凝土的物理化学性质都极不稳定,体积变化较快。

(2)早前期阶段。一般是指混凝土终凝后至 72 小时的时段。该阶段中,水化反应进程过半,混凝土内部形成了基本的微观结构体系,强度和刚度发展很快。

(3)早后期阶段。一般是混凝土浇捣 72 小时至 90 天的时段。该时段中,水泥水化反应过程接近结束,混凝土的强度和刚度发展减慢,趋于成熟。

(4)成熟阶段。一般是指混凝土浇捣 90 天以后的时段。该时段虽然还有很微弱的水化过程,但混凝土的强度和刚度基本达到稳定状态。

这里研讨的混凝土早期自生裂缝,主要是针对混凝土早前期阶段,也就是浇捣后 72 小时之内所出现的宏观(可见)裂缝和微裂缝。混凝土浇捣后,伴随着水泥水化过程的进行,混凝土微观结构逐步形成,内部的温度、湿度场分布也在随龄期发生变化,从而引起混凝土温度变形、收缩变形和徐变等一系列体积变形。混凝土早期自生裂缝的生成和发展规律则是这些体积变形的结果。

## 8.1.2 混凝土早期裂缝和早期自生裂缝

本章要讨论的中心内容是混凝土的早期裂缝,尤其是早期自生裂缝。为了便于讨论,首先必须对早期自生裂缝的定义及其讨论范围有一个大致的界定。

**1. 早期自生裂缝的定义**

混凝土早期自生裂缝是根据裂缝产生的时间和裂缝产生的原因两个方面来定义的。从时间方面来界定，显然应包括塑性阶段、早前期阶段两个时间段所产生的一切裂缝。从裂缝所产生的原因来界定，混凝土早期自生裂缝是指混凝土不是因为混凝土荷载作用（力的作用）和变形作用（含地基变形失调、温湿胀缩变形失调、构件断面内部变形失调和构件之间变形失调）的直接作用而产生的裂缝，而是指混凝土在正常的环境条件下，也就是在正常的温湿度，且不受外因干扰的条件下，只是由于混凝土自身内在的物理化学作用引起的收缩效应所产生的微裂缝。它是不以人们意志为转移的，无法控制的自然现象。而且这种现象只是出现在混凝土终凝前后（早前期）。这样，对于混凝土早期自生裂缝的研究范围就有了明确的界定。

**2. 早期裂缝分类**

从裂缝的时间来考察，混凝土早期裂缝的概念是很清楚的，常见的早期裂缝可以归纳为以下六种类型，即：①水化热温差裂缝；②混凝土自生收缩裂缝；③混凝土塑性吸附分离裂缝；④混凝土塑性沉落阻滞裂缝；⑤塑性收缩裂缝；⑥正常收缩裂缝。

**3. 混凝土自生收缩裂缝**

新浇筑的混凝土在无温度变化与外界无湿度交换条件下，由于水泥水化及矿物掺和料的二次水化作用，在混凝土内部产生一系列物理、化学变化，从而使混凝土在微观和宏观上表现出来体积缩小的现象，称为混凝土自生收缩。因混凝土自生收缩引起的裂缝称为混凝土自生收缩裂缝。

影响混凝土自生收缩的因素很多，除与水泥品种、水泥细度有关外，还与混凝土的水泥用量、水灰比大小、外掺和料种类和用量等有关。混凝土自生收缩是一个非常普遍的现象，任何混凝土都存在自生收缩，自生收缩是混凝土收缩变形的重要构成部分。由于在高性能混凝土的材料使用上的不同，高性能混凝土的自生收缩对混凝土的性能影响特别突出。相对而言，在混凝土的总收缩变形量中，高性能混凝土自生收缩变形所占比重较大，远远高于普通混凝土的自生收缩的所占比重。因此，研究高性能混凝土的自生收缩变形对结构性能的影响是非常必要的。后面将着重讨论高性能混凝土的早期自生微裂现象。

# 8.2 高性能混凝土的早期自生裂缝

## 8.2.1 高性能混凝土的定义

自从 19 世纪中叶混凝土出现以来，结构工程中使用混凝土强度在 30MPa 以下的历史接近一个世纪，并且，混凝土的强度一直是混凝土的主要性能指标。20 世纪 60 年代后，高强混凝土一词开始用于强度为 40MPa 以上的混凝土，其后，混凝土的强度上升到

50MPa 以上。近 20 年来,在一些高层建筑物和桥梁等重大建设工程中,使用了更高强度的混凝土,有的强度已超过了 100MPa。

混凝土材料的高性能化是近 10 年才提出的。高性能混凝土不同于高强度混凝土,从某种意义上讲高强度只是高性能的一个方面。因为人们对混凝土结构的使用,不仅要求混凝土有较高的强度,还要求混凝土结构有更长使用寿命,即混凝土的耐久性等。1990 年 5 月美国国家标准与技术研究院(NIST)与美国混凝土协会(ACI)召开会议,首次提出高性能混凝土(High Performance Concrete,HPC)这个名词。然而,关于高性能混凝土的定义却未得到广泛认同。各国根据不同的工程提出不尽相同的要求和含义,但重视耐久性是大势所趋。NIST 与 AIC 认为高性能混凝土是用优质的水泥、集料、水和活性细掺料与高效外加剂制成的,具有优良的耐久性、工作性和高强度的匀质混凝土。日本更重视混凝土的工作性与耐久性;欧洲重视强度和耐久性,常与高强度混凝土并提。我国著名材料学家吴中伟院士,经过系统的研究,综合各种观点,对高性能混凝土提出的定义是:"高性能混凝土是一种新型高技术混凝土,是在大幅度提高常规混凝土性能的基础上,采用现代混凝土技术,选用优质原材料,在妥善的质量管理的条件下制成的,除水泥、水、集料以外,高性能混凝土必须采用低水胶比和掺加足够细掺料与高效外加剂。高性能混凝土应同时保证耐久性、工作性、各种力学性能、适用性、体积稳定性和经济合理性。"

高性能混凝土的生产是需要较高的技术和管理水平的,从某种角度来看,高性能混凝土是一种优质的材料加高超的技术和工艺结合的产物。为了实现高性能混凝土优良的耐久性、工作性、各种力学性能等目标,一般是使用高标号的水泥、掺加外掺粉料和高效外加剂、采用低水胶比等措施。高性能混凝土的配制必须经过严格的选料、设计和试验,以确保混凝土的各项性能要求。高性能混凝土所用骨料的最大粒径不宜大于 20mm,且级配良好,粗骨料的实积比(粗骨料的实际体积与其所占的空间体积之比)对混凝土的流动性影响很大,经试验研究,该实积比为 0.5 最佳。另外,高性能混凝土的水胶比(用水量与水泥和外掺和料的质量比)一般控制在 0.3 左右,含气量一般控制在 4%~7%。

高性能混凝土中外掺和料有粉煤灰、硅粉、火山灰等,这些外掺和料不仅替代了部分水泥,减少水泥用量,降低混凝土的水化热,还改善了混凝土的流动性。部分外掺和料也可以与水发生水化反应,提高混凝土强度和密实性,因此,这些掺和料是混凝土的辅助胶凝材料。

## 8.2.2 高性能混凝土的早期自生裂缝机理

早期收缩是引起混凝土早期裂缝的主要原因,除了混凝土降温引起的收缩(冷缩)外,混凝土内部的湿度变化和水化引起的自收缩是混凝土开裂的最常见的原因。高性能混凝土早期自生裂缝同样是混凝土收缩变形受到约束的结果,但是高性能混凝土的塑性收缩、自生收缩、正常干燥收缩三方面不同于普通混凝土。由于高性能混凝土水胶比远低于普通混凝土,高性能混凝土又掺入了大量的细掺和料与超塑化剂,高性能混凝土的自生收缩变形率远大于普通混凝土,而高性能混凝土的正常干燥收缩又小于普通混凝土。因此,就高性能混凝土的早期收缩变形而言,其自生收缩是特别突出的。

高性能混凝土是高浆体含量的混凝土，水胶比低，在混凝土浇筑后最初的几天内，水分从混凝土表面蒸发比普通混凝土快，因此高性能混凝土更容易产生塑性收缩。

水泥水化过程中固相的绝对体积不断增加，但固相与液相体积的总和在逐步减小，这部分体积减小值，就称为水泥水化收缩，又称化学减缩。由于化学减缩作用，新拌混凝土的胶凝材料浆体中原来被水所占领的一部分空间被水泥水化产物所填充，而另一部分形成空隙，使得化学减缩引起的体积变化分成内部收缩和外部收缩两部分。内部收缩是指水化过程中浆体内孔隙的增加量；而外部收缩是由于化学反应消耗水，使孔隙中的液面下降，产生毛细管张力，将浆体的固体颗粒(包括水泥颗粒、掺和料和已凝固的水泥浆体)进一步拉近，从而使混凝土宏观上表现出体积的缩小。由于在水化过程中，孔隙水液面下降对应于混凝土内部相对湿度的降低，使混凝土在不受外界环境影响下内部产生干燥现象，因而，这种外部收缩也称为自干燥收缩。我们平常所说的自收缩就是指这部分收缩。由于早期混凝土处于可塑或低强度状态，外部收缩要强烈些，当混凝土有了一定的强度后，混凝土的化学减缩主要表现为内部收缩。随着混凝土内部收缩继续进行，会加剧混凝土毛细管的张力，将使混凝土的外部收缩也继续发生。由于水泥水化速率随着龄期呈递减趋势，因而混凝土的自收缩主要表现在混凝土早期，也就是混凝土的终凝前后。

自生收缩是高性能混凝土不同于普通混凝土的特性之一。由于高性能混凝土的水灰比(或水胶比)很低，混凝土中总用水量减少，用水量几乎为混凝土的理论水化所需值，在混凝土成型早期，内部游离的自由水分会很快消耗掉(一般12小时内)，水泥的持续水化就必然导致混凝土内部的相对湿度降低——自干燥，已形成的骨架发生收缩变形，即自收缩。在低水灰比(或水胶比)的混凝土中，毛细管分散且细化，水化所产生的毛细管张力会更强，导致混凝土的自收缩也大。这就是高性能混凝土的自收缩比普通混凝土强烈的原因。高性能混凝土的水灰比(或水胶比)越低，混凝土的自收缩变形就越大。对于高性能混凝土而言，即使外部环境的湿度保持在100%的无干燥状态，其收缩微裂现象仍然不会停止。正因为这种收缩微裂现象是通过高度细化了的毛细管表面张力来体现的，毛细管细化程度越高，微裂现象就越严重，其分布就越均匀。这些均匀分布在水泥胶体(水泥石)上或水泥石与粗骨料包盖界面上的细微毛细组织和细微裂缝，正像高度细化了的织物经纬组织或其他机体组织，细化程度越高，只能说明其组织越细密品质越好。因此说，高性能混凝土的早期自生裂缝为无害裂缝，对其后期发展的高强度可以说有益无害，是自动协调混凝土内部本构关系的一种表现，也是改善其品质的一种表现。

由于水泥水化要消耗混凝土中大量的水，而高性能混凝土中原本用水量就很少，高性能混凝土中水的散失量非常有限，比普通混凝土要小得多，因此高性能混凝土的正常干燥收缩在总收缩量中的比例要远小于普通混凝土。实验证明，高性能混凝土内部的相对湿度在水泥凝固期间会很快降到90%以下，掺用较多硅粉的混凝土，内部的相对湿度还会降到80%以下，也就是说，高性能混凝土暴露于相对湿度80%以上的环境中，高性能混凝土就不会发生正常干燥收缩变形。再者，高性能混凝土自身毛细孔结构更细密，水汽渗透率很低，混凝土内部的水分散失很困难，这也是高性能混凝土正常干燥收缩小的一个原因。

影响高性能混凝土早期收缩的因素很多，大致包括水泥品种、水泥用量、水泥标号、水灰比(或水胶比)、粗骨料粒径、外加剂种类以及矿物掺和料的种类、细度和掺量等。现就主要因素讨论如下。

1. 水泥

水泥水化是混凝土产生自生收缩的最根本原因，水泥水化产生化学减缩。水泥熟料中各种矿物水化反应时引起的减缩各不相同。同时水泥越细，会增大水泥的水化速率和水化程度，水泥的化学减缩也越大。使用早强型水泥、或铝酸盐水泥、或高标号水泥的混凝土的自收缩都大。单位体积混凝土的水泥用量越大，混凝土的自生收缩也越大。

2. 水灰比(或水胶比)

水灰比(或水胶比)越低，混凝土越密实，混凝土因环境干燥散失的水分就越少，因而，混凝土的正常干燥收缩就降低。相对于正常干燥收缩，混凝土的自生收缩随水灰比(或水胶比)的减小而增加。由此可见，低水灰比(或水胶比)能改善混凝土的强度、密实度和低渗透等性能，但也带来了混凝土自身体积稳定性方面的问题。

3. 掺和料

目前用于高性能混凝土的掺和料主要有：硅粉、优质粉煤灰、磨细矿渣、磨细沸石粉等。混凝土中掺入硅粉，能与水泥水化产生的氢氧化钙发生二次水化反应，促进水泥水化，提高水泥的水化程度。同时，二次水化产物和硅粉细粒大量填充在混凝土的孔隙中，使混凝土结构致密，提高混凝土的抗压强度和抗渗能力。但是，掺入了硅粉后，高性能混凝土的干燥收缩和自生收缩会加大。粉煤灰能促进水泥水化，同时粉煤灰中的部分颗粒可以充当微粒集料抑制混凝土自生收缩。在强度许可的前提下，粉煤灰掺量越大，混凝土的自生收缩越小。矿渣粉亲水性差，掺入矿渣粉后，水泥的泌水性加大，保水性能差，会增大混凝土的自生收缩和正常干燥收缩。

4. 外加剂

配制高性能混凝土时，常常要掺入各种塑化剂以改善混凝土拌和物的工作性。塑化剂可以降低混凝土的用水量，减少混凝土中的毛细管张力，能够减小混凝土的自生收缩变形。但因外加剂的化学成分和含盐量不同，也可能增大混凝土的自生收缩变形。

# 8.3 混凝土的早期塑性分离裂缝

## 8.3.1 混凝土的流动性与其吸附分离作用

不论是高水灰比的普通塑性混凝土，还是低水灰比的高性能混凝土，还是专门用于泵送施工、免于振捣的高流动性混凝土，经过机械振捣之后，都会呈流动、液化现象，有很好的流动性。在流动状态之下，水、水泥或粉煤灰等掺和料、外加剂等细度极高的胶体分子都具有很高的活性和极强的被吸附性能，能够主动的向海绵状多孔隙的吸附体聚集，在已浇筑的塑性混凝土内部产生相对位移和相对分离的现象，形成塑性吸附分离裂缝。

## 8.3.2 混凝土的吸附分离量和干缩冷缩量

塑性混凝土的吸附分离量与混凝土的组成材料性能、比例，主要是与水泥和各种掺和料的细度、用量、水胶比以及粗骨料的亲水性(吸附力)、混凝土的振捣条件、垫层的光滑度、垫层表面的坡度和周边模板、或地槽、或已有混凝土的吸附能力等多种因素有关。胶体含量越大，粗骨料粒径越小、用量越小、光洁度越大、吸附性越差(比如河卵石)，则产生吸附分离裂缝的几率越高，出现的裂缝宽度越大。目前还很难用数学模型来进行定量计算，但可以肯定高性能混凝土，尤其高流动性混凝土上出现的吸附分离裂缝现象比普通混凝土要严重得多，这是应该警惕的。由于混凝土的干缩与冷缩现象是滞后于吸附分离现象的，在没有形成吸附分离裂缝的混凝土表面，其干缩与冷缩现象一般是没有方向性的，干缩冷缩缝多呈龟裂分散，不会集中出现。一旦出现吸附分离裂缝，口子已经撕开，薄弱环节已经形成，干缩冷缩作用也就必然向薄弱点集中，三种作用合而为一，就会大大扩展裂缝的宽度，并将作用时间向后延续，使情况复杂化，问题严重化。

## 8.3.3 吸附分离裂缝的危害性

本来，吸附分离裂缝形成于混凝土终凝以前的塑性阶段，属于先天性缺憾，裂缝界面上并不存在作用力，属于无害性裂缝。即使吸附分离缝与干缩冷缩缝叠加以后，裂缝有所扩大，但只待干缩冷缩现象终止，裂纹也就稳定下来，仍然属于无害裂纹。但是有一个危险因素必须引起关注，那就是导致混凝土产生吸附分离裂缝的吸附体，如果是吸附性极强的干燥膨胀性土体，则其产生吸附作用以后，随之会因吸水过量而产生强大的膨胀压力，将还没有足够强度的混凝土体挤碎，其破坏作用是很可怕的。

## 8.3.4 工程实例

### 1. 大型地下室底板周边裂缝

某大型地下室以中等风化玄武岩为持力层，底板厚 1800mm，用 C30 泵送混凝土浇筑。为了节约石方开挖量，底板周边即以风化岩为模板，满槽浇筑混凝土。浇筑工作完成以后，即发现了底板混凝土表面沿周边出现了平行、不连续的大量裂缝，裂缝离边界线的距离为 1000～2000mm 不等，缝宽在 3mm 以上。经过分析，认为属于混凝土塑性阶段的吸附分离裂缝。事后只进行了注浆封缝处理，未采取任何加固措施。大厦建成已多年，地基基础工作状况良好，未发现任何异常现象。

### 2. 某高位贮水池底板混凝土碎裂现象

建于一小山顶上的生活用水贮水池，山顶覆盖的红粘土层厚度约 5.0m，红粘土的颗粒细、密实度大，含高岭土和蒙脱石的成分高，属于膨胀土。基岩为花岗斑岩，土层干燥，不存在地下水，钢筋混凝土贮水池的底板满槽浇灌于干燥的红粘土基坑内。在进行水池立壁施工时，发现了钢筋混凝土水池底板出现了严重的碎损现象，裂缝大致上可以分为两种类型，一种弧形裂缝沿基坑周边分布，缝长 1000～2000mm 不等，不连续；另一种辐射型裂缝均匀分布于水池周边，缝长也是 1000～2000mm，其他放射型杂散裂缝非常密集。经分析，认定弧形裂缝属于塑性混凝土的吸附分离裂缝，而辐射型和杂乱型裂缝则属于膨胀土的挤压裂缝。由于膨胀土对水的敏感性、水池的防渗防溢措施不到位，所以该水池建成后服务没有几年，就只得报废。

# 8.4 混凝土的早期塑性沉落阻滞裂缝

## 8.4.1 混凝土的沉落密实过程

混凝土是由颗粒结构不同、容重不同、吸附性能不同的粗细骨料和水泥以及各种掺和料、添加剂加水拌和而成。在其浇筑成型过程中，由于其自身的重力作用与机械振捣作用，作为全塑性状态甚至是流体状态的混凝土，其下沉固结过程可分为以下几个不同的阶段。第一阶段是离析阶段，混合料借自重从高位向低位转移运送过程中，粗而重的大颗粒率先降落到最低层，细而轻的粉末浮浆则漂浮在表层；第二阶段是液化流变阶段，混凝土拌和物在振捣器强烈振捣过程中，从离析分离状态转变为流体，呈悬浮状；第三阶段是沉落密实阶段，随着时间的推移，依靠重力作用，比重大的粗颗粒进一步向下部集中，稀薄浆液则浮向表面；第四阶段是泌水收缩阶段，包括粗细骨料在内的水泥、掺和料和外加剂等固态物质逐步向下层沉落、固结、密实以后，将水体挤出，在表面形成泌水层；第五阶段是干缩固结阶段，泌水层被蒸发，孔隙毛细水被蒸发以后，混凝土进一步干缩下沉。全过程五个阶段历时大致为 7～12 小时，塑性混凝土、高性能混凝土的沉落固结过程基本完成，其累计的沉降量就出现在混凝土墙或柱的顶面。

## 8.4.2 混凝土的塑性沉落量

墙、柱等竖向构件在混凝土塑性浇筑过程中累计出现的顶面竖向沉落量与竖向构件的连续浇筑高度、浇筑上升速度以及混凝土拌合料的材料性能、比例都有密切关系。在早年的高水灰比、高坍落度、低强度的矿渣水泥混凝土施工实践中，曾出现过 8 小时之内浇筑 6m 高的立柱、顶面累计沉落量达 10mm 以上的记录。这 10mm 的沉落量如果在中途遇到阻滞，使沉落现象不连续，就会在阻滞线下形成 10mm 的沉落阻滞裂缝。

## 8.4.3 混凝土的沉落阻滞条件

在实际工程中，竖向构件在混凝土浇筑后的塑性沉落固结过程中遇到阻滞的机遇是很多的，比如剪力墙或深梁的水平粗钢筋、大断面柱贴模板的箍筋，构件内预埋的水平管线，比如电线导管、上下水管、预应力索导管，还有厚薄不一的模板接口，均可成为塑性混凝土沉落过程中的阻滞带，导致沉落阻滞裂缝的出现。

### 8.4.4　沉落阻滞裂缝的危害性

早期沉落阻滞裂缝的出现虽然从侧面也说明了存在一些明显的施工质量问题，比如混凝土水灰比偏大，混凝土强度可能偏低，钢筋、埋件位置欠准确，模板接槎欠平整等操作问题。但就塑性沉落裂缝本身来说，只属于先天性的小缺憾，对结构安全不会构成任何威胁，只需进行一些嵌补封缝工作，就可恢复正常状态。

### 8.4.5　预防沉落阻滞裂缝的措施

塑性沉落阻滞裂缝发生于混凝土的塑性阶段，对混凝土性能有一定的影响（主要是对抗渗能力影响突出）。为了尽可能防止混凝土出现塑性沉落阻滞裂缝，一般可以采取以下措施。

（1）在混凝土配合比设计时，在满足混凝土和易性要求的前提下，应尽量减少用水量，选择良好的骨料级配和最优的含砂率。且粒径小于 0.16mm 的细颗粒要具有一定含量。

（2）掺加能提高混凝土保水性和粘聚性的掺和料和外加剂，例如掺优质粉煤灰、减水剂和引气剂等。

（3）对于高大的结构，要保证混凝土的侧向接触的模板、已凝固的混凝土面平整。混凝土浇筑速度适当控制。

（4）在混凝土浇筑过程中，在保证混凝土密实性的前提下，避免过振，在混凝土初凝前，应对可能出现塑性沉降阻滞裂缝的混凝土部位，进行复振。一旦出现了塑性沉降阻滞裂缝，要及时处理。在初凝前可以采取复振，在混凝土收浆后，要及时抹面修整，以提高混凝土表面的密实性。

### 8.4.6　工程实例

由于特殊情况，工程史上曾经出现过的混凝土塑性沉落阻滞裂缝事故还很具震撼力，在社会上、司法界、工程学术界掀起过风浪，给人们留下过深刻的印象，值得介绍。

#### 1. 大矿仓立壁上的沉落阻滞裂缝

某大矿仓建于 20 世纪 60 年代中期，矿仓立壁高达 6.0m，采用高流动性的 C20 混凝土连续浇筑。就在仓顶锁口梁粗钢筋的底线下出现了基本上是通长交圈的水平裂缝，裂缝宽度达 3.0mm 以上，让人们震惊。由于当时正处于"文革"高潮，政治派系斗争激烈，技术上的争论与政治上的分歧交叉出现，使问题高度复杂化，让社会关注，让工程师们无奈。

#### 2. 高立柱上的水平裂缝

某教学大楼有高达 2 层的门廊柱一列，施工时用的是全新的 12mm 厚竹胶合板作模板，但柱顶梁口部分却用了 8mm 以下不等的旧模板搭接，搭接方式自然是板头对齐后用外附木枋拍接找平，因而内侧形成了台阶式楼口。为了保护新模板，也在模板面涂了多遍隔离剂。用的是 C20 塑性混凝土浇筑，插入式振捣器振捣，一气呵成，全柱高未留施工缝。拆模后发现柱身上出现极为整齐划一的水平裂缝，几根柱子情况完全一致，毫无例外。经分析，认定为模板接口处的箍筋贴近了模板，形成了混凝土的塑性沉落阻滞裂缝。但在大楼的门脸上出现了这种一刀切的可怕裂缝，涉及经济索赔问题，最终引起诉讼纠纷，教训值得吸取。

3. 高坝坝面上的水平裂缝

某混凝土拱坝坝身最高 50m，采用 C20 毛石混凝土，连续浇筑，毛石分层铺加，进展顺利，认为施工质量良好。但到坝高接近封顶时，由于坝体厚度减薄，浇筑上升速度相对加快，而且填筑毛石的数量(比例)也相对增加，拆模以后，竟在一层比较贴近模板的毛石底面线以下，形成一条不连续的水平裂缝。经分析，认为是塑性沉落阻滞、干毛石吸附、坝面混凝土干缩与气温骤降冷缩等多种因素综合作用所引起的。属于表层无害裂缝，事后只作了勾缝嵌补处理。

4. 核反应堆安全壳上的局部水平裂缝

高达数十米，厚达 1.0m 的反应堆安全壳，设计为安全水准最高的预应力混凝土，有水平预应力张拉索套管深深埋在混凝土内部，还有纵横交错的粗钢筋网分布在壳面。但是预应力索的张拉点是集中在附壁柱处的，预埋的水平预应力索套管在接近张拉壁柱的端部必须向壳面靠近，就有完全贴近模板的可能，因此在张拉索套管的尾端出现局部的混凝土塑性沉落阻滞裂缝几乎是不可避免的。在人们对此现象尚未完全理解的情况下，见到了安全壳上的裂缝，自然难免震惊不安。实际上，只需经过裂缝封闭处理，就可确保安全。

# 8.5 混凝土的正常干缩裂缝

## 8.5.1 正常干缩裂缝产生的原因

混凝土的正常干缩裂缝是因混凝土养护结束，混凝土的湿度减小，发生体积收缩而产生的，这类裂缝常见于大面积混凝土结构中。这种裂缝出现的几率很高，发展的延续时间很长，对于大体积混凝土而言可以延续到几年甚至几十年以后。混凝土正常干缩裂缝不同于混凝土自生收缩裂缝。前者，是由于混凝土与外界之间存在湿度交换，并且，混凝土的干缩是由表面开始，逐步向混凝土内深入，裂缝的发展速度取决于混凝土水分的散失速度。而混凝土自生收缩裂缝是由于混凝土内部水泥水化的结果，自生收缩出现时，混凝土与外界之间无湿度交换，收缩在混凝土各部位基本上是同步进行的，裂缝不仅出现在混凝土表面，混凝土内部也产生裂缝。

从混凝土材料的性质来看，混凝土具有干缩湿胀的特性。当混凝土长期放置于水中养护时，混凝土会产生微小的体积膨胀；当混凝土放置于较干燥的空气中，由于混凝土内部的水分不断蒸发散失，混凝土会产生体积收缩。已干燥的混凝土再次吸水湿润时，原有干缩变形会部分消失。

混凝土湿胀是由于混凝土在高湿度的环境或水中，水泥凝胶体吸水引起的，水分子进入水泥凝胶体颗粒之间，破坏了凝胶体之间的凝聚力，迫使凝胶体颗粒进一步分离，从而形成膨胀压力。此外，水的浸入使水泥凝胶体的表面张力减小，因而也使混凝土产生微小的膨胀。

混凝土的干缩变形与混凝土内部水的存在形式有关。一般将内部水划分为可蒸发水和不可蒸发水两类。可蒸发水分为毛细孔水、吸附水、层间水和游离水。不可蒸发水是指水泥水化后形成的凝胶体中所含的水，即化学结合水。混凝土干燥收缩变形，是因毛细孔水、吸附水和层间水散失而引起的，游离水的失去，几乎不会引起混凝土收缩。

当混凝土因收缩变形过大，同时又受到相应约束，混凝土内部所产生的拉应力一旦超过了混凝土实际具有的抗拉能力时，裂缝就不可避免。

## 8.5.2 影响正常干缩裂缝的主要因素

### 1. 水泥品种与混合料

水泥品种和混合料对混凝土的干缩影响较大，在重大的混凝土结构中，要使用干缩性较小的水泥和混合料。水泥凝胶体的干缩主要取决于它的矿物成分、$SO_3$ 和细度等。一般来说，水泥中 $C_3A$ 含量较大、碱含量较高、细度较细的水泥干缩性就大。

就水泥而言，由于火山灰质硅酸盐水泥需水量大，用火山灰水泥拌制的混凝土要比普通硅酸盐水泥混凝土的干缩性大。用不同水泥品种拌制的混凝土的干缩性，从大到小的顺序依次为：火山灰水泥＞矿渣水泥＞普通水泥。

向混凝土中掺混合料，能够改善混凝土的工作性能，但要合理确定掺量和品种。优质的粉煤灰，需水量小，掺入水泥中能够减少水泥的标准稠度用水量，故干缩较小。但如果粉煤灰掺量过大会使混凝土早期强度下降，在养护不好时，混凝土反而容易出现早期裂缝。

### 2. 配合比

在混凝土原材料一定的前提下，在混凝土的配合比中，主要考虑单位用水量、胶凝材料用量和砂率对干缩的影响。混凝土中的用水量越大，胶凝材料越多，含砂率越大，混凝土的收缩就越大。

### 3. 骨料

骨料对混凝土的干缩有重要影响，骨料可约束水泥石的收缩。一般来说，骨料粒径越大，级配越好，混凝土的水泥浆含量就越少，用水量就低，因而，混凝土的干缩就越小。

### 4. 外加剂

各种外加剂对混凝土的影响也不相同，当因外加剂而增加混凝土的用水量时，一般会加大混凝土的干缩。当掺减水剂时，可以减小混凝土的干缩。当掺促凝剂时，可使混凝土的干缩增大，如掺用氯化钙可使混凝土的干缩增大 60% 左右。

**5. 养护条件**

加强混凝土养护质量并保证必要的养护时间，能够减小混凝土的干缩。养护环境的相对湿度的大小很重要，相对湿度越小，混凝土的收缩越大。

由于影响混凝土湿胀干缩的因素很多，要对其湿胀干缩现象进行定量计算是困难的。根据工程实践经验，混凝土全过程的干缩总量约相当于温差幅度的 $10 \sim 15 \, \text{℃}$ 的降温收缩量，称为当量温差，可将这个当量温差并入温度胀缩变形中去进行统一的温湿变形计算，能收到比较合理的结果。对此，在前面第 6 章已有论述，不再重复。

# 思　考　题

1. 混凝土的早期裂缝有哪几种？
2. 什么样的混凝土是高性能混凝土？
3. 请谈谈高性能混凝土的早期自生裂缝机理。
4. 在什么情况下会产生混凝土的早期吸附分离裂缝？
5. 在什么条件下会出现混凝土的早期沉落阻滞裂缝？
6. 混凝土的各种早期裂缝的危害性如何？

# 第9章
# 建筑结构腐蚀破坏

**教学目标**

化学反应裂损本来只是一些工业厂房的克星，多是由于工厂生产工艺带来的酸性腐蚀或碱性腐蚀引起的。但是当前最值得关注的却是面临大建设进程的广大盐渍土地区的特殊环境腐蚀和已进入大建设过程的广大沿海工程的氯离子腐蚀。这两类腐蚀在性质上与工业厂房的酸碱腐蚀相类似。本章着重讨论的是工业建筑的化学腐蚀破坏机理。其目标如下。

(1) 从既有工业建筑化学腐蚀的严酷性中去认识盐渍土地区与沿海地区腐蚀现象的普遍性。

(2) 认清两大地区建筑物受腐蚀的前景。

(3) 区分六类不同的化学腐蚀机理。

**基本概念**

水溶性化学腐蚀；溶解性化学腐蚀；膨胀性化学腐蚀；胀（结晶）融（潮解）性化学腐蚀；电化学腐蚀；酸氧化腐蚀；氯盐腐蚀。

**引言**

本章内容，对新建化工厂房的防腐措施设计、旧化工厂房的维修保养工作，以及新开发的西部盐渍土地区和新出现的沿海氯盐威胁建筑物的防腐蚀工作很有实用价值。

从混凝土结出现裂损的原因来看,除了物理、力学方面的作用(如荷载作用、温度作用、碰撞作用)引起的混凝土裂损外,还有钢筋腐蚀胀裂、混凝土碱骨料反应裂缝、混凝土碳化收缩裂缝等化学反应裂缝引起的裂损。最近20年内对混凝土结构的实际调查发现,混凝土结构因化学裂损而引起的损坏或失效更加严重,应该引起关注。尤其是近年来对西部盐渍土地区实行大规模的建设开发和东南沿海地区的大范围过度开发的结果,盐碱腐蚀病害成了这两类地区建筑物的最大杀手。西部盐碱地区的工业建筑往往还未交工投用就已见到钢筋严重锈蚀,急待治理加固。而东部沿海则由于开发过度,资源短缺,人们甚至在用含盐分的海沙或咸水拌制砂浆或浇筑混凝土,使建筑物蒙受腐蚀破坏。这也成为当前建筑科技界面临的一个新难题。

# 9.1 概　　述

建筑结构中使用的混凝土、钢材、砖石等,在使用期间常常受到腐蚀性介质的腐蚀。如果建筑物在建造时对结构材料未采取防腐措施,或虽采取了防腐措施,但工程质量不佳,维护使用不当,使防腐措施失效,则腐蚀性介质就可能损伤建筑结构,甚至使其破坏,失去使用价值。

在工业建构筑物、海岸工程和盐渍土与矿化水地区的建构筑物中,建筑结构直接与气态、液态等外部腐蚀性介质接触,或者被产品和生产中排放的腐蚀性物质所污染,造成建筑结构的损伤或破坏。

在冶金、化工、造纸、食品及其他工业部门中,有20%～70%的建构筑物常常受到各种腐蚀性介质的作用,引起结构材料的腐蚀。据一些国外专家的估计,由于混凝土和钢筋混凝土的腐蚀造成的经济损失约占国民收入的1.25%。这些经济损失中包括了修复或重建构筑物的工程造价及修复或重建期间生产中所造成的经济损失。

鉴于混凝土及钢筋混凝土建筑结构的广泛性及重要性,本章将着重讨论这类结构。腐蚀性介质对建筑结构的损伤实质上就是对构成结构的材料的损伤,所以集中讨论腐蚀性介质对水泥石及钢筋的腐蚀问题。

# 9.2 腐蚀分类及材料损伤机理

世界上有许多建筑和构筑物已存在了几百年,而许多建筑物却仅仅使用几年后就遭到破坏,这样的事例不胜枚举。例如:

某一人造纤维厂的钢筋混凝土结构的酸泵房,在使用4年后就遭破坏。

某一大型石油化工联合企业,其用于安装设备的露天框架结构,投入使用几年就遭到破坏。

某海上建造的钢筋混凝土护堤,在使用4～5年后,因遭受海水作用而损坏。

一些桥墩混凝土因遭受1.8～2.3g/L硫酸盐离子和0.3～0.5g/L镁离子的水侵蚀,很快就破坏。

在一座横跨盐渍土地带的桥梁附近，因盐水周而复始地侵蚀铁路路堤护坡混凝土护板，长期干、湿循环，结果使盐类在混凝土孔隙内结晶膨胀，造成护板的破坏。

兰州某化肥厂硝酸铵（氮肥）造粒塔周围的基座顶层混凝土，因硝酸铵颗粒吸收空气中水分潮解，渗入混凝土孔隙中，干燥后又结晶，将混凝土胀坏。

某一输水管道铺设在由矿化水所饱和的土壤中，矿化水中含有硫酸根离子 5～10g/L，氧化物 2～6g/L，镁 0.2～0.4g/L。输水管由混凝土制成，因矿化水渗入管子的混凝土，使用不久，管子即遭受严重破坏。

某出租汽车停车场，在使用 10～12 年时，因受到氯化物的腐蚀，其肋形楼板中的 $\phi20$ 钢筋的点腐蚀深度达 2.4mm，其极限强度比未受腐蚀部分的平均值低 14.8%。

由此可见，环境介质与建构筑物材料之间的关系十分复杂。为研究方便起见，作者在前苏联学者 B.M. 莫斯科文将混凝土及钢筋的腐蚀分为 3 种基本类型的基础上略做修改，补充细分为 6 种基本类型。

第一类：流动有压软水溶出性侵蚀。

水泥在水化过程中产生大量 $Ca(OH)_2$。密实性较差、渗透性较大的混凝土，在一定压力的流动软水作用下，$Ca(OH)_2$ 会不断溶出并流失。这一方面使水泥石变得孔隙增多，变得酥松；另一方面使水泥石的碱度降低。而水泥水化物如水化硅酸钙、水化铝酸钙等只有在一定的碱度环境中才能稳定存在。所以，$Ca(OH)_2$ 的不断溶出又导致其他水化物的分解熔融，最终使水泥石破坏。

随着 $Ca(OH)_2$ 的不断流失，混凝土的抗压强度不断下降。当以 CaO 计的 $Ca(OH)_2$ 溶出量为 25% 时，抗压强度将下降 35.8%，溶出量更大，抗拉强度下降更大，最大达 66.4%。

雨水、雪水、蒸馏水、工厂冷凝水及含重碳酸盐很少的河水与湖水都属于软水。在流动及压力水作用下的软水才会引起水溶性侵蚀。这种腐蚀在多种建构筑物中都能看到。

在水与混凝土中水泥石接触后的干燥部位，如水渗透进混凝土或沿混凝土表面流动后并随之干燥，溶解在水中的 $Ca(OH)_2$ 与空气中的 $CO_2$ 作用碳化后生成 $CaCO_3$ 沉积下来，在混凝土表面生成白色沉淀物，引起腐蚀，这种现象是颇为常见的。

美国有一座堤坝建于 1900 年，被水强烈渗透。1939 年修复该堤坝时，发现混凝土外部厚 12～75mm 的外壳尚好，内部混凝土却已受到严重破坏，破坏层厚度达到了 1.5m 深的地方。看起来，水泥石几乎已全部被水淘空。因为施工时模板附近的混凝土捣得比较密实，而且表层混凝土受到碳化作用，减小了 $Ca(OH)_2$ 的熔蚀，所以保存了较好的一层外壳。内部却遭到破坏，这种隐蔽的破坏尤应注意。

如果由于温度变化造成裂缝或施工缝开裂、接缝质量低劣、沉降缝和温度缝有缺陷等原因产生了水在缝中的渗流，就容易产生水溶性侵蚀。

第二类：溶解性化学腐蚀。

溶解性化学腐蚀是指水泥石组分和酸或碱溶液发生化学反应引起的腐蚀。此种化学反应所生成的反应产物或是由于扩散原因易于溶解，或是被渗流水从水泥石结构中冲刷出，或是以非结晶体形式聚集，这种非结晶体无胶粘性，还会影响腐蚀破坏过程的进一步发展。换句话说，溶解于水中的酸类或盐类与水泥石中的 $Ca(OH)_2$ 起置换反应，生成易溶盐或无胶结性能的物质，使水泥石结构破坏，混凝土结构也就毁了。

最常见的这类腐蚀性酸性介质是碳酸、盐酸、硫酸、硝酸等无机酸及醋酸、甲酸、乳酸等有机酸。当环境水的 pH 值小于 6.5 时就会对混凝土造成酸腐蚀；最常见的碱性腐蚀介质是镁盐、苛性碱等。当碱的水溶液浓度大于 15%，温度高于 50℃ 时，熔融状的碱会对混凝土造成碱腐蚀。要注意的是，苛性碱 NaOH、KOH 与水泥石中的组分发生化学反应后，在一种条件下可生成胶结性差、易于溶解的产物，发生溶解性化学腐蚀；在另一种条件下，则可产生结晶性的膨胀破坏，属下面要讲的第三类腐蚀。

兰州化学工业公司所属的兰州化肥厂及兰州橡胶厂是前苏联援建的两个项目，于 1955 年开工，分别于 1958 年及 1960 年先后建成投产。投产后没几年，对各有侵蚀性介质的工业建构筑物进行了调查，发现建构筑物的围护结构如墙壁、屋盖等遭受腐蚀的程度一般都较严重。这是因为围护结构处于许多不利因素作用下的缘故。建筑物内生产装置的腐蚀物质可以不同的状态排出：如气态、液态、雾状、固体粉尘。液态的腐蚀性物就有工厂所泼洒出的酸、碱、盐溶液及含酸、碱、盐的污水，它们落在建筑结构上后，对不同材料就会造成不同程度的腐蚀。

例如，兰州化肥厂的稀硝酸车间，在投产两年后，于 1960 年接受检查，车间的钢筋混凝土屋面板已经遭受腐蚀。生产装置排出的氧化氮气体与车间空气中的水分结合后，由于车间温度低及屋面的隔热性能差，在屋面板内表面形成氧化氮气体的冷凝液腐蚀了混凝土。

第三类：膨胀性化学腐蚀。

当水泥石与含硫酸或硫酸盐的水接触时，可以产生体积增大许多倍的结晶体，将混凝土胀坏，产生膨胀性化学腐蚀；水泥的水化物遇到氢氧化钠溶液浸透又在空气中干燥时，氢氧化钠被空气中的 $CO_2$ 碳化，生成具有膨胀性的碳酸钠结晶，可胀裂水泥石。

第二类及第三类腐蚀有代表性的化学反应式，在作为大学本科土木建筑工程必修课的"建筑材料"或"工程材料"的教材中都有较详细的表达，这里不再赘述。

在第一类和第二类腐蚀中，水泥石的破坏与水泥石的组分和水泥石组分与腐蚀性介质的反应产物的溶解性有关。而第三类腐蚀的初始阶段，由于结晶盐在混凝土孔隙中逐渐积聚而使混凝土更加密实。如果这个过程发展缓慢，则混凝土的空隙及孔洞会慢慢地被生成的结晶物所填充，似乎混凝土变得更密实，会让人产生一种错觉：混凝土的强度还会提高，更能使人迷惑。所以，第三类腐蚀的初始形式有时很难察觉，只有当持续发展下去，最后使混凝土开裂、破坏后，人们才易发现。

在实际工程中，常常第二种或第三种腐蚀情况会同时出现，但各种形式的破坏程度和性状并不相同。重要的是弄清哪一种类型的腐蚀起主导作用。

第四类：盐类潮解、渗透、干燥、结晶——膨胀的物理破坏作用。

有些盐类如硝酸铵、氯化钠（食盐）等，很容易吸收空气中的水分或周围的水分而溶解，溶解后渗入混凝土、砖等材料的孔隙中，干燥后盐会再结晶，膨胀压力可把材料胀裂，使材料酥松。

第五类：钢材的电化学腐蚀。

钢筋混凝土中的钢筋及钢结构的钢构件的化学腐蚀是由于金属表面形成了原电池而产生的腐蚀。两种不同的金属置于电解质溶液中，由于电极电位不同，电子从易于失去电子的低电位金属流向难于失去电子的高电位金属，这样产生电流的装置叫做原电池。钢材属铁碳合金，其中还含有很多其他杂质元素，就合金而言，包括铁素体、渗碳体、珠光体等，这些不同的元素或组织的电极电位不同，电位低的失去电子，电位高的得到电子，此种化学反应的进行就使金属产生腐蚀。阴极或负电位值小的部分得到保护，阳极或负电位值大的部分受到腐蚀。

当钢材处于潮湿空气中时，钢材表面会吸附一层薄水膜。当水中溶有 $SO_3$、$CO_2$、灰尘等时，即成为电解质溶液，这样就在钢材表面形成无数微小原电池。如铁素体和渗碳体在电解质溶液中变成原电池的两极，铁素体活泼，易于失去电子，成为阳极，渗碳体成为阴极。在阳极区，铁被氧化成铁离子进入水膜。因为水中溶有来自空气中的氧，故在阴极区氧被还原成为 $OH^-$ 离子。两者结合，形成不溶于水的 $Fe(OH)_2$，并进一步氧化成疏松易剥落的红棕色铁锈 $Fe(OH)_3$。

电化学腐蚀是最重要的钢材腐蚀形式。钢材表面污染、粗糙、凹凸不平、应力分布不均，元素或金属组织之间的电极电位差别较大，以及温度和湿度变化均会加速电化学腐蚀。

第六类：钢材的化学腐蚀。

钢材的化学腐蚀是由于大气中的氧或工业废气中的硫酸气体、碳酸气体等与钢材表面作用引起的。化学腐蚀多发生在干燥空气中，可直接形成锈蚀产物，如疏松的氧化铁等，并无电流产生。氧化铁的体积大于母金属，所以，当钢筋混凝土构件中的钢筋生锈后，体积增大很多，在混凝土中产生内应力。此内应力大到可将钢筋混凝土顶裂，然后，钢筋与混凝土分离，钢筋与混凝土之间粘结破坏，对钢筋混凝土来说，这是致命的破坏。

钢筋混凝土构件因钢筋锈蚀而开裂、破坏的 4 个阶段如图 9.1 所示。

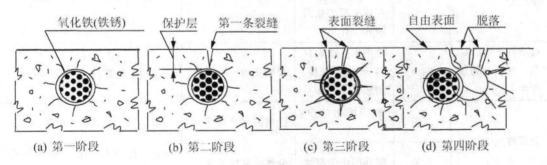

图 9.1　钢筋腐蚀及混凝土破坏机理

钢筋混凝土中的钢筋由于受到水泥水化后所产生 $Ca(OH)_2$ 碱性薄膜的保护及保护层的保护，理应不受到化学腐蚀。但是由于混凝土碳化深入钢筋表面，混凝土质量低劣，环境恶劣或构件受力裂缝达到钢筋表面，钢筋受腐蚀在许多情况下仍是不可避免的。

实验表明，应力钢筋在电化学反应方面比无应力钢筋更活跃，所以腐蚀也就更强烈。

根据文献，由作者做了个别修改、补充后的混凝土与钢筋混凝土的腐蚀分类列于表 9-1。表中所列碱-骨料反应可参见"建筑材料"或"工程材料"相关教材，不再赘述。

表 9 - 1    混凝土和钢筋混凝土腐蚀分类

| 腐蚀过程性质 | 腐蚀种类 | 腐蚀过程 | 腐蚀定量鉴别用的参数 | 决定腐蚀过程动力学的因素 | |
|---|---|---|---|---|---|
| | | | | 压力渗透 | 自由冲洗 |
| 物理化学过程：溶解结晶 | 一类一、二、三类 | 无盐水的浸析中性盐溶液的浸析 | 从混凝土中带出的水泥石溶解性组分的数量 | 内部扩散的速度 | |
| 腐蚀性介质与水泥石组分的化学反应 | 三类 | 结晶 | 带入的腐蚀性组分数量或腐蚀性组分与水泥石相互作用产物的数量 | 毛细作用速度与表面蒸发速度之比 | 内部扩散的速度 |
| | 三、二、一类 | 硫酸盐腐蚀 | | | |
| | 二类 | 酸腐蚀 | 与水泥石组分发生反应的腐蚀性组分的数量 | 渗透体积速度和水泥石被反应物压实的过程 | 在反应产物层内的扩散速度 |
| | 二类 | 氧化镁腐蚀 | | | |
| 水泥石的电解 | — | 电腐蚀 | 通过结构构件的电流量 | 电压、电流和混凝土的电导率 | |
| 表面活性物质吸附 | — | 固体物质表面能量的吸附和降低 | 水泥强度的降低 | 表面活性物质的浓度和受力状况 | |
| 水泥石与骨料接触面上的物理化学过程 | — | 活性氧化硅骨料与碱性水泥相互作用 | 膨胀变形 | 反应组分之间的对比关系 | |
| | — | 骨料中的白云石与碱金属的盐溶液相互作用 | | | |
| 盐溶液干燥、结晶、膨胀的物理作用 | 四类 | 盐潮解、渗入材料、干燥、结晶、膨胀 | 膨胀变形 | 结晶物增长数量 | |
| 钢筋腐蚀 | 五类 | 钢筋的电化学腐蚀 | 金属的腐蚀深度 | 控制：阳性、阴性、电阻 | |
| | 六类 | 钢筋的化学腐蚀 | 金属的腐蚀深度 | 钢筋的组分和结构，钢筋的受力状况及环境中的离子的含量 | |

# 9.3  建筑结构腐蚀破坏实例

## 9.3.1  实例一：混凝土输水管道腐蚀破坏及自愈

在前苏联，为了向巴库城输送饮用水，于 1911～1917 年间建造了巴库至乌拉尔斯基的输水管道。管道截面为椭圆形，壁厚 25cm，所用混凝土的配合比为 1∶2∶4。水管管壁有一层厚 1cm 的 1∶3 水泥砂浆抹灰层，1.5～2mm 厚的水泥压光层。

开始时，输水管水流不满。沿输水管线路流动的地下水化学成分复杂，含有大量的硫酸镁、氧化镁和硫酸钠。沿输水管全长范围内的硫酸盐含量平均为 200～400mg/L。由于输水管内水不满，所以地下水会渗入不够密实的管壁。致使硫酸盐对水泥石的腐蚀而破坏混凝土。

该输水管道混凝土的破坏是在 1924 年首次发现的。为了寻找一个可靠的修复方法，对水管的破坏部位进行了反复研究，提出了一个输水时将管道完全充满的修复方法。经过一段时间后，原来地下水渗入管道内部的地方减少或完全停止渗透。混凝土渗透部位的蜂窝逐渐被填塞密实，上面被碳酸钙层所覆盖。

这种现象可做如下解释：由于地下水中含有硫酸盐，只要地下水通过输水管道的管壁渗入了管道，硫酸盐就会腐蚀混凝土管壁。当输水管内充水不满时，正是地下水内侵（渗）的好时机。但当水管内充满压力水以后，水的暂时硬度是 13.70H，水就会开始沿着破坏部位反向渗透，即由管内向管外渗透，每个碳酸氢盐分子在破坏部位都与水泥石中遇到的氢氧化钙起反应，生成两个分子的碳酸钙。碳酸钙沉积在渗透通道的孔壁上，逐渐填满通道，从而阻止了渗透。这个过程也就是混凝土"自封闭"或"自愈"作用。这种修复方法是个很巧妙的方法。

### 9.3.2　实例二：国内某冶金工厂酸洗车间建筑物腐蚀破坏

冶金工厂需要在钢管、冷轧钢材生产过程中采用酸性工艺清理钢材内外表面氧化物。其酸洗所用的主要是硫酸或盐酸。

1. *厂房损坏原因*

（1）酸洗设备简陋，生产秩序混乱。酸洗时，大量酸液从酸洗槽内溢出，冲洗水水量很大，每小时达 40m³。大量带酸的废水通过已损坏的耐酸地坪、排水沟、下水道渗入地下，地下水严重污染。

（2）耐酸地坪强度及防腐材料性能达不到工程要求，因此，地面破损，缝隙较多，酸水容易渗入地面及地下。

（3）酸雾腐蚀。酸洗吸风装置被损坏，酸洗时往往为提高酸洗效率，便提高酸洗水溶液温度达 70～80℃，造成大量酸雾污染环境，腐蚀厂房。

2. *厂房损坏情况*

（1）耐酸地坪损坏严重。

（2）基础、地基土持力层严重腐蚀：基础混凝土腐蚀速度平均为每年 1～2cm；工字形柱的翼缘和腹板一般在 10 年左右钢筋即全部受腐蚀，钢筋混凝土失去原有承载能力。在 2～3m 深范围内的地基土承载能力大幅下降。

（3）在屋架及屋面板上积聚的酸雾冷凝液对抗裂能力差、截面较小的钢筋混凝土构件造成程度不同的损坏。

（4）因地基土已经腐蚀严重，承载力减小太大，最后只好将厂房推倒重建。

### 9.3.3 实例三：美国佛罗里达某公寓阳台的腐蚀破坏

这是位于海边的两栋 12 层钢筋混凝土结构公寓，临海一面带有通长的预应力钢筋混凝土悬挑阳台。背海一面则为非预应力的普通钢筋混凝土阳台。普通钢筋混凝土阳台基本完好无损，受到严重腐蚀破坏的是预应力钢筋混凝土阳台。预应力筋的截面锈损率竟达 50%，尤以预应力端锚点处的锈损最为严重。经对混凝土取样进行氯化合物检测，发现氯化合物含量竟达混凝土质量的 0.70%，高出规范限额的 10～20 倍，说明了问题的严重性。这一案例也说明，预应力结构的抗化学腐蚀能力更低，宜倍加注意。

### 9.3.4 实例四：水工建筑物的钢筋锈蚀

河海大学等单位在浙东沿海调查了 22 个水工建筑物的 967 根构件，发现有 538 根构件(占总数的 56%)因受钢筋锈蚀导致顺钢筋的开裂破坏；1981 年南京水利科学研究院对我国华南地区的 18 座码头进行了调查，这些码头使用期只有 7～15 年，但大量码头面板及横梁都因钢筋锈蚀发生混凝土顺钢筋的纵向裂缝，其中完好的仅 2 座；日本冲绳地区 177 座桥梁和 672 栋房屋的调查表明，桥面板和梁的损坏率达 90% 以上，校舍等一类民用建筑损坏率也在 40% 以上。这是因为混凝土采用海砂为细骨料，使钢筋锈蚀而导致的后果。

## 9.4 被腐蚀建筑结构的修复

对有遭受腐蚀危险的建构筑物，必须进行持续的、定期的、由专人负责的仔细观察。发现有腐蚀迹象，必须立即采取措施，阻断腐蚀来源；发现有腐蚀破坏，必须很快修复，以防腐蚀扩大到构件的其他部位或其他构件。

在化工等企业的建构筑物中进行修复工作常常是个很复杂的过程，具有许多特点。进行修复工作时，防腐措施的选择必须考虑主要防腐覆盖层破坏的程度及结构表面是否有局部破坏。临时的修缮工作必须在很短的时间内进行，不得因修缮而影响生产工艺过程。

修复工作进行前，必须对要修复的建筑结构及其防腐保护层进行仔细的调查以确定破坏的原因、性质及破坏部分的大小范围及尺寸。只有在深入调查的基础上才能选择正确的防腐手段及修复方法。

最经常做的事情是对重要的地下结构——基础进行技术检查。因为基础的破坏会给整个建构筑物造成威胁。直接在酸作用区域内的建筑物及重要设备的基础要按顺序每年检查一次；在腐蚀性地下水作用下的建构筑物基础则应一年半检查一次；在地下水位以上的基础，3～4 年检查一次；尺寸不大的、小建筑物及设备基础，5 年检查一次。酸生产设备基础地上部分的顶面及侧面，则应每 6 个月检查一次。

墙、楼盖、地面及其他建筑结构的技术检查每年不得少于两次。对溢水及排水设备的地面及直接遭受高浓度酸或碱溶液溅落的墙段必须进行十分仔细的技术检查。对建筑物的门窗洞口及突出部分(屋檐、柱脚等)也应作仔细技术检查。

修缮建筑结构遭腐蚀部分时，首先必须仔细地清理其表面。可以用机械的方法或化学的方法来清理，可以用湿法清理或用蒸汽清理。

建筑结构表面机械清理可以用电动工具、气动工具、喷砂设备及带软轴和金属刷子的手工清理工具。机械清理法使用于清理混凝土、钢筋混凝土、粉刷层，特别是金属表面。用喷砂设备清理时，被清理表面必须是干燥的。

化学清理方法要选用相应的溶液。遭受碱侵蚀的地方要用酸溶液清洗，而遭受酸侵蚀的地方则需要用碱溶液或石灰溶液清洗。要处理的表面经化学清洗后必须用清洁的水冲洗。为清除老化的涂料，可使用溶剂如松节油、苯或其他挥发性溶剂的抹布擦洗。

可使用压力不大的消防水龙带冲洗表面仅受到酸或碱溶液轻微作用的构件。

蒸汽清理主要使用于除去混凝土或钢筋混凝土表面上的脏污以及松软细小的破碎混凝土颗粒。

不论用何种方法清理，在设置新的混凝土或其他防腐保护层之前，清理过的表面必须使之干燥，干燥到湿度在 $5\%\sim7\%$ 之间为止。

要修复的建筑结构构件经清理到合格后，其他的修复方法就与构件受力破坏后的处理方法一样了。

# 思　考　题

1. 建筑结构化学腐蚀可分哪几类？其腐蚀机理如何？

2. 当前我国建筑结构在化学腐蚀方面面临的最大问题是什么？如何开展盐渍土环境下建筑结构的防腐蚀研究工作？

3. 试举化学腐蚀工程事故一例。

4. 一般的建筑结构钢筋锈蚀与化学腐蚀的性质有何相似之处？

# 第10章
# 砖混结构裂损坍毁分析

## 教学目标

砖混结构在今后长期仍将是广大农村覆盖面最广的一种结构形式。砖混结构脆而易裂，是影响建筑寿命的最大克星。研究和防治砖混结构裂缝问题是工程师一大职责。本章教学目标包括以下方面。

(1) 认清砖混结构的力学特性。

(2) 熟悉砖混结构的裂缝特征。

(3) 掌握致裂机理。

(4) 查清致裂原因。

(5) 研究实例，吸取教训。

## 基本概念

脆性结构；压剪破坏。

## 引言

对于当前城镇既有建筑的维修加固工作，以及今后还须长期存在的农村建筑的设计、施工与维护来说，还存在一些值得探讨的问题，本章内容应有很好的实用价值。

　　自从水泥问世以后，砖混结构就逐渐成了我国城镇建设的一种主要结构形式。尤其是建国以后，百废待兴，开始了大规模的建设，而木材与钢材资源却十分紧缺，平屋顶的砖混结构，无疑是节约木材与钢材的最佳选择。即便在今后长期的广大农村建设中，砖混结构仍然将是最受欢迎的。但是砖混结构的最大特点就是抗裂能力偏低，尤其是多层平顶砖混结构，如果以单体工程为统计单位，真可以说无房不裂。因此自从20世纪50年代末以来，国内国外工程学术界就对砖混结构裂缝问题给予了充分的关注，也取得了很多成果。但是关于在实际工程中如何有效地控制砖混结构裂缝，防止坍塌这一课题，仍然有很多研究工作需要做。本章将结合一些工程实例作一些探讨。

# 10.1 砖混结构裂损的普遍性与严重性

　　由于砖混结构中竖向承重构件——砖墙、砖柱的材料来源广泛，易就地取材，施工简便，以手工操作为主，因而造价相对低廉，所以得到了广泛的应用。大量住宅、宿舍、办公楼、学校、医院等单层或多层建筑大多采用砖、石或砌块墙体（承重、分隔、围护作用）和钢筋混凝土楼盖共同组成的混合结构体系。

　　砌体属于脆性材料，本身抗裂能力低；砌体与钢筋混凝土之间在材料性质上有很大的差别，变形协调性较差，这些都是造成砌体结构裂缝现象比较严重的原因。当然引起砌体结构质量缺陷和质量事故的原因是多方面的，但是可以综合为以下两大类：一是内在原因，指的是设计不当或施工失误。二是外来原因，指的是天灾或人祸。由于砖混结构的构造比较简单，历史比较悠久，人们在设计与施工方面积累的经验已比较多，所以比较起来，由于内在的设计与施工方面的原因所造成的结构裂损、坍毁事故已较少见。而由于全球变暖、气候异常、极端天气为害的原因，再加上世界人口激增、人类对地球开发过度的原因，导致各种自然灾害和人为过失引起砖混结构裂损坍毁的现象却日见严重和普遍。现综述如下。

## 10.1.1 天灾方面原因

### 1. 地震破坏

　　由于低层砖混结构的自重轻，即便是遇上软弱土层，也多采用天然地基，地基稳定性差，加上其本身结构整体性差，抵抗力弱，在地震波冲击下，显然会遭到强烈的破坏。尤其当软弱的地基土流变或液化失效以后，处于不稳定的流体状态的土体，随着下卧的硬土或基岩面坡度走向的不同，含基础和上部结构在内的整体已受到一个因坡向而产生的挤压力，再加上一个来自不同方向的地震力，两力叠加，就产生一个扭矩，对低层砖混结构来说，这是一种足以致其粉身碎骨的破坏力。在前面第2章介绍日本新潟地震的破坏特征时，已经给出过很多具体实例。也许因为那里距离我们太远，可能人们还没有什么感性认识。现在举一个发生在2011年1月20日的，可以说近在眼前，余痛犹存的安徽省安庆地震记录的实例，希望能引起关注。

　　安庆地震的主震为4.8级，四次余震分别为2.6级、0.9级、0.6级、0.4级，震源深

工程事故分析与工程安全(第2版)

度9km，可以认为是设防以外的极低等级的地震，可是这次地震却推毁房屋2800余间，图10.1就是当时震后实况，其破坏性并不亚于一次大地震。

(a) 院墙倒塌

(b) 房屋开裂

图10.1　2011年安庆地震震后实况

### 2．山洪威胁

山洪，包括泥石流，本来只是一种常见的自然现象而已，千百年以来，人们已积累了不少应对山洪的经验，没有什么可怕的。只是随着全球变暖，气候异常，极端天气频现的新趋势，山洪的破坏力度、出现频率和影响范围越来越大。对于多密集于山沟里、溪涧边（我国山区面积占2/3，山区人口占56%）的砖混结构民居来说，确实成了一种致命的威胁。随着山洪的到来，必然是人畜皆亡，田地尽毁，对于脆弱不堪的砖混民居来说，无疑会连根拔起，或摧毁掩埋。下面是2003年发生在陕西宁陕、佛平等地及2006年发生在湘、粤、闽三省边界上的山洪灾害死亡记录，两次灾害中分别死亡455人和732人，被毁的民居不计其数。因为按常规，山洪多是深夜突然来袭，一般都是房先毁然后人丧命。具体灾情见图10.2、图10.3。

### 3．极寒冻毁

本来，在全球变暖的大趋势下，似不应该有极端寒冷天气的出现。只是经研究发现，正是全球变暖激起了大气环流和大洋洋流的运行速度加快，运行势能增大，从大西洋北上的强势暖湿气流侵入北极上空，迫使北极寒流向南扩展，所以导致南边出现极寒天气。研究还发现，全球地表变暖，正是地心内热过量失散所致，也就是说地球的寿命将缩短，冰天雪地的极寒时期终将到来。建筑物，尤其是抗冻能力最差的砖混结构，最终毁于冰冻也势在难免。2012年的2月，呼伦贝尔持续11天出现了−40℃以下的低温，极限最低达−51.9℃。假设建筑物的施工季节是夏季，合龙温度为+20℃，那么其降温冷缩的计算温差就达60℃以上（尚未包括干缩当量温差），钢筋混凝土和砖砌体的线膨胀系数分别为$1\times10^{-5}/℃$和$5\times10^{-6}/℃$，两者相差2倍。那么长度为30m的民房，发生在砖墙上的冷缩裂缝总量就将达10mm，如果每条裂缝的宽度按规范限值0.2mm计，裂缝总数就将达50条以上。这就是呼伦贝尔市2万多间砖混房屋被冻毁的原因。因此说砖混结构防极寒冻毁还是一个值得关注的新课题。具体灾情见图10.4。

(a) 2002年陕西宁陕、佛平山洪水冲毁铁索桥及房屋

**图10.2　2003年发生在陕西多地的山洪**

(b) 6月8日夜晚,特大洪水袭击了陕西省长安县,严重毁坏了210国道

**图 10.2　2003 年发生在陕西多地的山洪(续)**

(a) 湘、粤、闽山洪水面形势

**图 10.3　2006 年发生在湘、粤、闽三省边界上的山洪**

(b) 湖南永州老城区被淹

(c) 乐昌火车站被淹

图 10.3 2006 年发生在湘、粤、闽三省边界上的山洪(续)

(d) 粤北地区洪水

**图 10.3　2006 年发生在湘、粤、闽三省边界上的山洪(续)**

**图 10.4　呼伦贝尔的严寒和被冻毁房屋**

**4. 地质灾害**

地质灾害指山崩、地动、地裂、地陷等地质异常现象。虽是天灾，但也含人祸因素。比如山崩，更多的原因是由高速、高铁、高坝施工引起。地裂、地陷灾害，则与地下采矿和地下工程密切相关。大的地质灾害对待任何工程都是一视同仁，也就没有什么砖混结构、钢筋混凝土结构或钢结构的区别和优异之分了。因此也就没有必要在此对结构本身作进一步的讨论。人们需要考虑的是一个如何抑制地质灾害和远离地质灾害的问题，这已不是一个单纯的技术问题，也不是工程师们力所能及的问题。

## 10.1.2 人祸方面原因

对于砖混结构来说，地下的采矿掏空、邻近的施工干扰、地域的抽（地下采集）水过度，都是其所面临的生存威胁。但都归属于人祸，因而出现了大量的民间工程纠纷，应该引起人们，尤其是司法界和工程界更多的关注。现就近年出现的几起有代表性的案例分述如下。

**1. 采矿掏空**

（1）河北康保村庄民房裂损：参见图 10.5 康保民居裂损图。

2011 年 5 月，河北康保村出现了大面积的农田损毁，作物绝收，住房裂损坍塌灾害。致害原因就是由于邻近是煤矿，地下被采煤掏空。

**图 10.5 康保民居裂损**

（2）山西大同魏家沟民房裂损：参见图10.6大同民居裂损图。

2011年2月，大同魏家沟发生了与河北康保相类似的灾害，却被人们确认为地质灾害。凭早年对开滦、峰峰、京西、大同等老矿区的考察印象：对于一个采空深度动辄几百米甚至几千米的老矿区来说，其地表影响范围决不会止于几千米或几十千米。深度采空直接导致了大区域范围内的地下水和地应力失衡，必然带来大范围内的大小地质灾害。因此说魏家沟灾害表面上看来是地质灾害，实质上仍应归于采矿影响。

图 10.6　魏家沟民居坍损

2. 施工干扰

对于自身抵抗力弱，反应极度敏感的砖混结构来说，施工干扰是导致灾害发生的重要原因。尤其是在建筑物密集的老市区，几乎每时每刻都有可能受到各种各样的施工干扰，已是司空见惯，不必多说。下面介绍的是处于荒山野岭，却也受到施工严重干扰的特殊案例，说明这是一种新的趋势。

（1）广深高速虎门村隧道及兰商高速万军回隧道口民居裂损；参见图10.7。

2010年10月及2010年11月，虎门和万军回两条隧道爆破施工时，都导致了离隧道口不远的村庄民居大范围裂损。

（2）高坝蓄水直接淹毁民居，或是蓄水后导致山体坍滑摧毁民居的记录层出不穷。高速、高铁施工大范围、大深度破坏山体引起广泛的山体失稳崩塌，泥石流横扫河谷的局面并不亚于地质构造、地形地貌和山洪暴发等天然原因所形成的泥石流大灾害。因此说，三高(高速、高铁、高坝)给既有工程(不论什么结构)带来的威胁极大。希望得到三高产业部门的关注。图10.8所显示的几幅令人触目惊心的泥石流画面既是天灾，也含人祸。对此，工程师们所能做的只是尽量在场地选择方面多下点工夫进行消极规避而已。至于如何积极抑制人祸因素，以减少灾害，则已是一个严峻的社会问题和政治问题。

图 10.7　虎门隧道口民居裂损

(a) 舟曲泥石流

图 10.8　几幅有代表性的泥石流灾害画面

(b) 汶川泥石流

(c) 昆明东川泥石流

**图 10.8　几幅有代表性的泥石流灾害画面(续)**

(d) 重庆泥石流

(e) 岳阳泥石流

图 10.8 几幅有代表性的泥石流灾害画面(续)

(f) 江西泥石流引起火车出轨

**图 10.8　几幅有代表性的泥石流灾害画面(续)**

3. 抽水过度

　　2012 年 6 月在广西柳州、南宁、桂林一带大范围内频繁出现了惊人的地陷现象，导致房舍坍塌，农田被毁，街面下陷，汽车落井，社会沸腾，人心不安。其实，在溶岩地区，喀斯特溶洞发育的结果，只要保持有充沛的地下水及时充填，地应力就不致失衡，地层构造和岩体就不致失稳和坍塌。之所以出现大范围地陷现象，显然是由于人们在地下取水过度导致的结果。近年来由于工农业的高速发展，用水量激增，而地表水又受到大面积污染，使人们对地下水的依存度日渐高涨。地下取水过度的现象也就日趋普遍与严重。以北京、太原、西安、济南、上海和海口为代表的大城市，地下水位的下降幅度，竟然迅速创下了几十甚至几百米的记录。地下水被抽空以后，地应力失去平衡，地层失去稳定，地陷现象也就必然跟进。至于长江三角洲的地下水位持续下降以后，于 30 年内引起 1/3 以上的地面整体下沉量达 200mm 以上的现实，更值得警惕。广西地区大范围地陷现象图参见图 10.9。

(a) 桂林市区地陷

(b) 南宁西乡塘地陷(2006)年

图 10.9 广西地区大范围地陷现象图

(c) 南宁市区地陷

(d) 柳州城郊地陷

图 10.9　广西地区大范围地陷现象图(续)

(e) 柳州市区地陷

图10.9 广西地区大范围地陷现象图(续)

## 10.1.3 设计方面原因

砖混结构由于历史悠久，体系简单，受力明确，人们已积累了较多的设计和施工方面的经验，本来在这方面已不应该出现更多的错误。但也正由于技术简单，才被人们掉以轻心，马虎从事，因而所犯错误都属于所谓的"低级错误"。

(1) 设计马虎，草率参照或套用相类似工程的施工图样作设计，而不进行校核和计算。

(2) 结构方案欠妥，比如空旷房屋的整体刚度问题、稳定性问题没有得到关注。

(3) 满足于墙体总的承载力的计算，但忽视了墙体稳定性和局部承压的验算。

(4) 强调计算结果，忽略构造要求。

## 10.1.4 施工方面原因

(1) 砌筑质量差。砌体结构为手工操作，而墙体强度的高低与砌筑质量有密切关系。施工管理不善、质量把关不严是造成砌体结构事故的重要原因。

(2) 在墙体上任意开洞，或拆了脚手架，但脚手眼未及时填好或填补不实，过多地削弱了结构构件截面。

（3）在施工过程中，对一些高大墙体未加临时支撑，如遇到大风大雨等不利因素将造成失稳破坏。

（4）砂浆配合比不准确，或含杂质过多，因而本身强度不足，或保水性差、流动性差，都会造成墙体承载力下降，严重的会引起倒塌。

如上所述，砌体结构不可避免会出现各种裂缝。一些裂缝，虽不影响建筑物的近期使用，也不影响建筑物结构的承载力、刚度及完整性，但会降低砌体结构的耐久性。还有一些裂缝表现为采用材料的强度不足，或表现为结构构件截面尺寸不够，或表现为连接构造质量不可靠。这类裂缝威胁到结构的承载力和稳定性，如不及时治理，可能导致局部或整体的破坏，会带来人员的伤亡和经济上的巨大损失。

# 10.2 几个典型砖混结构裂损案例

## 10.2.1 砖砌体因承载力不足造成的质量事故

某三层轻工业厂房，预制楼板，现浇两跨钢筋混凝土连续梁，外砖墙内砖柱承重；砖柱截面 490mm×490mm，采用 MU10 砖、M10 水泥混合砂浆砌筑；基础为三七灰土，上砌毛石，砖墙基础底面宽 1300mm，砖柱基础底面积为 1400mm×1400mm，地基设计承载力 $f_k=150kN/m^2$，如图 10.10(a)、(b)所示。该房屋主体结构完工时，几个底层砖柱就

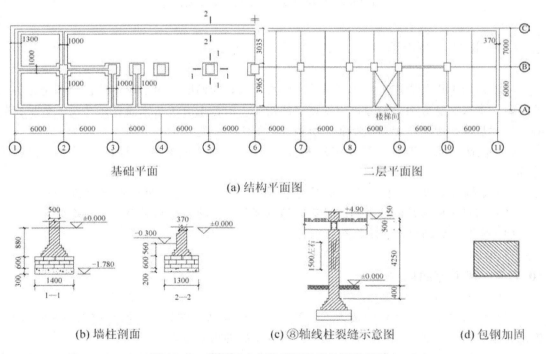

(a) 结构平面图

(b) 墙柱剖面　　　(c) ⑧轴线柱裂缝示意图　　　(d) 包钢加固

**图 10.10　某轻工业厂房平面及砖柱裂缝示意**

发生严重的竖向裂缝。其中最严重的位于⑧轴线，裂缝最宽处达 8~10mm，长 1.5m 左右，说明该砖柱已濒临破坏，如图 10.10(c)所示。发现裂缝后，随即对各层砖柱进行加固，加固方案为四角外包角钢∟75mm×75mm×6mm，角钢间用缀条连接，如图 10.10(d)所示，但加固方案并未能取得成效。

事故原因分析和处理如下：

(1) 中间砖柱承载力按轴心受压算允许承载力只有 913.36kN，而该柱所承受的荷载(算至±0.000 标高)却有 1166kN，超载 252.64kN。由于施工质量不高，该柱在恒载和施工荷载作用下就产生了裂缝。

(2) 柱基础底面积按计算需要 9.74m²，实际只有 1.96m²，仅及计算需要的 20.3%。远不能满足实际需要。结构完工时，基础之所以未发生过大沉降的原因：一是由于柱基受力尚未达到设计荷载；二是由于实际地基承载力大于 150kN/m²；而因柱身的砌筑质量太差，其实际承载力远低于计算承载力。因而率先开裂，掩盖了地基的危险因素。

(3) 本例事故原因主要是设计问题。不得不将原内砖柱承重方案改为砖墙承重方案，新添内纵横墙及其基础，将大房间改为小房间。这样，楼面荷载由梁直接传给新添墙及基础。这个修改方案虽然解决了结构问题，但在使用上却带来了很大不便。

## 10.2.2　一起偶然的设计失误引起的反思

某工程为三层砖混结构，现浇钢筋混凝土楼屋盖，双向支承楼板，四角区布置的大房间中各有一根钢筋混凝土大梁，如图 10.11 所示。此工程竣工后，设计复查发现大梁计算跨中弯矩错了一位小数点(将 65.66kN·m 错写成 6.566kN·m)，因而大梁主筋截面面积只及所需面积的 30%，按理，它甚至无法承受楼盖自重。但是，令人惊奇的是实际结构却已经受了使用考验，50~60 人在室内举行过多次会议，并曾堆积重物，而楼盖毫无破坏象征。经详细检查，仅发现二楼大梁上有宽度小于 0.2mm 的微细裂缝，其余梁上的裂缝更小。说明其实际拥有的承载力和安全度完全满足需要。

后来还通过全面的荷载实验和调查分析，也证实了出现以上意外结果实际上并不奇怪，原因是以下几点。

1. 墙体对大梁支座的约束作用

梁端插入砖墙，在计算简图中视作铰支座，但与实际情况出入较大。因为梁端支承处有墙体压住，梁垫和圈梁与大梁整浇在一起，因而梁端的角变形受到部分约束。这样，当大梁受载后，梁端会产生一定的负弯矩。

(1) 二层大梁在 30kg/m²、60kg/m²、90kg/m²、120kg/m²、150kg/m²、200kg/m² 分级加载的楼面荷载作用下，梁端约束弯矩的平均值约为按简支梁计算跨中最大弯矩的 70%；在 200kg/m² 荷载作用下的跨中最大挠度只有 0.508mm，相当于 $f/L=1/9850$。

(2) 三层大梁在 50kg/m²、100kg/m²、150kg/m²、250kg/m² 分级加载的楼面荷载作用下，梁端约束弯矩的平均值为按简支梁计算跨中最大弯矩的 50%；在 250kg/m² 荷载作用下的跨中最大挠度只有 0.741mm，相当于 $f/L=1/6750$。

(3) 二、三层大梁卸载后的残余变形分别只有最大挠度的 6.3% 和 6.2%。

这个试验说明，当有梁端墙体对梁端角变形的约束时，梁的跨中弯矩会有所减小。当

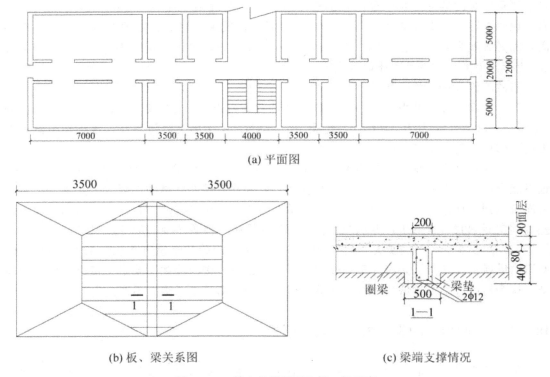

(a) 平面图

(b) 板、梁关系图

(c) 梁端支撑情况

图 10.11　某办公楼平面和板、梁示意

梁端上面所受的压力较大时(如二层),梁跨中弯矩可减少 50％左右;当这种压力较小时(如三层),梁跨中弯矩可减少 30％左右。推而广之,当这种压力为零约束完全放松时,梁跨中弯矩减少值也为零,也就是达简支梁跨中最大弯矩 $ql^2/8$ 的理论值。

（4）试验结果表明,梁端的约束程度还没有充分得到发挥。实际上,在墙体内得到安全嵌固,并与梁垫和圈梁浇筑成整体的梁头完全可以满足固端约束的要求。那么,跨中最大弯矩就可以从 $ql^2/8$ 下降到 $ql^2/24$,也就是下降到 30％左右。歪打正着,本例由于设计上的偶然过失,少配了跨中弯矩受力筋。而实际上却正满足了结构受力的实际需要,否则,就是浪费。

**2. 材料实际强度超过计算强度**

用回弹仪和混凝土强度测定锤测得的梁身混凝土强度均大于 $300kg/cm^2$,超过设计标号(C15 号)甚多。根据现场剩余钢筋试验得到的屈服应力均大于 $2960kg/cm^2$,也超过钢筋设计时的计算强度 $2400kg/cm^2$。由此估算大梁的承载力可增大约 23％。

**3. 楼盖面层参与受力**

楼板上有焦渣混凝土层和水泥砂浆抹面层,两者共厚 90mm,而且质地密实,和楼板粘结情况良好。这样,大梁的截面有效高度增加了,约可提高梁的承载能力的 10％。

**4. 板和梁的共同作用**

本设计在计算梁上荷载时不考虑梁板的共同作用,梁所承受的荷载就是板传给梁的支座反力。但实际上梁在荷载作用下会发生变形(下垂),因而板上的荷载要发生重分布。原来传给梁的荷载有一部分直接通过板传递给四周的墙，实际上传给梁的荷载减少了。

如用弹性理论考虑梁、板的变形协调，计算得出板与梁交接处的内力，就能算出梁所承受的实际弯矩。实际弯矩约比原计算弯矩小 9.5% 左右。

5. 以上分析说明本工程中的大梁可以继续使用，不需要进行加固

根据以上案例来检讨流行的一些砖混结构构件的理论计算方法和现行的一些规范条文，认为理论与实际之间有时相去甚远，值得反思。

理论计算上的力学模型与结构的实际传力途径产生脱节。可以说在砖混结构中，并没有完全的简支构件，即使是全预制梁板，也并非完全简支。何况对于设计安全水准日益提高，结构整体刚度和承载力标准日益提高的以现浇梁板为主的当代砖混结构来说楼、屋面梁板，基本上都是处于部分约束甚至是全部约束条件下。而习惯中的设计方法则仍然是以偏于安全考虑为理由，一律按简支的力学模型来进行构件的内力计算，与实际情况不符。本案例是一个颇为典型，很有说服力的案例。

理论分析与工程实践证明，现今的砖混结构楼屋面板的板端基本上是完全嵌固在圈梁与墙体内的，不可能是简支，支座负弯矩一般均要大出跨中正弯矩 2～3 倍。而习惯上的板支座配筋和规范条文规定的板支座结构配筋，均远远不能满足实际需要。

工程事故分析呼唤理论要更进一步结合实际。

## 10.2.3 砖砌体结构整体失稳引发的坍塌事故

### 1. 工程概况

1997 年 7 月 12 日，某县发生一起建筑面积 2500m² 的五层半砖混结构住宅楼倒塌的特大事故，造成 36 人死亡，3 人受伤，直接经济损失达 860 万元。

经全面调查认为，造成这起事故的原因是多方面的。主要原因是该楼房工程质量低劣，砖基础侵水失稳，导致整楼坍塌。

### 2. 直接原因

(1) 该楼基础砖墙质量低劣(主要是材料不合格，施工不规范)。一是砖的强度低，设计要求使用 100 号砖，但实际使用的都明显低于 75 号，而且基础砖墙的砖匀质性差，受水浸泡部分的砖墙破坏后呈粉末状；二是对工程抽样检验的六种规格钢筋有五种不合格；三是断砖集中使用，形成通缝，影响整体强度；四是按规范要求应使用中、粗砂，实际使用的是特细砂，含泥量高达 31%，砌筑砂浆强度仅在 M0.4 以下，粘结力很差。

(2) 擅自变更设计。设计图纸要求对基础内侧进行回填土，并夯实至 ±0.000 标高，但在建造过程中，把原设计的实地坪改为架空板，基础内侧未回填土，形成积水池。由于基础下有天然隔水层，地表水难以渗透，基础砖墙内侧既无回填土，又无粉刷，长时间受积水直接浸泡，强度大幅度降低。由于砖基础在受到水压力与土压力的重复作用，其稳定性显然成了最危险的薄弱环节。是年 7 月 8 日至 10 日，发生洪灾，该住宅楼所处小区基础设施不配套，无截洪、排水设施，造成该住宅楼砖墙脚和砖基础严重积水浸泡，强度大幅度降低，稳定性严重削弱，这是造成事故的直接原因。

3. 间接原因

凡是出现类似严重的工程事故，必与政府有关建设管理部门无所作为、管理松弛有关，导致了从开发建设的程序管理到具体的设计与施工管理紊乱无章，不堪收拾。因此经调查被认定为一起工作人员玩忽职守，管理紊乱引起的重大责任事故。

## 10.2.4 砖柱组砌工艺不规范引起房屋倒塌

### 1. 工程及事故概况

某地区建一座四层楼住宅，长 61.2m，宽 7.8m。砖墙承重、钢筋混凝土预制楼盖，局部(厕所等)为现浇钢筋混凝土。图纸为标准住宅图。唯一改动的地方为底层有一大活动室，去掉了一道承重墙，改为 490mm×490mm 砖柱，上搁钢筋混凝土梁。置换时，经计算确认承载力足够。但在楼盖到四层时，该独立砖柱压坏而引起房屋大面积倒塌。

### 2. 计算复核

房屋结构为标准图，已经过考验，而且工程地质条件良好，并无地基下沉失效等情况。据现场倒塌情况判断，倒塌原因显然是由砖柱被压酥引起的。设计砖的强度等级为 MU7.5，有出厂证明并经验收合格。设计砂浆强度等级为 M5。现验算如下。

荷载计算：结构恒载 $N_G=140.5kN$，使用荷载 $N_Q=80.37kN$

则设计荷载：$N_设=1.2N_G+1.4N_Q=1.2\times140.5+1.4\times80.37=281kN$

刚性方案，砖柱高取：$H_0=3.2+0.5$(地面以下到大放脚)=3.7m

高厚比：$\beta=3.7/0.49=7.55$

砖 MU7.5，砂浆 M5，查得砌体强度 $f=1.37N/mm^2$

承载面积 $A=0.49\times0.49=0.24m^2<0.3m^2$

故应取强度降低系数

$\gamma_a=0.7+A=0.7+0.24=0.94$

按中心受压柱计算由 $\beta=7.55$ 及 M5 查得 $\varphi=0.915$

可得
$$N_u=\varphi\gamma_a fA=0.915\times0.94\times1.37\times0.24\times10^6$$
$$=0.2828\times10^6N=282.8kN>281kN$$

可见原设计可满足要求。但施工过程中采用包心砌法。如图 10.12 所示。且砂浆强度达不到要求，按实际情况计算，按 MU7.5，M0.4 查得 $f=0.79N/mm^2$，考虑到柱芯起不到作用，承重面积减为 $0.49\times0.49-0.24\times0.24=0.1825m^2$。

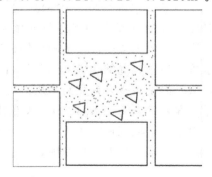

**图 10.12 砖柱包心砌法**

这样，砖柱承载力 $N_u = 0.915 \times 0.94 \times 0.79 \times 0.1825 \times 10^6 = 0.124 \times 10^6 N = 124kN$

$\gamma_0 = 124/281 = 0.441$

由于实际承载力与设计承载力相差太远，发生倒塌是必然的了。

由以上分析可知，违反施工技术规范的包心砌法，质量不能保证，其总承载力会大大降低，因此包心砌法引起的事故屡见不鲜，必须引起重视。

## 10.2.5 温度应力造成砌体结构倒塌事故

### 1. 事故概况

某供销社的建筑为三层混合结构，平面布置呈 T 字形，前面沿大街的大开间为营业厅，后面为住宅及办公用房。底层层高为 4m，二、三层的层高为 3.7m。地基良好，基础为毛石砌筑，承重墙为砖砌 24 墙。住宅及办公室开间 4.8m，现浇钢筋混凝土楼盖。营业大厅进深 9m，采用 300mm×800mm 断面的梁，梁板均为现浇，大梁支于宽 1000mm，厚 240mm，加 370mm×240mm 附壁柱的窗间墙上。墙体每层均设置圈梁，截面 240mm×240mm，配筋 4φ12。在⑧、⑥轴线上的大厅大梁与住宅、办公室区段的外墙圈梁连成整体，未设伸缩缝。建筑平面、剖面如图 10.13 所示。

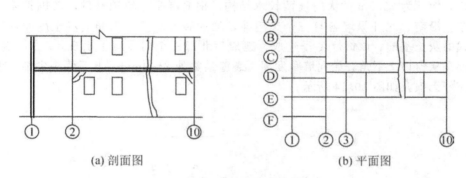

(a) 剖面图                    (b) 平面图

**图 10.13 某供销社建筑平剖面图**

该工程于 1976 年夏季开工，1977 年 4 月中施工到第三层窗口上沿齐平，营业厅部分突然全部倒塌。轴线①上的窗间墙全部倒向厅内，第二层楼面的轴线①上的梁头全部落地，而轴线②梁的支座基本上未动，但梁被折断。三层楼面与住宅脱开而下坠。经现场检查认定，施工质量合格，地基良好无下沉迹象，现浇梁板配筋，均偏于安全，倒塌原因曾引起争议。

### 2. 原因分析

因为营业厅倒塌是从底层砖墙破坏开始的。因而人们大都倾向于事故是由于营业厅带砖垛的窗间墙承载力不足引起。但经反复验算，按 MU5 砖及 M5 砂浆等级计算，底层砖垛承载力 $N_u = \varphi f A = 361.68kN$，即令砂浆等级取 M1，仍可达 $N_u = 263kN$，而设计所需承载力仅为 253.7kN，可见承载力可满足要求。既然砌筑质量合格，则认为窗间墙不是倒塌原因。

进一步分析可以确认事故真正原因是温度应力造成的。砖混结构的温度应力是人们熟知的，但通常不进行计算，如建筑物长度过长，一般按规范要求设置伸缩缝。即使有些建筑未设置伸缩缝，造成了墙体开裂，但一般不会导致房屋倒塌，因而设计人员往往对此不特别重视。这里，因平面体型特殊，温度应力成为了引起房屋倒塌的主要原因。如图 10.4(a) 所示。可见在楼盖下的纵墙上有八字形裂缝。这是由于降温冷缩造成。因混凝土与砌体的温度线膨胀系数不同，且混凝土干缩量大。

楼房于夏季开工，施工到二层楼板时尚在初秋(当地最高气温在 30℃以上)，而随着施工进展，进入冬季(平均气温在 1～5℃)，钢筋混凝土楼盖(包括圈梁)冷缩较大而受到砌体的制约，当砌体的强度不足以抗拒时而发生裂缝。在一般情况下，砌体一旦开裂，则等于约束解除，应力释放，残余变形不大，不致危及安全。但在本案例的特殊情况下，在轴线⑩处，应力释放后应无问题。而在轴线②与①处，则因 B、E 轴线上大梁与外墙圈梁相连成整体，混凝土梁冷缩产生的拉力顺大梁直接传到了轴线①外墙上，再加上轴线ⓒ、ⓓ梁的冷缩力共同作用，从而造成窗间墙内倾、倒塌，继而梁头下沉，最终造成整体倒塌事故。

## 10.2.6  地基土冻胀引起砌体结构开裂事故

北京某饭厅为 29.5m 的大跨度两铰木结构，钢筋混凝土单独基础，砖围护墙。饭厅正门向东。沿南、北外纵墙各有三个边门斗，均为砖墙承重，钢筋混凝土屋面，200mm 深浅埋式的灰土基础。该饭厅冬季建成，建成后北部三个门斗墙上出现 45°方向斜裂缝，其形状都是从窗口上下角开始向墙角发展，裂缝最宽处 2～3mm，上下两头尖细。南部三个门斗完好无损，如图 10.14 所示。

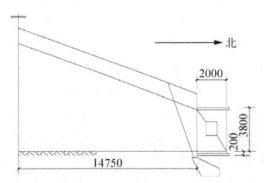

**图 10.14  某饭厅门斗墙因地基土冻胀而开裂示意**

起初，曾怀疑北侧地基不好，主体结构下沉，但经观察，主体结构并无明显沉降。后来挖开北部门斗基础，发现埋深仅 200mm，基础下面土的颗粒间有冰碴。仔细观察北门斗地面，有隆起现象，离北纵墙愈远处地面隆起愈高。相反，挖开南部门斗基础，虽埋深相同，但基础下面土未遭冻结，地面也无隆起现象。接着在北纵墙附近日照阴影范围内的天然地面挖坑，发现地面下 450mm 深度以内的粉土层均已冻结；相反，在南墙根类似地面挖坑，却无冻结现象。

因此可以确认，北门斗墙开裂是由于墙基埋深太浅遭受土的不均匀冻胀力的结果(北门斗内部冻结深度浅、冻结力小，而外部冻结深度深、冻胀力大)；南门斗下土层因有日照影响未曾冻结。处理措施是立支柱将北门斗屋面板顶起，将侧墙和墙基拆除，重新做素混凝土基础，埋置深度为室外地坪下 600mm 处。按此做法处理后，冻结病害得到根治。

# 10.3 砖混结构裂缝的特征及产生原因

## 10.3.1 砖混结构墙体上的正八字形裂缝

在砌体结构的顶层墙体上和底层墙体上比较容易发生一些斜向裂缝，通常位于窗的上下对角线上，成 45°斜向发展，左右对称而形成正八字形裂缝，如图 10.15 所示。它的产生原因主要有以下几点。

1. 外界环境温度的变化

砌体结构的屋盖一般是采用钢筋混凝土材料。墙体是采用砖或砌块。这两者的线膨胀系数相差比较大，钢筋混凝土的线膨胀系数为 $1.0 \times 10^{-5}$，砖墙的线膨胀系数为 $0.5 \times 10^{-5}$。所以在相同温差下，混凝土构件的变形要比砖墙的变形大 1 倍以上。两者的变形不协调就会引起因约束变形而产生的附加应力。当这种附加应力大于砌体的抗拉应力时就会在墙体中产生裂缝，当温度下降板面冷缩量大于墙体冷缩量时，就会出现正八字形裂缝，如图 10.15(a)所示。

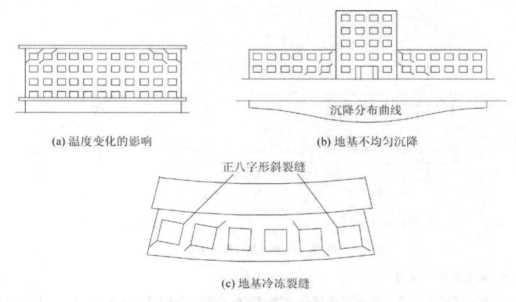

(a) 温度变化的影响       (b) 地基不均匀沉降

(c) 地基冷冻裂缝

**图 10.15　正八字形裂缝示意**

2. 地基不均匀沉降

支承整栋房屋的下部地基会发生压缩变形，当地基土质不均匀或作于地基上的上部荷载不均匀时，就会引起地基的不均匀沉降，使墙体发生变形，而产生附加应力。当这些附加应力超过砌体的抗拉强度时，墙体就会出现裂缝，而且当房屋中间部分沉降过大，两边沉降过小时，就会出现正八字形裂缝，如图10.15(b)所示。

**3. 地基的冻胀**

地基土上层温度降到0℃以下时，冻胀性土中的上部水开始冻结，下部水由于毛细管作用不断上升在冻结层中形成冰晶，体积膨胀，向上隆起可达几毫米至几十毫米，其折算冻胀力可达$2 \times 10^6$MPa，而且往往是不均匀的，建筑物的自重往往难以抗拒，因而建筑物的某一局部就被顶了起来，引起房屋开裂，当房屋两端冻胀较多，中间较少时，在房屋两端门窗口角部产生形状为正八字形斜裂缝，如图10.15(c)所示。

## 10.3.2 砖混结构墙体上的倒八字形裂缝

在砌体结构的顶层墙体上和底层墙体上，也容易发生位于窗的上下对角线上成45°斜向发展，左右对称而形成的倒八字形裂缝，如图10.16所示。它的产生原因主要有以下几点。

**1. 地基的冻胀**

当房屋两端冻胀量较小，中间较大时，在房屋两端门窗口角部位会产生形状为倒八字形斜裂缝，如图10.16(a)所示。

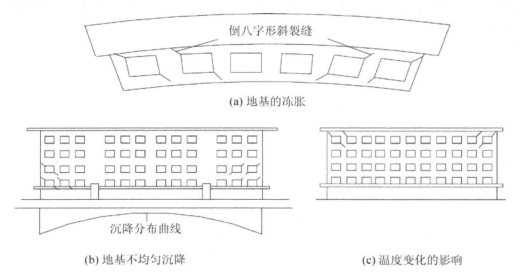

(a) 地基的冻胀

(b) 地基不均匀沉降　　　　(c) 温度变化的影响

**图10.16　倒八字形裂缝示意**

**2. 地基不均匀沉降**

不均匀沉降发生后，沉降大的部分砌体与沉降小的部分砌体产生相对位移，从而在砌体中产生附加的拉力和剪力。当这种附加内力超过砌体强度时，砌体中便产生裂缝。裂缝大致与主拉应力方向垂直，裂缝倾向一般朝沉陷大的部位，当房屋的两端沉降过大，就出现倒八字裂缝，如图10.16(b)所示。

3. 温度变化的影响

当外界温度上升时，钢筋混凝土屋盖的热胀量大于砌体结构墙体的热胀量，从而在墙体与顶板接触的界面上产生一组向外的剪胀力，这组水平剪胀力与垂直压应力组合成的主拉应力值超过墙体的抗拉强度就出现了倒八字裂缝，如图10.16(c)所示。

## 10.3.3 砖混结构墙体上的垂直裂缝

砌体结构在荷载和变形的作用下，在一些部位易出现垂直裂缝，其原因较为复杂，一般有以下几种。

1. 温度的影响

房屋在正常使用条件下，当墙体很长时，由于温缩和干缩，会在墙体中间出现垂直贯通裂缝，而且可能使楼(屋)盖裂通，如图10.17(a)所示。同时在房屋楼盖错层的端部、圈梁的端部，外廊和雨篷梁的端部会出现局部的垂直裂缝，如图10.17(b)所示。

2. 荷载作用的影响

(1) 因墙体不同部位的压缩变形差异过大而在压缩变形小的部分出现垂直方向的剪胀裂缝，如图10.18(a)所示，底层窗下墙上的垂直裂缝。

(2) 因墙体中心压力过大，在墙体出现垂直裂缝，裂缝平行于压力方向，先在砖长条面中部断裂，沿竖向砂浆缝上下贯通，贯通裂缝之间还可能出现新的裂缝，如图10.18(b)所示，为典型的剪切裂缝或剪拉裂缝。

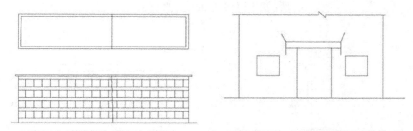

(a) 较长外纵墙上的垂直裂缝      (b) 圈梁端、雨篷梁端部垂直裂缝

**图 10.17 温差影响形成垂直裂缝示意**

(3) 因墙体受到与砖顶面平行的拉力，而在墙体中出现垂直裂缝，裂缝垂直于拉力方向，沿竖向砂浆缝和水平砂浆缝形成齿缝，或由于砖受拉后断裂，沿断裂面和竖向砂浆缝连成通缝，成为垂直裂缝，如图10.18(c)所示，为典型的轴拉裂缝。

(4) 当墙体为小偏心受压时，在近压力的一侧会发生平行于压力方向的垂直裂缝，它出现在沿砖长条面中部断裂并沿竖向砂浆缝上下贯通，如图10.18(d)所示，为压剪裂缝。

(5) 当墙体在局部压力作用下，也会在一定范围内出现垂直裂缝。如果局部面积较大时，在局部受压界面附近的局压面积以内，形成平行于压力方向的密集竖向裂缝，受压砖块断裂，甚至被压酥，如图10.18(e)所示。如果局压面积较小时，在局部受压界面附近的局压面积以内，形成大体平行于压力方向的纵向劈裂裂缝，如图10.18(f)所示，均为压屈碎裂前的剪胀现象。

（6）在水平灰缝中配有网状钢筋的配筋砌体。在压力的作用下，会把网状钢筋片之间的砌体压酥，出现大量密集、短小、平行于压力作用方向的裂缝，如图 10.18(g)所示，为压屈碎裂现象。

（7）由于水平地震作用使墙体发生横向水平位移，会在纵墙或纵横墙交接处产生垂直裂缝。按砌体质量不同大体上分为以下几种情况。

当纵墙横墙分别施工，留有"马牙槎"时，垂直裂缝常表现为锯齿形，如图 10.19(a)所示。

当砖块强度很低或者砌筑中纵墙留有槎时，垂直裂缝表现为直线形，如图 10.19(b)所示。

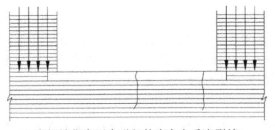
(a) 窗间墙集中压力引起的窗台上垂直裂缝

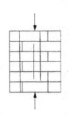
(b) 窗间墙集中压力引起的竖向裂缝

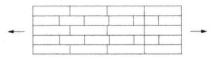
(c) 墙顶水平力引起的墙上竖向裂缝

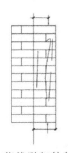
(d) 墙顶偏心荷载引起的竖向弯拉裂缝

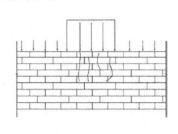
(e) 局部压力引起的劈裂裂缝

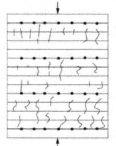
(f) 压屈剪胀裂缝

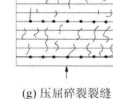
(g) 压屈碎裂裂缝

**图 10.18　荷载影响形成垂直裂缝示意**

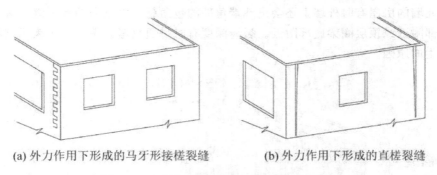

(a) 外力作用下形成的马牙形接槎裂缝　　　　　(b) 外力作用下形成的直槎裂缝

**图 10.19　水平地震作用形成的垂直裂缝示意**

当水平地震作用很大而砌筑质量又不佳时，有些纵墙上的竖向裂缝会发展到使纵墙向外倾倒。

## 10.3.4　砖混结构墙体上的水平裂缝

在墙体上引起水平裂缝出现的原因主要有温度变形和荷载作用，以及地震作用。下面分析一下这几个原因。

### 1. 温度的影响

不少房屋的女儿墙建成后不久即发生侧向变形，即在女儿墙根部和平屋顶交接处砌体外凸或女儿墙外倾，造成女儿墙墙体开裂。这种开裂缝有的在墙角，有的在墙顶，有的沿房屋四周形成圈状，如图 10.20(a)、(b)所示。其规律大体是短边比长边严重，房屋越长越严重。产生这种现象的主要原因是气温升高或降低后，混凝土屋顶板和水泥砂浆面层沿长度方向的伸长或缩短变形比砖墙体大，砖墙阻止这种伸长或缩短，混凝土顶板就对砖墙砌体产生外推力或内挤力造成裂缝。温差越大，房屋长度越长，面层越密实越厚，这种外推力或内挤力就越大，裂缝就越严重。

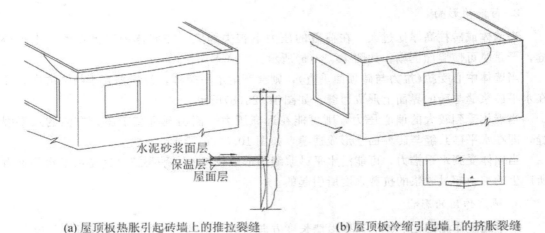

水泥砂浆面层
保温层
屋面层

(a) 屋顶板热胀引起砖墙上的推拉裂缝　　　　　(b) 屋顶板冷缩引起墙上的挤胀裂缝

**图 10.20　因温差引起的女儿墙裂缝示意**

无女儿墙的房屋有时外墙上还会出现端角部的包角缝和沿纵向的水平缝。裂缝位置在屋顶板底部附近或顶层圈梁底部附近。裂缝深度有时贯通墙厚。图 10.21 表示这种裂缝的情况和产生的原因。

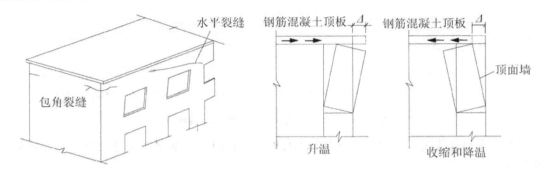

图 10.21　因温差引起的外墙包角和水平裂缝示意

在比较空旷高大的房屋的顶层外墙上,常在门窗口上下水平处出现一些通长水平裂缝,有壁柱的墙体常连壁柱一齐裂通。也是因温度变化后屋面板的纵向变形比墙体大,外墙在屋面板支承处产生水平推力的缘故,如图 10.22 所示。

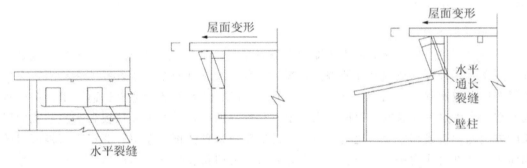

图 10.22　因温差引起的外墙水平裂缝示意

2. 荷载的影响

当墙体或砖柱高厚比过大,在荷载的压力下丧失稳定,在墙体中部突然形成水平裂缝,严重时可使墙面倒塌,如图 10.23(a)所示。

当墙体中心受拉(拉力与砖顶面垂直),则会产生水平裂缝,裂缝垂直于拉力方向,即在水平砂浆缝与砖的界面上形成通缝,如图 10.23(b)所示。

当墙体受到较大的偏心压力,则可能在远离压力一侧出现垂直于压力方向的水平裂缝,即在水平砂浆缝与砖界面上形成通缝,如图 10.23(c)所示。

当墙体受到水平推力,可能沿水平砂浆缝面形成较长的水平裂缝,这是由于水平推力所产生的剪力超过砂浆的抗剪强度所引起的。

3. 地震作用的影响

水平地震作用会在墙体上产生沿墙长度方向的水平裂缝,产生的原因有以下几项。

(1) 因墙体与楼盖的动力性能不同使彼此在水平地震作用下发生错动,以致墙体在砌体截面变化处被剪断,如图 10.24 所示。

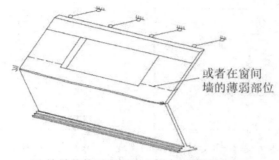

或者在窗间
墙的薄弱部位

(a) 地震荷载下窗间墙上的水平剪切裂缝

(b) 地震荷载下砖墙上的垂直剪切裂缝　　(c) 地震荷载下砖柱上的水平剪切裂缝

**图 10.23　荷载的影响形成水平裂缝示意**

（2）因墙体发生局部弯折而产生，常出现在空旷房屋的外纵墙或山墙上，如图 10.24 所示。

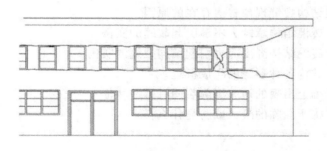

**图 10.24　通长水平裂缝**

4. 膨胀土胀害作用影响

膨胀土地基上的砖混结构是墙上水平裂缝出现几率最高的，将在后面第 13 章专门介绍。

## 10.3.5　砖混结构墙体上的交叉裂缝

与钢结构和钢筋混凝土结构相比，砌体结构的抗震性能是较差的。地震烈度为 6 度时，对设计不合理或施工质量差的房屋就会产生裂缝。当遇到 7～8 度地震时，砌体结构的墙体大多会产生不同程度的裂缝，标准低的一些砌体房屋还会发生倒塌事故。

地震引起的墙体裂缝大多呈 X 形，如图 10.25 所示。这是由于墙体受到反复作用的剪力所引起的。

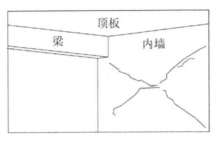
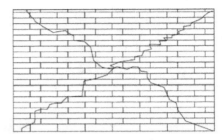

(a) 地震力反复作用下水平裂缝与X交叉裂缝同时出现　(b) 地震力反复作用下，只出现X交叉裂缝

**图 10.25　X 形裂缝**

### 10.3.6　砖混结构墙体上的树杈形杂乱裂缝

在砌体结构房屋的四周外墙和某些内墙上，有时会出现许多杂乱无章的树杈形裂缝，这类裂缝产生的机理最为复杂，膨胀土地基的反复胀缩变形是产生这类裂缝的主要原因，将在后面第 14 章作机理分析。

# 思　考　题

1. 试谈谈砖混结构裂缝现象普遍存在的原因。
2. 试举出一个砖混结构承载力不够引起裂缝的实例。
3. 试举出一个砖混结构温度应力引起结构裂缝的实例。
4. 试谈谈砖混结构各种裂缝的生成机理。
5. 砖混结构砖墙上出现的地基沉降裂缝有哪些特征？
6. 当前砖混结构所面临的最大威胁是什么？

# 第11章
## 地下室上浮、复位损毁事故分析实例

一要从这一震惊中外的罕见事故中认识工程事故的偶然性与必然性；二要从这一事故中识别天灾与人祸的区别。最重要的还是应该寻求从当前大规模的地下室建设，而地下室上浮事故则陷入四面楚歌的困境中解脱出来的有效办法。因此必须在以下几个方面作出努力。

（1）了解失事工程的基本情况。

（2）对抢救方案做出充分论证。

（3）总结失败经验。

（4）寻找新的出路。

牵引归位；软着陆；注浆固底；结构补强。

**引言**

这里的教训对于应对当前频繁出现的工程事故，比如大楼坍塌、大桥坍塌，还是有现实意义的，因为人们所犯的始终是一些设计、施工、管理工作中的低级错误。

自《中国地质灾害与防治学报》、上海《报刊文摘》等多家媒体先后就 1996 年 9 月 21 日发生在海口市某商场两层地下室工程骤然上浮高度达 5.8m 以上的罕见事故进行报道以后，境内境外、业内业外对此意外事故莫不一片哗然，极表关注。在进行地下室复位与加固处理过程中，虽然多次召开过广泛的专家论证会，又由于操作不得法，执行不得力，不仅造成地下室彻底损毁报废，还导致人员伤亡事故。损失惨重，教训深刻，现就所见所知，对此事故作些分析。

## 11.1 基 本 情 况

建于海口市东方洋小区的某商场为地上 4 层、地下 2 层的钢筋混凝土框架结构，平面呈 61.8m×48.6m 的缺角矩形。商场四周有 4 栋高层建筑，地上 21 层，地下 1 层，剪力墙结构，桩筏基础，已竣工 2 栋。商场则采用天然地基，筏板基础，持力层为硬粘土，标准承载力为 200kPa 以上，拥有较大的安全储备。基底面标高为 −11.2m，地下室顶板面标高 −0.5m，地下室全高 10.7m。于 1994 年春完成了地下室主体结构以后，因故延至 1996 年夏季才做完地下室外防水，正在回填施工中。

1996 年 9 月 20 日，适逢当年第 18 号强热带风暴侵袭海口，潮位上涨，地下室顶板浸水深度 500mm 左右。现场施工人员对此情况未加注意。在 21 日凌晨，体积达 30000m³ 以上的巨型地下室，陡然升高 5~6m。地下室上浮和紧随其后的暴风雨在当地造成了极大的混乱。顷刻间，信息遍及全国、东南亚，甚至全世界均有报道。

## 11.2 事 故 原 因

由于地下室尚未完成回填土，施工中为了防止地下室进水，将所有地下室顶板和侧墙上的预留口和管道孔都进行了严密封堵，因此在地下室处于警戒水位时，失去了自动灌水压重抗浮的功能。水的浮力很大，完全依靠地下室的自重和底板与粘土地基之间有限的一点粘着力来抗浮显然无济于事。这就是地下室整体浮起事故的必然原因。

经验算，得到以下抗浮参数。

（1）地下室（以下简称箱体）自重：
$$W = 149280\text{kN} \approx 150000\text{kN}$$

回填土重：$W_1 = 29150\text{kN}$

筏底面积：$F = 3040\text{m}^2$

（2）不计回填土，不计基底粘着力的压重抗浮强度：
$$\frac{W}{F} = \frac{150000}{3040} = 49\text{kN/m}^2 \tag{11-1}$$

即抗浮警戒水深为 4.9m，警戒水位为 4.9−11.2＝−6.3m，当坑内水位上升到 −6.3m 以上时，箱体就会上浮。

（3）计算回填土的压重作用，不计基底粘着力的抗浮强度：

$$\frac{W+W_1}{F}=\frac{150000+29150}{3040}=58.9\text{kN/m}^2\ \text{取 }60\text{kN/m}^2。 \qquad (11-2)$$

即回填土完成以后的抗浮警戒水深为 6.0m，警戒水位为：$-11.2+6=-5.2$m。

这说明即使做完了回填土，只要警戒水位高出$-5.2$m时，箱体也必然上浮，上浮以后的最大吃水深度为 6.0m，即箱顶露出水面为 $10.7-6.0=4.7$m，当水位高出原有箱顶标高达 1.0m 以上时，地下室实际上浮量将达 5.7m 以上。

# 11.3 事故性质述评

为了探索可行的地下室复位加固措施，必须对事故的发生发展过程及其受损情况有一个正确的认识。积水消退以后，根据在基坑内水位处于$-1.5$m标高的稳定情况下所做的检测记录：箱体基本上是以西端高出东端 1100mm 的倾斜姿态，整体漂浮在水面上，西端顶板面高出水面 5.85m，东端顶板面高出水面 4.75m，西端吃水深度为 4.85m，东端吃水深度为 5.95m，平均吃水深度为 5.4m，与不计回填土压重的理论计算吃水深度 4.9m 相差 0.5m，这 0.5m 的差额除了箱内平均积水深度约 0.3m 以外，就是底板周边漂出带上残存的部分回填土和底板面粘附带起的地基土。而且更主要的是底板下粘附带起的这部分土体对箱体下沉归位会起阻滞作用，必须引起重视。

出现整体倾斜的原因主要是箱体东端有属于高层部分的独立梁、柱体系与之相连结。在上浮过程中箱体直接受到梁柱体系牵制。当然，与箱体本身的形心与重心偏离也有关系。从外观检查，漂浮在水面上的箱体除了外围墙面的 120mm 砖砌防水保护墙剥落外，顶板与墙面上未见结构变形与裂缝，箱体内积水不多，说明底板也不裂不漏。只要对箱体进行归位，并对基底持力层进行加固，即可完全恢复使用功能与承载力功能。

但是，以下几方面的情况表明事故性质是严重的，增加了事故处理的难度，不能掉以轻心。

（1）从以上浮力分析和现场反映可知，地下室猝然上升现象并不是出现在警戒水位上，由于基底持力层的粘结力在起作用，临界破坏状态是出现在环境水位漫过地下室顶板 1000mm 以后，此时猝然遭到基底粘着力屈服而上升。上升后保持 6000mm 的理论吃水深度，则箱顶升出水面为 4700mm，已整体升离原位 5700mm。在这样的剧烈运动条件下，必然已将周边回填土全部甩到箱底周边漂板以下。而且在稳定水位下箱体底板仍漂离基底平均深度达 4700mm，历时一月有余，基坑周围堆存的零星建筑材料与建筑垃圾已全部被洪水冲进坑内。尤其是西北角的护坡桩失稳，边坡坍塌，大部分防水护墙砖头已掉到周边漂板以下，造成箱体归位的最大障碍，必须予以彻底清除，但难度极大。

（2）由于箱体在上浮过程中受到东端独立梁柱体系的牵制导致整体倾斜，并向东、向北两侧挤压，使局部护坡桩与止水排桩遭到破坏，止水功能丧失。在事故处理过程中持续降水，将对东、北两栋已建高层建筑物的桩基水平稳定构成威胁。

（3）持力层受到扰动，破坏是严重的，应予处理。

（4）归位加固后的建筑物抗浮问题始终是问题的核心，因为上面四层的压重很有限，应该首先考虑。

（5）在复位过程中保持箱体结构不受严重损伤是最终目标。否则，加固费用过大，甚至造成废损，将失去一切意义。

## 11.4 处理方案

关于箱体归位加固方案，曾经召开过规模不小的专家论证会。一些专家认为：当务之急是箱体归位，怕的是夜长梦多，因此其他问题都是次要问题，具体办法可以不拘一格，宜实行动态控制。关于应变措施，可以随时调整，也就是主张采取走一步看一步的灵活方针。也有专家主张归位、加固、抗浮三者必须统筹兼顾，而核心问题仍是抗浮问题。因为根据理论计算，即使在基坑回填甚至上部建筑竣工荷载加满以后，压重仍嫌不足，难以满足抗浮要求。因此事先必须有一个通盘的、比较周密的实施方案，否则将是劳而无功。这一指导思想受到设计单位的赞同，之后曾试拟过一个实施方案，其概要如下。

### 11.4.1 封闭止浮

根据工程地质情况，两个主要的含水层分布在−4～−6m之间及−20m以下，中间是深厚的硬粘土止水层。但由于高层桩基和本工程护坡桩的施工，已将硬粘土止水层穿透，使两个含水层的水通过桩土界面的渗水通道互相沟通，并将地下水（承压水）引至基底界面，成为今后长期面临上浮威胁的主要水源。要消除浮力威胁，除了要及时和仔细做好基坑回填、杜绝地表水下渗之外，还要切实恢复基坑周围止水帷幕的止水功能，使之成为不透水的封闭圈，使基底不承受水压。这也是保证在箱体归位加固处理过程中进行持续降水时，不至于危害高层桩基安全的必要措施。

### 11.4.2 抓斗打捞

由于箱体底板沿周边漂出有750mm宽，掉入基坑内的渣料分两部分，大部分落在漂板上，清除难度不会大。妨碍箱体归位的是掉落在坑底的渣料。靠近基坑东、北两侧，由于底板漂出带已紧贴坑壁，使坑底打捞清渣工作无处下手，必须首先将这宽750mm、厚800mm的漂出带局部凿除，开出清渣窗口，由潜水员下到坑底，经过仔细观察以后，再用小型抓斗将基底残渣尽量清除。沿西、南两侧的底板漂带边沿离坑壁还有一定距离，可容潜水员直接下到坑底打捞清渣。最困难的是粘附在底板下的块体，只能用高压水枪将其吹落吹散，再用泥砂泵抽出。基本恢复基底和持力层的两个平整面，以便下落就位。

## 11.4.3　牵引归位

由于箱体在上浮过程中受风向和洪流的影响，并受东端梁柱体系的牵制，上浮后形成向东倾斜，并向北和东位移，使箱底飘出带抵住护坡桩，产生咬合力，将箱身卡住。因此归位之前必须将牵制解除，然后才可进行多点牵引拨正。

考虑箱体粘附物为均匀分布，根据图解法求得箱体的重心偏离形心约3000mm，可以用箱内局部注水压重法试行调整重心，以达到整体平衡便于拨正的目的。

因为地下室设计为货栈及停车场，整体刚度较小，所以在进行拨正前必须对箱体内部进行必要的支撑加固，牵引点必须分散着力。着力点以选择在西、南两侧标高分别为—0.50m与—4.50m板面梁柱节点处的墙面上为宜。牵引动力可用慢速绞车或人工倒链。

对拨正归位还应事先提出精度要求。为了不影响建筑物的使用功能，认为把误差限制在以下幅度内是合理的，也是完全可以实现的。

（1）形心坐标误差：±500mm。

（2）轴线偏斜误差：<1°。

（3）水平复位误差：不大于+500mm。

## 11.4.4　软着陆

由于持力层和基底面很难恢复理想平面的平整度，箱体下落时必然会由于接触面不吻合而产生不均匀的内力与变形，导致裂损。因此，只能采用软着陆方式将箱体逐步沉落下去。首先要对箱底清渣情况进行检查与验收，然后开始坑内降水，使坑内水位保持在抗浮警戒水位以上1000mm左右。于是开始向坑内投注适量的粉煤灰，形成相当于固结厚度约500mm左右的浆液。待粉煤灰浆液均匀分布并开始沉淀时，继续从特设的过滤井内进行坑内降水，直至浆液固结，箱体随之平稳下落为止。

## 11.4.5　注浆固底

箱体平稳着陆以后，可对底板进行一次敲击检验，在空虚部位的底板上钻孔进行初次重点灌浆。浆液仍用粉煤灰调制。初灌完毕，再在底板上均匀布孔，并敷设高压灌浆管网系统，向底板下全面灌注水泥浆。随着注浆压力的升高，应在箱内进行相应的注水或箱顶铺砂压重，以免箱体被顶起。注浆压力应控制在300kPa以内，以保持对持力层进行适度加固为限。

进行底板注浆时，尤应重点进行底板周边与护坡桩接缝的注浆，使之与外围止水墙密接，形成密封圈，使地表水和地下水均无法渗入基底面。

### 11.4.6　结构补强

结构补强工作应在仔细对箱体结构的裂缝情况进行全面检查与分析后进行。如果箱体归位方案执行得比较认真的话，结构不会受损，补强工作量是很有限的。

### 11.4.7　人身安全

要保证方案实施顺利，并把费用降到最低限度的关键是首先保证人身安全。因为从方案实施的全过程看，所消耗的材料和动力很有限，人力消耗，尤其是水下作业的熟练劳动力消耗占最大比重。只要保证了水下作业人员的人身安全，为他们创造了良好的工作条件，就能保持良好的工作情绪和高昂的战斗力，就没有克服不了的困难。因此必须采取以下安全措施。

1. 换水清污

坑内积水含大量地表污染物，宜首先用高压水枪将积水搅混，然后用沙泵抽水，用清水补灌，以保持水位，使积水中的粉粒、粘粒、胶粒甚至细砂、碎屑等污染物被初步清除，提高水的清洁度。

2. 加矾澄清

为了保持水下作业良好的可见度，宜在集中进行水下作业前，在坑内加适量明矾，使水澄清。

3. 加氯消毒

为了满足水下作业的卫生要求，事先宜适量投入漂白粉或氯气进行消毒。

## 11.5　实 际 行 动

现场行动是迅速的，只可惜并没有按计划推进，而是手忙脚乱。水下作业条件根本无人关注，作业效果也无人检查，而急于拨正归位。结果遇到了重重困难，进展缓慢。折腾了近半年，弄得筋疲力尽，不仅坐标和标高没有一点逼近目标，连倾斜度也没有纠正。最后卡死在东端冒出地面 600mm，西端冒出地面 1500mm，东西高差达 900mm 的倾斜歪扭状态，已无法拨正。被迫就此进行了匆匆回填。从箱顶和外墙面看，结构裂损变形已相当严重。显然已无法归位加固，只得申请报废。不仅上千万的投资全部损失，还在复位过程中造成了人员伤亡事故，损失惨重。

## 11.6　一 点 反 思

事情已经过去多年，一切损失也已经作为"天灾"报销。但从总结技术经验着眼，认为还值得作一点反思。强热带风暴只是一年一度的客观规律，18 号台风更无异常，只是多下了一点雨，潮位有所上涨。对于沿海工程来说，这也是司空见惯的事，不足为奇。地下工程防水抗浮，本来是设计与施工方面都应该有的防范意识。即使已经造成上浮事实，但毕竟还没有带来严重损失，只要能拨正归位，即可免受重大损失。应该总结经验教训，这样才会对今后的工作有所帮助。

# 11.7　一道难题

自从 1996 年亲历了海口市东方洋小区商场地下室上浮事故，并随即写出了上面的文字作为技术总结，还在相关的学术会议上进行过交流。自以为这一问题在理论上并没有什么新奇，在实践中也并不存在太多难点，应该算是已经有了定论，应该能得到工程学术界认可。殊不知展望一下全国近况，盘点一下近年来出现的工程事故案例，地下室上浮事故竟然还是层出不穷。仅得到学术界密切关注的大型地下室上浮事故就不下 30 起，其中海口、深圳各 2 起，台湾一省就 5 起（花莲、员林、彰化、高雄、大直各一起），其他凡是地下水位较高的城市，如大连、青岛、宁波、厦门、惠州、佛山、珠海等沿海城市，甚至合肥、重庆等沿江城市，莫不榜上有名。至于还有多少案例是基于面子工程、政绩工程或者是家丑不可外扬的传统观念而被悄悄地"信息封锁"，就不得而知了。这一切都说明关于地下室上浮问题已成为当前土木建筑工程学术界所面临的一道难题。其根本原因在于以下方面。

1. 地下室规模空前

当前地下室的规模可以说是空前的，多层或单层地下室的占地面积，动辄达成千上万平方米。比如某一高达 100m 的群楼广场，就以一占地面积为 30000m² 的两层地下停车场为基座。以 PHC 桩承重，顶板覆土厚度仅 800mm，施工期间就因为地下室底板承受的地下水浮力太大而导致底板隆起裂损，甚至有局部或整体上浮的趋势。连规模很小的深圳某 7 层连体楼的一层地下室，占地面积也达 2860m²，采用筏板基础，终因地下水位高，受浮强度高，地下室底板的承压面积大，导致了地下室整体上浮，最大上浮值达 397mm。

地下室建造规模日趋庞大是为了满足城市停车场地的迫切需要，也是一个不以人们意志为转移的自然发展趋势。上部建筑的压力分布既不可能做到满堂均匀，下面地基土的承压能力、渗水能力、水压（浮力）分布也不可能协调一致，这就难免会出现地下室底板先被局部突破，然后全部裂损，继而整体坍塌的悲剧。

2. 桩的抗拔能力很不可靠

由于各种预制桩，包括钢管桩和 PHC 桩的外表面都非常光滑，而各种现浇钻孔桩或沉管桩的缩颈，夹泥断桩现象又非常普遍，指望桩身抗拔来抗浮（拔）显然是极不可靠的。

3. 桩周引水作用很可怕

本来，地基土的构造中就有贫水层、富水层、承压水层和隔水层之分，互不干扰、水位稳定。一旦经过桩基施工的破坏（贯穿）作用，阻水层就被突破，就可以将下卧层的承压水迅速调集到地下室底板或桩基承台板下，形成极大的浮力。地下室上浮事故也就在所难免了。

**4. 抗浮技术理论上不成熟**

这正是基于桩基技术的不可靠。

**5. 抗浮设计规范条文不具体**

这是一个还在探讨中的课题。

至于如何破解这道难题，不妨在此大胆地提出一项建议：不妨放弃或最后考虑传统桩基技术，优先使用三维空腹筏板强化天然地基预应力锚拉抗浮技术，同时辅以对地下室底板和外围施以切实可靠的防水、隔水技术，控制地下水位，一定能够收到事半功倍的效果。

# 思 考 题

1. 正在施工过程中的地下室为什么会浮起？
2. 地下室上浮以后能够让它安全复位吗？
3. 从罕见的地下室上浮事故中能吸取哪些教训？
4. 从地下室归位失败中能吸取哪些教训？
5. 对近年来频繁出现的大型地下室上浮事故的原因作何解释？
6. 如何破解大型地下室上浮这道技术难题？

# 第12章
# 钢筋混凝土结构裂损分析

## 教学目标

钢筋混凝土结构是当前覆盖面最广、使用量最大的一种结构形式，其设计技术与施工工艺都比较复杂，因此其事故率也最高，事故分析与处理的难度也最大。建议在教学中作为重点内容来关注。主要从以下5个形成事故的原因下手，并结合大量工程实例来加以论述。

(1) 地基基础问题。

(2) 施工质量问题。

(3) 设计技术问题。

(4) 天灾方面原因。

(5) 人祸方面原因。

## 基本概念

框架结构；框剪结构，全剪结构，一柱一桩框架；桩柱倾斜机理；桩周土挤土效应；软弱透镜体的挤出效应；沉降曲线和沉降不均；复杂结构平面和柱下沉降量叠加；施工质量问题的普遍性与偶然性；框剪或全剪结构中的温度应力；复杂结构平面高层中的奇异水平裂缝。

## 引言

钢筋混凝土结构是当前覆盖面最广，使用量最大，也是设计与施工难度较大的一种结构形式。在这方面最能体现工程师的技术素养，有很高的实用价值，必须优先掌握它。

随着时代的进展，砖石结构、竹木结构已逐渐退出历史舞台，纯钢结构独占超高层和大空间领域，钢筋混凝土装配式结构和砖混结构则由于耐震能力低，整体安全性差，在使用范围上受到限制。因此，整浇钢筋混凝土结构早已成为当今世界上使用面最大，最受欢迎的一种建筑结构形式。

整浇钢筋混凝土结构的特点是，只凭模板、钢筋、水泥、砂、石等几样价格低廉、资源丰富的材料，就能在施工现场按图塑造出各种复杂的结构形式。以技术含量不高的手工作业工艺，凭完全露天作业的恶劣环境条件，施工质量自然难以有效控制，由于施工原因造成的工程事故也就必多。对于各种体型复杂，规模偏大的现代建筑结构来说，由于其构造复杂，功能多样，从力学平衡条件、变形协调条件到本构关系合理条件极难同时控制，因此由于设计不合理原因形成的事故也就必然多。同时，对于规模偏大，构造复杂的结构来说，其负荷量大，对地基基础的要求也偏高，因此，由于地基基础原因引起的结构事故也就必然多。还有，天灾和人祸也不可避免的仍然是钢筋混凝土结构的一大宿敌，这就是钢筋混凝土结构事故率很高的原因。

钢筋混凝土结构虽有事故率高、裂缝多的特点，但它具有一定的延性，结构整体性好，往往在事故面前能充分发挥"裂而不倒"的优势。现拟结合以下一些较有代表性的工程实例对钢筋混凝土结构的裂损问题进行一次试探性的分析。

# 12.1 地基基础原因引起的框架结构裂缝事故五例

## 12.1.1 风化残积土上嵌岩桩失效引起的结构裂缝事故

### 1. 工程概况

1) 地质条件

南京某大学新址位于一岭下坡积区的沟壑地带，基岩埋置深度虽然不大(平均仅十多米)，但岩面起伏变化悬殊，覆盖层层理构造紊乱，再加上地貌多分布为水塘，给施工带来了很大难度。

2) 设计要点

以教学楼群和图书馆为主体，用廊道连接组合起来的建筑群为3~4层的钢筋混凝土框架结构，以PHC管桩承重，总建筑面积达十万平方米以上。从设计角度考虑，确实是驾轻就熟，难度不大。高校建筑群实景图如图12.1所示。

3) 施工过程

全部工程由正规施工企业负责完成，施工过程中并未出现违规作业等异常行为，可谓正常施工。

(a) 某高校新建校园一角

(b) 高校教学楼

图 12.1　高校建筑群实景图(摄影谢菊秋)

(c) 高校图书馆

**图 12.1 高校建筑群实景图(续)(摄影谢菊秋)**

4）裂缝现象

该工程于 2004 年以后陆续竣工交付使用，随之就出现了大范围的墙面裂缝现象（实际上应该说，裂缝现象是早在主体结构施工阶段，抹灰粉饰工作进行之前就已经出现，只是没有被人关注而已）。这些年来，可以说工程随时在进行着修补粉饰工作，只是前补后裂，徒劳无功。各建筑的墙面裂缝如图 12.2 所示。

**2. 裂损程度**

起初，人们对于建筑物上的少许裂缝已是司空见惯，不以为奇。随着时间的推进，裂缝范围的扩展，裂缝数量的增多，外界房屋坍塌案例的频现，才引起各方面的关注，开始对建筑群的裂缝进行全面检测和跟踪观测，得到了以下结论。

1）裂缝特征

裂缝具有多样性。从裂缝走向看，有倾斜裂缝、垂直贯通裂缝、水平贯通裂缝，甚至还有交叉裂缝和树枝状扩展等特异裂缝的出现。从裂缝年龄看，可以说是孕育期裂缝和老龄裂缝并存。对此，不能不多作一些关注。各种形式的裂缝如图 12.3 所示。

(a) 教学楼外墙裂缝

(b) 图书馆外墙裂缝

**图 12.2 各建筑的墙面裂缝(摄影谢菊秋)**

(a) 墙面倾斜裂缝

(b) 墙面垂直贯通裂缝

图 12.3　各种形式的裂缝(摄影谢菊秋)

(c)门口垂直贯通裂缝和水平裂缝

**图 12.3 各种形式的裂缝（续）（摄影谢菊秋）**

2) 裂损范围

裂缝的裂损范围极广泛。裂缝范围在十几万平方米的建筑物内从楼下到楼上，从门窗口、楼梯间等薄弱环节到梁柱节点等要害部位，从最显眼的墙面跨中到较隐蔽的墙角板底，几乎无处不是裂缝。裂缝出现范围如图 12.4 所示。

(a)门窗口裂缝

**图 12.4 裂缝出现范围（摄影谢菊秋）**

(b) 墙角裂缝

(c) 梁底(支座)裂缝

图 12.4  裂缝出现范围(续)(摄影谢菊秋)

(d) 梁柱节点裂缝一

(e) 梁柱节点裂缝二

图 12.4 裂缝出现范围(续)(摄影谢菊秋)

(f) 奇异裂缝

**图 12.4　裂缝出现范围(续)(摄影谢菊秋)**

3) 受损程度

受损程度很严重。从裂缝特征和裂损范围两个方面判断,认为结构受损程度已很严重。

3. 原因认定

只需根据上述结构裂损特征,就可以认定事故原因实际上是桩基失效。因为从这些裂缝的特征判断,它与气候、季节无关,与荷载大小无关,显然不属于温度胀缩或荷载变形裂缝,更与地震风暴等临时性的天灾无关。那么可能性最大的原因就是地基(桩基)失效了。所谓桩基失效,是指打设的嵌岩桩其桩尖没有嵌入岩窝,没有接触基岩,而是悬浮于松散土层甚至泥浆中。也就是说桩基不仅失去了有效的垂直承载能力,也失去了可靠的水平约束力。

桩基为什么会失效?人们不是眼看着那成百上千根硬邦邦的 PHC 桩强力打进地下去了吗?怎么会失效呢?其实在如此复杂的工程地质条件下,要完全达到理想状态,切实掌握每一根桩的入岩情况,只能是自欺欺人。何况 PHC 桩下送遇到基岩的阻抗时,其回弹作用很大(因为其自重轻,桩身光滑,桩尖真正遇到基岩的强力阻抗时其回弹阻力小,回弹量就大。记得就在佛山的 PHC 桩施工过程中,曾经创造过回弹值超过 2m 的记录)。此外,残积土中大量存在的悬浮孤石也容易被施工人员误认为已到基岩。因此说,桩基失效是完全可能的,也是常见现象,不足为怪。

4. 风险评估

因为钢筋混凝土框架本身具有很好的整体性和韧性,即使在地基失效的情况下,框架梁柱节点已经受损和产生较大的角变形，挤压填充墙裂损，但裂缝面仍能传递压力，并不伤及建筑物承受垂直荷载的功能与其正常使用的功能。只是遍体鳞伤的裂缝，使其大大丧失了抗剪切和抗扭转的能力，一旦有如安庆那样的低度地震（2011年，4.8级）或宝应那样的低度龙卷风（2008年7月30日）到来，都会使其粉身碎骨，彻底坍毁。因此说面对这样的裂损事故，既不应惊慌失措，也不可掉以轻心。

5. 一点反思

像本案例这样的情况，如果当初不走迷信传统桩基技术的道路，在查明基础下面并无流态软弱层的前提下，完全可以改用强夯回填的天然地基。对于4层以下的教学用房，包括有堆载要求的图书馆在内，其承载能力是完全可以得到满足。这样，不仅在技术上的可行性（可操作性）要好得多，在安全上的可靠性要高得多，在经济上也要节省得多。

## 12.1.2 粘土地基膨胀导致桩身倾斜引起的结构裂缝事故

1. 工程概况

1) 设计要点

兴建于20世纪90年代的某大学教学综合楼，建筑平面呈工字型，如图12.5所示。前楼3层为阶梯形教室，后楼8层为教学综合楼，前后楼之间用廊道连接，总建筑面积近10000m²，钢筋混凝土框架结构，设防烈度为7度，抗震等级取3级。

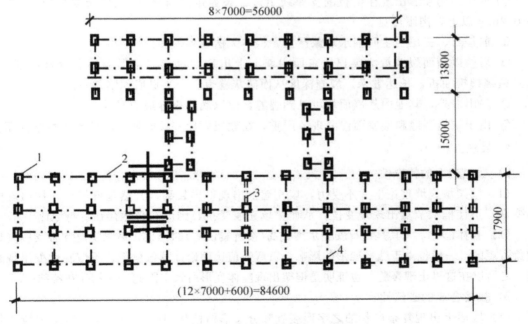

**图 12.5　教学综合楼结构平面图**

1—框架柱；2—纵梁；3—伸缩缝；4—框架梁

2) 地质条件

地层构造如下。

(1) 杂填土：由灰褐到褐红色，层厚0.1~1.2m，由松软到中密，含有植物根与建筑垃圾。

(2) 粘土：由褐色到褐红色，局部夹细砂，发育较完整，土质较均匀，平均厚度约6m。

(3) 砂质粘土：以细、中砂为主要成分，层厚1.5~2.5m，由褐色到红色；中实、饱和、可塑；含氧化铁成分。

(4) 粘土夹漂石。红色，厚度不均，最大厚度为5m。

(5) 第三系风化岩，褐红色，较完整。

3) 施工概况

(1) 人工挖孔桩由专门队伍负责施工，按规范操作，质量监控正规，检测工作到位，竣工验收合格。

(2) 虽然没有完整的施工组织设计，且施工过程中发生过塔吊操作失误、行车塌落伤人等重大事故，也出现过拆模过早的现象。但是框架梁、柱和楼、屋面板等主体构件的混凝土强度等级均达到或超过设计强度，所用钢材材质的物理化学性能均符合规范要求，说明施工方面不存在大问题。

2. 裂缝现状

(1) 主体竣工时，并未发现肉眼可见的任何结构裂缝。

(2) 工程进入装修阶段后，前后楼同时出现结构裂缝现象。

① 前楼结构裂缝出现在楼板的支座线附近，裂缝走向与支座(主框架梁)平行，缝宽在0.2mm以上，肉眼可见。

② 前楼二、三层卫生间漏水现象严重，根本无法投入使用。

③ 后楼以墙面裂缝最为突出，东西山墙面上出现罕见的之字形裂缝和分枝状裂缝。每条裂缝蜿蜒曲折，长达数米。裂缝深度从面砖灰缝表皮一直贯通到墙体深部。

④ 除山墙外，其他内外墙面均可见到裂缝，但以底层裂缝最为严重。

⑤ 由于结构裂缝和楼屋面渗漏现象严重，在建成以后一段时期，不敢投入教学使用。

3. 机理分析

1) 裂缝产生的特殊性

(1) 框架填充墙理论上并不受力，填充墙上出现奇异裂缝，必然是框架梁、柱出现整体变形，迫使框架节点出现角变位，从而使填充墙受挤，因此，必然存在奇特原因。

(2) 整体框架，尤其是设计安全水准偏高(按抗震设防)的框架，纵梁支座和板支座附近的负弯矩区，一般也由于塑性变形的影响，负弯矩值比理论计算值偏低，不应在此处出现裂缝。之所以在这里出现裂缝，也证明是框架出现整体变形所致，因此，必然存在特殊原因。

2) 裂缝合成的必然性

(1) 墙面上出现复杂产状的之字形裂缝和分叉形树枝状裂缝，必然有一组与裂缝产状(裂缝方向)相对应的主拉应力存在。

(2) 框架出现整体变形的可能性一般是框架柱出现倾斜，使填充墙的一侧边受到挤压力，上框架梁出现荷载条件下的正常挠曲变形，使填充墙墙顶的跨中1/2区域范围内受到垂直压力，而墙顶的两个角区附近出现上拔力(由墙顶粘着力产生)；下框架梁(或地基梁)

则出现上凸挠曲变形，填充墙的底部为了与地基梁的变形协调，则必在墙上产生与主拉应力相适应的倒八字形裂缝。墙底部分的倒八字形裂缝与由墙顶的垂直压力（重力）或向上拔力和墙侧柱身传来的水平挤压力合成的主拉应力引起的裂缝组合以后，就必然形成墙面的之字形裂缝或树枝状裂缝，如图 12.6 所示。

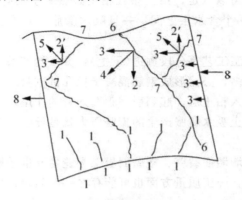

**图 12.6 填充墙上的之字形裂缝与树枝状裂缝合成图**

1—地基梁上凸变形引起的填充墙上倒八字形裂缝；2，2′—上部框架梁变形和重力对墙顶
产生的压（拉）力；3—柱身倾斜对墙身产生的侧向挤压力；4—墙顶下压力与侧挤力合成的
主拉应力；5—墙顶上拔力与侧挤力合成的主拉应力；6—主拉应力 4 产生的倾斜裂缝；
7—主拉应力 5 产生的倾斜裂缝；8—框架柱倾斜方向

（3）框架柱出现倾斜变形后，主框架梁身亦出现向一侧倾斜，因而使一侧的楼板面有下抑趋势，板支座附近的负弯矩值衰减，而另一侧的板面有上翘趋势，板面负弯矩值激增，从而使裂缝首先在这里出现，裂缝走向与主框架梁平行，如图 12.7 所示。

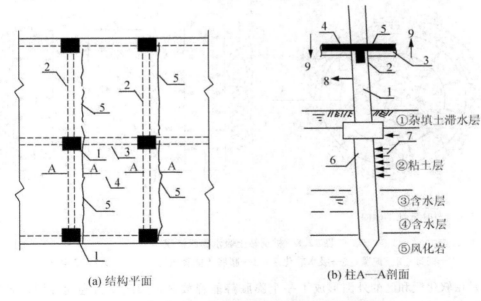

(a) 结构平面　　　　　　(b) 柱A—A剖面

**图 12.7 板支座附近的顺主框架梁方向裂缝形成图**

1—框架柱；2—主框架梁；3—纵梁（连梁）；4—楼板面；5—板面顺梁裂缝；
6—挖孔桩及承台；7—粘土层膨胀压力；8—框架柱倾斜方向；9—楼板下抑与上翘趋势

4. 原因认定

从以上的结构裂缝机理分析认定了墙面裂缝和板面裂缝的原因是由于框架出现倾斜变形，既然如此那就必须再找出框架柱出现倾斜变形的原因。

(1) 从工程地质条件可以认定，第三系红粘土必然属于具有一定膨胀势能的膨胀土，6m厚的红粘土夹在上下两个含水层之间，一旦吸水膨胀，必然会产生强大的各向异性的膨胀压力。

(2) 人工挖孔桩的施工工艺是分段掘进(下挖)，分段浇筑薄层钢筋混凝土护壁，浇筑条件困难，混凝土施工缝多，必然形成钢筋混凝土挖孔桩桩身与土体之间的输水通道，将上、下含水层中的水体输入粘土层，起到引"狼"入室的作用。

(3) 可以认定，红粘土吸水膨胀产生的膨胀压力就是导致人工挖孔桩桩身和框架柱倾斜的唯一原因。

(4) 可以认定，填充墙墙面裂缝、楼屋面板上裂缝主要也是膨胀土地基的破坏作用引起的，另外施工管理不善，施工质量方面也可能存在一些问题，但绝不是引起墙面和板面裂缝的原因。

5. 安全评估

(1) 由于通过桩身周围的护壁输水并进入粘土层有一个缓慢的时间过程，因此膨胀破坏作用的出现就要滞后很多。所以结构裂缝现象往往出现在主体结构竣工以后一段较长的时间内。

(2) 桩周一定范围内的土体吸水、膨胀并软化以后，会成为一个不能传递膨胀压力的缓冲区，对桩身起了缓冲、保护作用。因此当桩与柱的倾斜变形和结构裂缝现象发展到一定程度后，就会稳定下来，不会无限度地发展下去，如图 12.8 所示。

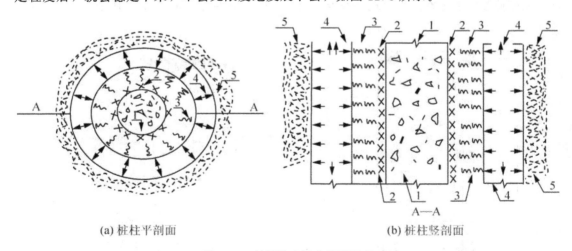

(a) 桩柱平剖面          (b) 桩柱竖剖面

图 12.8 桩周粘土吸水膨胀机理

1—桩身；2—护壁；3—吸水软化区；4—膨胀势能释放区；5—未吸水(稳定)区

(3) 在软化缓和区的外围形成了一个膨胀势能释放区，膨胀压力会向外围，向下层土，尤其是向抵抗力最弱的上层覆盖土爆发，因此会对底层地面引起长期的、持续的隆起破坏作用。

## 12.1.3　土质不均、沉降不均引起的框架结构裂缝事故

**1. 典型案例**

一般框架结构都具有较大的抗地基不均匀沉降变形的能力，但某 8 层框架住宅楼却于建成后几个月之内即发展成为危房，楼屋面板上，墙面上，梁、柱、节点上普遍出现了宽度在 0.3mm 以上，长度在 500～5000mm 之间的严重裂缝，使建筑面积为 5000m² 的工程面临报废的危险，这一事故实属罕见，可视为典型，也要从中吸取教训。

**2. 工程概况**

**1）地质条件**

建筑场地属于海相沉积的漫滩阶地，地质剖面为：①杂填土，厚 500mm；②中细砂，$F_k$ 取 160kPa，$E_s$ 取 6.1MPa，层厚 10m，但层内夹有软弱透镜体；③淤泥质土，$F_k$ 取 85kPa，层厚 7～8m；④粉土层，$F_k$ 取 200kPa，$E_s$ 取 9.3MPa，构造稳定、深厚、未揭穿。

**2）设计要点**

（1）以 500mm 厚，带 600mm×1000mm 梁加强的筏板承重，以中细砂为持力层，筏底埋深为 -2.5m；

（2）以淤泥质土为下卧层，计算沉降量为 26.39cm，这结果还是可以接受的。设计地耐力 $P_a$ 取 120kPa，显然其值并不高。

**3）施工情况**

施工管理正常，资料保管齐全，原材料测试质量合格。

**3. 裂缝现状**

（1）楼地板面裂缝共计 132 条，平均裂缝长度 2.5m，最大裂缝长度 5m，有梁、板裂缝贯通现象，裂缝产状多样，有贯通裂缝、交叉裂缝、包角裂缝、对角线裂缝。

（2）底层地面裂缝 15 条，其中沿散水坡纵向贯通裂缝一条，长达 55m，柱脚为弧形裂缝。

（3）墙面裂缝，沿窗角 1～8 层垂直贯通的外墙面裂缝计 8 条，与板面裂缝和梁上裂缝相呼应的内墙面裂缝尚未统计在内。

（4）梁上裂缝，少数板面裂缝发展严重时，有梁面或梁底裂缝与之相呼应。

（5）梁柱节点裂缝，共 8 处，为扭损裂缝。

**4. 机理分析**

**1）填充墙裂缝机理**

框架梁、柱具有一定的刚度和抗变形能力，而填充墙则在理论上不受力。因此填充墙上由于地基下沉引起的裂缝必与框架的角变形有关，裂缝的产状和倾向也极有规律，如图 12.9 所示。

**2）框架节点裂损机理**

框架节点上出现的扭损裂缝机理表明，个别框架柱基础出现了过大的沉降量，底层地面出现环柱脚的弧形裂缝，也说明柱基可能出现了冲剪破坏。

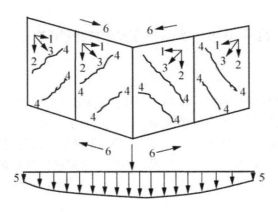

**图 12.9 填充墙上的裂缝机理图**

1—挤压应力；2—垂直压应力(重力)；3—主拉应力；
4—墙面裂缝；5—地基沉降曲线；6—整体变形趋势

3）板面复杂的裂缝机理

板面复杂的裂缝机理和跨梁裂通的板面裂缝现象，以及沿散水坡出现的通长裂缝都表明了建筑物除了出现不均匀下沉之外，还出现整体下沉现象。

5. 原因认定

从结构裂缝机理得知，裂缝原因出自地基下沉，但从设计角度检查，实不应该出现如此大的沉降量和沉降差，更不应出现如此严重、复杂的损坏现象。经仔细研究，认为主要原因有 3 点：一是对砂层内夹存软弱透镜体的异常情况未予以关注，透镜体如果处在柱脚的直下方时，完全有可能被挤出，引起地基剪切破坏；二是施工进度太快，也是引起地基剪切破坏或冲剪破坏的重要原因；三是结构方案和构造设计不合理，柱网错乱，不能构成规整的空间结构体系，整体刚度很差。

6. 风险评估

（1）按理来说，300mm 以下的计算沉降量并不是不可以接受的，全国大量软土地基的平均沉降量都控制在 300mm 左右，但这是要有前提条件的：一是必须加强上部结构的抗变形能力；二是必须严格控制施工进度，让地基在负荷条件下有一个缓慢发展的稳定过程。

（2）鉴于地基沉降现象尚未稳定，结构体系本来就存在先天性的缺憾，结构裂缝普遍出现以后，已失去了整体性和抵抗力，判定该楼为危房。

## 12.1.4 由于结构平面复杂由地应力扩散和沉降量叠加引起的地基不均匀沉降导致的框架结构裂缝事故

1. 典型案例

如图 12.10 所示，某商业大厦为 7 层框架结构，建筑面积近 12000 $m^2$，工程地质条件和设计与施工方面均不存在突出问题。只因为建筑平面复杂，由两个面积分别为

53m×18m 和 30m×18m 的矩形夹一个 45°×18m 的扇形组合而成，结果导致了严重的结构裂缝现象，最终被迫拆毁。其原因就是由于结构平面复杂，地应力扩散，沉降量叠加，引起了框架结构的严重裂缝。该工程问题比较突出，其中的经验与教训值得吸取。

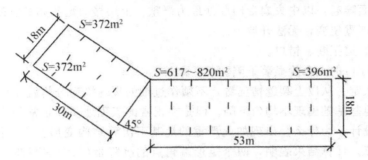

**图 12.10 某商业大厦结构平面与角点沉降量计算**

2．工程概况

1）地质条件

地质剖面如下。

（1）杂填土，1～2m。

（2）粉细砂，5～6m，$F_k$ 取 170kPa，$E_s$ 取 9MPa。

（3）淤泥质土，厚 11m，$F_k$ 取 100kPa，$E_s$ 取 3.36MPa。

（4）软粘土，厚 3m，$E_s$ 取 9MPa。

（5）砂质粘土，厚 3m，$E_s$ 取 5.7MPa，这层土以下即为深厚的硬质粘土。

2）设计要点

（1）设计采用加劲的筏板基础，并在设计前进行了广泛的工程调查，发现该工程邻近地段 6 层以下工程，凡是采用天然地基筏板基础的，均未出现过问题；而采用沉管灌注桩基础的，却因沉管穿透砂层遇到困难，以薄层粘沙为桩尖持力层可靠性也不是很高，因而频频出现问题。

（2）结构设计是由设计院资深专家亲自把关完成的。从基础设计到框架梁板的断面与配筋均留有充分的安全储备。

3）施工情况

（1）虽然施工单位的素质与质量水平和管理水平均不高，但在施工过程中均未发现明显的违规作业或偷工减料等现象。

（2）主要建筑材料均有出厂证明和现场检测报告，混凝土试块和砂浆试块均合格。

4）裂缝现状

（1）纵轴方向内外填充墙上裂缝。从两端向中央扇形门厅处逐渐扩展，从底层向顶层逐层扩展，裂缝倾向呈正八字形对称，裂缝最大宽度在 30mm 以上。

（2）横向填充墙上裂缝。从底层向顶层逐渐出现，裂缝倾向一边倒，即从临街面向后院一侧倾斜。

① 板面裂缝。从底向顶逐层出现，但以屋顶板裂缝最为严重，裂缝宽度最大。

② 梁上裂缝。梁底和梁顶面裂缝多数与楼板面裂缝和墙面裂缝相呼应，梁底混凝土

保护层已出现爆裂现象,说明结构裂缝与建筑物整体变形有关,且已出现钢筋锈蚀现象。

③ 框架节点混凝土碎裂。底层框架柱节点出现严重的混凝土碎裂现象,柱身出现水平裂缝,柱面装饰砖碎损脱落;说明底层柱受到强大的扭折力。

④ 底层地面隆起,以中央扇形门厅处最为严重。上层楼面地砖亦有空鼓松动现象。

⑤ 门窗已严重扭变,无法开启。

⑥ 上下水管道扭断、错口。

⑦ 扇形门厅口的大台阶显著下陷。

(3) 原因认定。从以上裂缝情况看,不须作过细的裂缝机理分析就完全可以判定结构裂缝的原因是地基基础出现不均匀下降。但是在正常的工程地质和正常的施工条件下,偏于保守的结构设计,为什么会出现如此严重的地基下沉和结构变形?为了回答这一问题,进行了沉降计算。计算结果表明,两个矩形端角点的沉降量(未考虑两部分相互影响增加的附加沉降量)分别为 396mm 与 372mm;而扇形门厅顶角点,即建筑物大阴角的叠加沉降量,也就是由两个矩形面积和一个扇形面积引起的叠加沉降量(亦未计算三者相互影响的附加沉降量)为 617~820mm,两端阳角点与中间阴角点的沉降差不小于 250mm。由于屋顶水箱影响,建筑物的重心还与形心有 1258mm 的偏离,如此大的沉降量和沉降差,如此大的偏心荷载,再加上出现倾斜以后的偏心力矩,3 个因素同时作用产生强大的扭曲应力是结构所无法承受的。

或许有人要问周围那么多同类建筑,用的是同样的天然地基筏板基础,甚至是条形基础,地耐力取值往往还高于本案例,却为什么能安然无恙?究其原因,就是商业大厦平面图形的特殊性(图 12.6)。如果把拐角图形更换为规整的矩形,并且赋予上部结构均匀的刚度和较强的整体性,再放慢施工进度,则即使出现较大的地基沉降,也是均匀沉降,往往不会为人所察觉。更不致引起严重的结构裂缝、整体变形和建筑物倾斜。只因为商业大厦的拐角平面图形的拐点处出现了严重的地基反力集中和地基沉降量叠加现象。而上部结构的刚度均匀与整体性又因为拐角图形而大打折扣,这就是事故的直接原因。

## 12.1.5 勘探设计失误与应变处理失当引起的结构裂损事故

发生于 2000 年曾经广受工程学术界关注的广州花都区华侨花园 A 座大楼地基沉降引起的严重结构裂损现象很典型。7000m² 的 9 层商住框架结构,建于一基岩面呈中间低两端高的凹曲线的第四纪残积与冲积土地段。覆盖层厚度达 20~30m,土层构造虽较复杂,但承载力完全满足要求。仅在埋深 26m 处发现了一软弱点,认为经过应力扩散,对上部结构已不构成影响,未引起关注。就在大楼竣工后尚未完全投入使用的关键时刻,出现了严重的结构裂缝问题,引起了广泛的关注。

1. 裂缝特征

综合住户反映和记者报导,该楼裂缝具有以下特征。

1) 来势汹汹

该楼于 2000 年 1 月主体竣工,被评定为全面质量优良,尚未交付使用,正在全面展开装修阶段,于 2001 年 4 月份即有业主在新装修的墙面上发现了微如发丝的裂缝。至 4 个月后的 2001 年 8 月,裂缝宽度即扩展到 2cm,可谓来势汹汹。

2）形势险峻

一条外墙倾斜裂缝，从一楼攀升至九楼，步步为营。多数墙面裂缝从室外可窥视室内，一览无余，可谓形势险峻。

3）花色多样

从裂缝所在部位、裂缝总体布局、裂缝产状、裂缝走向、裂缝性质、裂缝尺度看，可谓花色品种，样样都有。既有张拉裂缝，也有挤压裂缝；既有剪切裂缝，也有扭损裂缝，可谓情况复杂。

**2. 裂损原由**

因为既不存在超载问题，也决非温湿变形问题所致，裂缝如此匆匆出现，显然只能是地基问题。但裂缝的布局如此紊乱，显然不是持力层承载力不够引起的地基局部剪切破坏所致。裂缝到来得如此仓促，也绝不是持力层或下卧层太软弱，沉降量太大所致。更不会是埋置深度在 26m 以下的软弱点或软弱层所致。因为应力向下面传递扩散，沉降（压缩）向上面积累汇集是需要时间的。裂缝分布既不那么规整对称，也就决非呈凹曲线的基岩面和中间厚两端薄的覆盖层所致。那么唯一的可能是地基浅部（持力层范围内）就存在软弱的透镜体，由于勘探布点不够，勘探与设计双方的疏忽大意，在发现 26m 以下还出现软弱点时，没有进一步去查清上层土内更多的软弱透镜体。只要查清了软弱透镜体，并根据其埋置深度有效控制其附加压力，就能确保软弱透镜体不致出现挤出破坏的危险。

**3. 救治措施**

紧急情况出现以后，现场采取的救治措施也是值得探讨的。小型树根桩托换虽可提升地基的承载能力，但很难终止或缓解其沉降速度。甚至会扰动地基，加剧沉降，适得其反。对于这种情况有效的治理方法是封闭法。软弱透镜体的被挤出范围是与裂缝分布的范围及其走向与倾角密切相关的，只要进行一番细致的现场考察，再辅以少量的勘探验证工作，就可圈定软土挤出范围。然后在此范围内贴带型基础的两边压设成密排的预制钢筋混凝土小板桩，起封闭墙的作用，最后在封闭带的基础下进行压力灌浆，直至基础底板下的空隙充填饱满，并使下沉的基础得到顶升复位以后就可及时终止。此法投入有限，风险不大，效果显著。

# 12.2 施工质量原因引起的框架结构裂缝事故两例

施工质量事故一般都由偶然出现的人为过失引起，没有一定的规律性，也不存在普遍性，所以很少为工程学术界所关注并作为专题来进行研究和报道。这里介绍的两个案例却属于例外，很有代表性，甚至得到了国家高层领导的关注，现做简要介绍如下。

## 12.2.1 某大酒店工程严重的施工质量事故

**1. 工程概况**

某大酒店工程建于南方一旅游城市，由 11 层、9 层、7 层的 3 座框架结构塔楼和 1 层地下室与 1 层裙房共同组合而成，总建筑面积 45000m²。主体结构完工并经有关管理部门组织验收以后，有一个缓建过程。在复工续建时，从外表观察，发现工程质量欠佳。委托国家级权威质量检测单位进行了全面的、细致的质量检测与安全评估，发现了问题的严重性。后经过加固处理，历时一年多，所花费的资金在 200 万元(人民币)以上，值得引以为戒。

2. 施工质量

质量检测与鉴定工作中所暴露的有关施工质量问题包括以下几个方面。

1) 外观质量问题

分两个方面，第一方面是线位偏差，包括中线偏差和垂直度偏差，尤其是框架柱的垂直度偏斜最为严重。

(1) A 座(11 层塔楼)的框架柱垂直度偏斜量最小值为 15mm，最大值为 133mm。

(2) B 座(9 层塔楼)的框架柱垂直度偏斜量最小值为 71mm，最大值为 128mm。

(3) C 座(7 层塔楼)的框架柱垂直度偏斜量最小值为 120mm，最大值为 129mm。

外观质感差的第二个方面是不仅到处存在蜂窝、麻面、鼠洞等病灶，而且有浮砂、掉渣、松软等症状出现。这些显然是由混凝土强度不足而引起的。

2) 强度

经检测，证实了混凝土强度普遍不能满足设计要求。

(1) A 座：设计标号为 C40 的构件，实测为 C25，最低只达 C17。

设计标号为 C35 的构件，实测为 C26，最低只达 C15。

(2) B 座：设计标号为 C40 的构件，实测为 C27，最低只达 C18。

设计标号为 C35 的构件，实测为 C25，最低只达 C13。

(3) C 座：设计标号为 C40 的构件，实测为 C30，最低只达 C15。

(4) 地下室设计标号为 C35 的构件，实测为 C27。

3) 尺寸

楼板厚度不满足设计要求的占 25%，大部分梁柱断面也存在尺寸欠缺的现象。

4) 裂缝

大梁裂缝和楼板裂缝现象较为普遍，尤以地下室顶板和屋顶板部位的梁板裂缝现象最为严重，缝宽达 0.35mm 以上。梁侧立面的垂直裂缝不是常见中间粗两端细的枣核形裂缝，而是下宽上窄、向梁底贯通与梁底裂缝交圈的裂缝。顶板裂缝则先见于板底，逐渐向板面扩展，缝宽在 0.35mm 以上，缝长 1~3m。裂缝走向与主梁平行，一跨内有多条平行裂缝呈等距离分布。

5) 隐患

施工留下的最大质量隐患是钢筋不按图施工。经过钢筋扫描普查并做重点(凿开混凝土)验证，存在下列钢筋隐患。

(1) 梁柱端部和节点内部的箍筋没有按要求进行加密。

(2) 梁柱内箍筋普遍存在间距偏大的问题。

(3) 柱内主筋有以小代大或数量短缺现象。

（4）柱内主筋有从焊接点（现场电渣压力焊对接焊点）脆断并错离 30～50mm 的奇异现象。

### 3. 原因分析

以上因质量问题引起的事故程度严重。分析事故原因，显然不是技术水平问题，而是人为因素。因为事情是在经过施工、监理机构和业主等层层把关后出现的，不能不让人们倍加警惕。可喜的是，自从国家建筑法和质量管理条例颁布并强制执行以来，偷工减料、忽视质量的行为已得到强力打击。从事故调查的统计数字看，真正由于施工质量问题引起的重大事故所占比例已逐年下降。

### 4. 安全论证

由于问题的实质是混凝土的强度普遍偏低，而且钢筋隐患处处存在，就像人体患的白血病或艾滋病，属于一种全身性的症状。虽然在各种安全系数的支持下，短时期内工程在正常荷载条件下不一定出现问题。但从耐久性和抗灾害的最高安全目标来权衡，则是一个极严重的问题。

### 5. 处理方案

全身性疾病治疗，不同于局部病灶或创口的处理，不能用动刀子，做外科手术的办法去解决问题，只能按中医治病的理念，以内治为主，从强身固本着眼，进行全身性治疗，所以认为很多传统的结构加固处理方法在这里都不太适应。必须对症下药，寻求新工艺，第 17 章还将专门讨论结构加固这个问题。

## 12.2.2 某大粮库工程钢筋混凝土刚架柱施工质量事故

### 1. 工程概况

一大型国家粮库由 7 座长 60.0m，宽 30.0m，柱顶高 8.0m 的钢筋混凝土柱和刚梁组合的刚架结构库房组成。钢筋混凝土柱断面为 400mm×800mm。由于施工工艺比较落后，操作工人的技术不很熟练，在钢筋混凝土柱身全高 8.0m 范围内，每根柱竟留了 11 道施工缝，且对施工缝的接缝处理不当，使每一条施工缝形成了完全断裂的干缝。经过国家级检测单位检测，认为所有施工缝百分之百地不合格，已构成重大质量事故。

### 2. 施工质量

以进行抽检的 1# 与 2# 库房为代表，其施工质量情况如下。

（1）混凝土实测强度表（表 12-1）。

（2）砌体强度满足要求。

（3）施工缝合格率。

1# 库房合格率为 5.7%；2# 库房合格率为 0.0%。

（4）钢筋。力学性能完全符合国家标准；电渣压力焊试件完全满足设计要求；化学成分含碳量略高；钢筋配置符合设计图纸。

表 12-1　混凝土实测强度表

| 部位 | 基础 | | | 基础梁 | | | 刚架柱 | | | 抗风柱 | | | 连梁 | | |
|---|---|---|---|---|---|---|---|---|---|---|---|---|---|---|---|
| 库房号 | 设计 | 实测 | 实测/设计 | 设计 | 实测 | 实测/设计 | 设计 | 实测 | 实测/设计 | 设计 | 实测 | 实测/设计 | 设计 | 实测 | 实测/设计 |
| 1# | C20 | C18.5 ~ C25.7 | 93% ~ 125% | C20 | C19.7 | 99% | C30 | C21.5 | 72% | C25 | C20.8 ~ C27.7 | 82% ~ 111% | C25 | C25.6 | 102% |
| 2# | C20 | C27.6 ~ C30.2 | 138% ~ 151% | C20 | C18.4 | 92% | C30 | C23.6 | 95% | C25 | C21.5 ~ C29.2 | 86% ~ 117% | C25 | C28.3 | 113% |

**3. 事故性质**

从以上质量指标所反映的情况看，认为本案例的事故性质有如下特点。

（1）施工缝的出现源于施工工艺落后和工人素质偏低，但从其他质量指标完成的情况看，人们主观上还算尽了力，不存在质量意识低的问题，这是可以谅解的。

（2）问题的实质是钢筋混凝土柱身存在若干条属于先天性的干缝。干缝只是个创口或病灶问题，不是全身性症状。只要缝合好创口，健康就可确保，不是疑难绝症。

（3）因此认为此类事故属于偶然性人为过失引起的一般施工质量事故。把其性质看得太严重，甚至惊动国家高层领导，似无此必要。

**4. 处理措施**

处理此类事故极为简便，只需外贴碳纤维布或抹丹强丝水泥砂浆将缝口封闭，并向缝内用手压泵压注水泥砂浆，即可完全将干缝充填，能够确保工程质量。关于这一问题，在第17章将做专门论述，这里不多赘及。

# 12.3 设计原因引起的钢筋混凝土结构裂损事故六例

## 12.3.1 强梁弱柱事故一例

**1. 工程概况**

1）设计要点

某新建学校一次性建设了近 20000m² 的 6 层或 7 层框架结构学生宿舍楼，其结构平面如图 12.11 所示。基于建筑功能上的特殊要求，宿舍楼的前后均被设置了宽度为 1.2m 的封闭式晾晒衣服的廊道，中间为宽度 1.8m 的过道。因此结构平面内共出现了 6 道通长的纵向大梁，其中 3 道为纵向框架梁，3 道为纵向承重梁，均拥有足够的刚度。

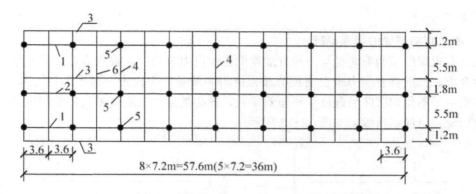

**图 12.11 学生宿舍楼结构平面图**

1—边框架梁 300mm×600mm；2—中框架梁 300mm×600mm、300mm×700mm；

3—纵梁 250mm×600mm、300mm×600mm、300mm×700mm；

4—横框架梁 250mm×500mm；5—框架柱 450mm×450mm、400mm×500mm；6—次梁

2）地质条件

建设场地虽属填海漫滩，有 3.0m 左右的人工填土，但填土以下是深厚的中粗砂层，设计采用了静压预应力管桩基础。有足够的承载力和很好的稳定性。经过沉降观察，桩基的最大沉降不大于 10.0mm，因此可以认定地基基础方面不存在问题。

3）施工情况

施工单位素质较高，管理正规，档案齐全，施工过程中未出现过违规操作现象，也未发现过其他影响工程质量的不利因素。

2. 裂缝现状

结构裂缝在工程交付使用两年后才陆续出现，但发展较快。

1）墙面裂缝

全部内、外墙从底层到顶层均有规律性极强的倾斜裂缝，但外墙比内墙严重，两端（含山墙）比中间各跨严重，底层墙比上层墙严重。

2）板面裂缝

有规律性裂缝多集中出现在板的最大受力区，缝宽大于 0.3mm，上下贯通，通过泼水试验发现有渗漏现象。以房间为统计单位，裂缝率几乎近 100%。

3）梁上裂缝

（1）一律出现在梁的侧立面上，呈枣核形，一般不向梁底扩展。

（2）裂缝只出现在横向框架梁上，不出现在纵向框架梁上，也不出现在纵向承重梁上。

（3）底层为敞开架空层时，框架梁侧立面上的枣核形裂缝更为严重。

4）柱上裂缝

（1）柱上水平裂缝一律出现在框架节点以下，也就是柱的最大弯矩位置。

（2）柱上水平裂缝出现的时机在板、墙和梁上裂缝接近发育充分之后。

（3）柱上水平裂缝出现的顺序是先出现在楼梯间两侧的柱上，然后逐渐向两端各柱顺序发展。

3．机理分析

1）墙上倾斜裂缝的生成机理

墙上有规律的倾斜裂缝必与一组有规律的主拉应力有关。主拉应力系由垂直应力与水平应力合成，无疑垂直应力来自墙顶荷载压应力和墙身自重应力，那水平应力来自何方？既然不是由于不均匀沉降引起框架柱倾斜所致，就必然是由于刚度极大的框架梁胀缩变形拉（或推）动柱身倾斜所致，如图 12.12 所示。

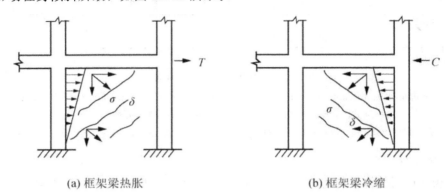

(a) 框架梁热胀        (b) 框架梁冷缩

**图 12.12　纵向填充墙上的倾斜裂缝生成机理**

$T$—热胀张拉力；$C$—冷缩挤压力；$\sigma$—主拉应力；$\delta$—裂缝

2）楼面板上的通长贯穿裂缝生成机理

楼屋面板上的通长裂缝既然出现在弯矩最大部位，显然裂缝产生原因与荷载应力有关，但正弯矩的弯曲应力引起的裂缝只产生在跨中板底，不会向板面贯穿，负弯矩的弯曲应力引起的裂缝只产生在支座边缘的板面，不会向板底贯穿，这些裂缝既然贯穿了板的全断面，说明板内还承受了一个强大的轴向拉应力，这个拉应力来自何方？认为是强劲的纵向梁系热胀变形与板的干缩变形同时作用引起的。

3）横向框架梁两侧枣核形裂缝生成机理

梁侧立面的枣核形裂缝无疑属于梁的冷缩裂缝，但是为什么只有横向框架梁身上的枣核形裂缝特别发育，而纵向梁侧立面上却不出现类似裂缝，这是由于 6 根纵向梁在横向框架梁与柱侧交叉以后，形成了刚度极大的平面格架，加强了框架柱节点的刚度，对横向框架梁的胀缩变形起了强劲的约束作用，而且相对说来，横向框架梁的刚度小，抵抗力弱，这就是横向框架梁冷缩后枣核形裂缝特别发育的原因。而纵向框架梁系列则因自身刚度大，抵抗力强，而柱的刚度小，对纵梁的约束程度低，因此纵向梁上不出现裂缝。

4）框架柱上水平裂缝生成机理

经过计算，在梁侧纵向双梁的断面惯性矩分别为框架柱断面惯性矩的 3.2 倍或 3.1 倍，这是典型的强梁弱柱现象。根据理论计算（参见王铁梦著《工程结构裂缝控制》P395），柱上必然会出现因纵梁胀缩变形引起的裂缝或因为外来水平荷载引起的变形而产生的裂缝。柱上水平裂缝发育为什么会滞后？是因为只有当板面裂缝、墙面裂缝以及横向框架梁枣核形裂缝充分发育以后，结构体系的整体性和抗水平荷载的能力基本丧失以后，纵向梁系所承受的水平力或胀缩变形才能有效地集中地传递到框架柱去，所以框架柱上的水平裂缝是最后发育的。

### 4. 安全评估

框架柱上的水平裂缝是一种最危险的裂缝，为了坚守抗震设计准则中"大震坏而不倒"这一道最后防线，因此人们在结构设计中非常重视"强柱弱梁"这一设计理论。

## 12.3.2  强柱弱梁事故一例

强柱弱梁体系虽然对抗震设防有利，但也得适可而止，过犹不及。柱过强，梁过弱，同样会引起严重的结构裂缝事故。下面介绍的事例十分典型，限于篇幅，只作简要叙述。

某 8 层框架结构教学大楼为双面悬挑外廊式建筑，全长 77.0m，设有一道伸缩缝。柱网为 7.0m（进深）×9.0m（开间），每面悬挑 2.5m。与上例强梁弱柱不同的有下面两点。

（1）悬挑外廊为敞开式，边梁不承重，断面小。

（2）为了满足建筑要求，底层柱为圆断面，直径为 1050～1150mm；二层以上柱断面从 800mm×800mm 减至 700mm×700mm，柱断面显然偏大。纵框架梁断面为 250mm×800mm，刚度相对偏低。建成后经过低温考验后，在纵向框架梁侧面上普遍出现了枣核形裂缝，从底层向上层逐层发展，并遵循等距有序的规律，即裂缝先在中跨出现，将梁跨一分为二；然后二分为四，一般每跨梁都有 3 条裂缝，甚为规整，为典型的强柱弱梁冷缩裂缝事故。由于裂缝发展速度快，来势惊人，曾经引起人们的恐慌，社会的关注，以致被迫停课。随后进行了加固处理，花费人民币数百万元。

## 12.3.3  强架弱板两例

强架弱板现象是当前一些结构设计工作者陷入一个认识误区所引起的，他们往往习惯地将加强结构安全性的注意力过于集中到了基础和主体框架方面去，而忽视了板的安全。结构设计的安全水准从"74 规范"、"89 规范"升级到"02 规范"以后，总的可靠度确有大幅度提高。但是从板的厚度到板面配筋却基本上保持了原地踏步的低水平：4.0m 以上中等跨度的板厚保持在 100mm 左右；5.0～6.0m 的大跨度板，板厚保持在 120～150mm 之间；厚跨比接近甚至突破 1/40 的极限；配筋则习惯于在取 $\phi 8$ 直径，100～150mm 间距；与 $\phi 10$ 直径，100～150mm 间距，和 $\phi 12$ 直径，100～150mm 间距等几种情况下去选择，很少进行严格的内力计算，根据实际需要进行钢筋配置。虽然当前框架结构的总用钢量已在大幅度增加，8 度抗震设防区的框架结构每平方米用钢量一般均已接近甚至超过 100kg，而规范中板的耗钢量却仍保持每平方米 10kg 以下的低水平，配筋方式则沿用分离式配置的老办法，板内不配置弯起钢筋。不能发挥钢筋的抗剪能力，板的抗剪能力严重不足，这就是板面裂缝事故率最高，用户呼声最高的主要原因。下面两例最有代表性。

### 1. 某高层公寓楼屋面板裂缝事故

某 12 层公寓建筑面积 15000 余平方米，50m×25m 的一层地下室和筏板粉喷桩基础，建成后即发现楼面裂缝、屋面渗漏现象，尤其是屋面，几乎是年年修，年年漏，用户意见很大，将开发商告到了法庭。由于地下室周围曾出现了沿散水坡地面开裂的迹象，人们将注意力集中到了地基方面去，还曾引起人心惶惶，后经司法证据鉴定，认定为楼屋面板设计存在问题。

1）板的厚度不够

5.7m×5.4m 和 5.7m×4.2m 两种大跨度的客厅板连带 3.6m 或 2.1m 的小开间板，板厚一律取 100mm，跨厚比超过极限。

2）配筋严重不足

按计算，在板厚保持 100mm 的条件下，板底受拉主筋须配每米宽 5φ10，实际只配 5φ8。支座负筋分别须配 5φ16 和 6φ14，实际只配 6φ8 和 5φ8。而且负筋伸出支座的长度只有 900mm 和 1000mm，远不能满足 1/3 或 1/4 板跨的要求。何况按计算，小开间板面全跨范围内存在负弯矩，负筋需要全跨通长配置。实际上，跨中部分只配板底受力筋，板面未配筋，出现裂缝是必然的。按计算，板的抗剪强度不够，应配弯起的钢筋，实际上仍采用分离配筋方式，不能满足抗剪要求。在这里出现碎裂现象也是难免的。

3）暗梁无实际效果

鉴于板的厚度不够，设计中采取了一个配置暗梁的措施，即特意在板内适当位置增加了 3 根 φ18 的粗钢筋，希望粗钢筋能起到暗梁加强的作用。实际上，荷载是按构件刚度分配的，粗钢筋对板的刚度毫无影响，因此根本不能起作用。

2．某教学大楼楼板裂缝事故

某教学办公综合大楼楼板局部结构布置如图 12.13 所示，板厚为 100mm，小梁断面为 200mm×300mm。显然小梁刚度不足，变形太大，使大教室板面出现了跨小梁连贯的对角线斜裂缝或对角线交叉裂缝，呈现了典型的双向板裂缝模式。

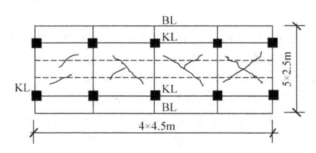

图 12.13　某教学大楼楼板局部结构示意

## 12.3.4　全剪竖直裂损一例

钢筋混凝土全剪力墙结构因为其整体性最好，空间刚度最大，结构承受力最强，已被工程学术界公认为是一种安全的结构形式。可是最新发现的钢筋混凝土全剪力墙高层建筑严重的竖直裂损现象却不能不对此存疑。

建于海口市的某高级公寓小区的高层建筑考虑工程地质条件比较复杂，设计中一律采用了比较安全的全剪力墙结构，可是建成不久，即普遍发现外层（剪力墙）内侧出现了严重的上下贯通（从底层到顶层）的竖直裂缝，让工程学术界大为震惊。其实原因很明确。在海口，作为 25～30cm 的外墙板，在夏日骄阳的炙烤下，外墙面的最高温度可达 65℃，而室内的空调最低温度可达15℃，只需用温差应力公式一算，就知道在内墙面的竖直方向产生裂缝是必然的。水平方向由于墙板内存在竖直方向自重等压应力的抑制，裂缝就不会发生了。

对于全剪力墙外墙板上的竖直裂缝，虽然对于结构的正常承载能力并不构成威胁，只是造成渗漏现象影响使用，但会危及工程耐久性，甚至成为要害问题。

### 12.3.5　框剪水平裂损一例

框剪结构本来是一种很安全的结构形式，应该拥有很好的空间刚度。只是由于建筑师们有时过多追求体型多变的建筑效果，使平面失于规整简洁，因而失去了结构的平面内刚度和空间刚度；就局部结构来说，更失去了竖向的抗弯剪刚度，使顶点位移放大。这就是近年来发现的高层建筑频现剪力墙(含填充墙)奇异水平裂缝的原因。应该认识到，这是一种对高层建筑来说杀伤力很大的裂缝，不可掉以轻心。图12.14就是建于海口的某高层建筑平面图，该结构为框剪结构，其结构平面复杂多变，也是国内外所罕见，在这里率先发现了高层建筑墙面上有水平裂缝。

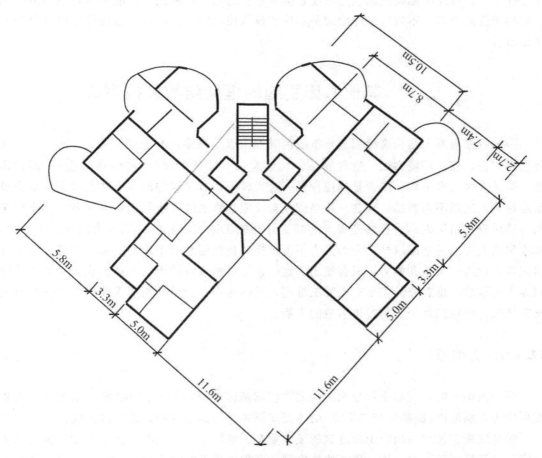

图 12.14　海口某大厦建筑结构平面图

### 12.3.6　结构单元长度(伸缩缝间距)超限事故一例

众所周知,对于现浇框架结构的单元长度或伸缩缝间距,全球任何国家的结构设计规范都是有严格限制的。我国规范 GB 50010—2010 规定,现浇框架的限制长度为 55m(室内或土中)与 35m(露天条件)。可是最近建成并投入使用的某一国际大酒店为 3 层现浇框架,建筑平面为 270m×57m 的内庭式小柱网组合,伸缩缝间距(结构单元长度)用到 97m(中间段)或 85m(两端段),严重超限。在当地极端季节性室内外温差,即室外构件必须承受的极端温差超过 60℃的恶劣环境条件下,而且在施工与使用过程中并未采取任何保(降)温隔热措施,那么室外构件的计算温差就将超过 50℃(含 15℃的干湿当量温差),那么按理论公式计算的 97m 长的外框架梁,其可能出现的最大胀缩量就将达到 70mm 以上(由于框架柱对梁的约束程度极大,约束条件系数取 1.0)。将冷缩缝的平均宽度取 0.2mm,则仅一条外框梁上的冷缩裂缝最后就有可能发展到 300 条以上。即使考虑到在裂缝发展到最后阶段由于约束程度放松而有所缓解,整个建筑物最终出现的裂损现象也极为可怕。在正常工作条件下,也许还不影响到其使用功能,但从结构的耐久性和抗震功能着眼,显然其已到了不堪承受的极限。不进行彻底治理是不应该投入使用的。因此认为这应算作设计引起的罕见事故。

## 12.4　其他原因引起的框架结构裂损事故

引起钢筋混凝土结构裂缝或裂损事故的其他原因还很多,有地震、风灾、水灾、火灾等自然灾害,还有环境腐蚀、空气腐蚀、化学腐蚀、原材料蚀变(碱骨料反应)等多种因素。但其发生几率不高,或者是反应较慢、过程较长,有关这些内容已在前面第 9 章做过重点讨论,这里不再赘述。现在只就当前社会反应最强烈的人祸与天灾方面各一例事故来做一些讨论。所谓人祸,自然是指上述的设计与施工原因以外的其他人为因素。而天灾,则应包括上述地基基础以外的一切人力不可抗拒的自然因素所带来的灾害。但是人类对自然灾害有设防的义务和能力,只有超出了这一设防范围以外的天灾才算天灾,否则就仍应归为人为事故。抗震设计规范有设防三准则,凡是达不到设防准则要求而遭受的一切自然灾害损失,都应归属于人为过失事故的人祸。

### 12.4.1　人祸原因

曾经轰动一时,引起全社会关注的北京朝阳新区世贸国际公寓 BC 座的结构裂损现象或可作为人祸原因(深基坑施工干扰)的典型案例来予以简要说明,并引以为戒。

深基坑施工技术是当前土木建筑领域较复杂、难度较大、风险较大的技术。就像医生给病人做开膛剖肚手术一样,贵在快速麻利,必须事先做好非常周密细致的计划,然后一蹴而成。像 BC 座所面临的 SOHO 深坑,规模一再扩大,方案反复变化,时间就是一拖几年，带来的风险实在是不敢想象的。但类似问题并不属于设计与施工方面的技术问题，也不属于天灾，只能算是人祸，而人祸就只能依靠法治来解决。北京 CBD 世贸国际公寓 BC 座裂损图如图 12.15 所示，BC 座前的 SOHO 深大基坑如图 12.16 所示。

**图 12.15 北京 CBD 世贸国际公寓 BC 座裂损图**

**图 12.16 BC 座前的 SOHO 深大基坑**

## 12.4.2 天灾加人祸

鉴于钢筋混凝土结构具有很好的空间刚度和很强的抵抗力，在环境地质不出现山崩、地裂、地陷、地动等大问题的情况下，遭受天灾事故损失的几率还真不高。曾经围绕着洛杉矶地震和阪神地震进行过搜索，竟然也是一例难求。新潟地震虽然对低层非钢筋混凝土结构的破坏已是不遗余力，惨不忍睹。对日本人引以为豪的新干线也概不留情，大肆摧毁。可是对设防等级较高的钢筋混凝土结构高楼受损的案例却少见。果真是如此乐观吗？这还是一个疑案。首先要回答的问题是为什么上海"莲花河畔景苑"小区一在建住宅楼一"吹"就倒。可以说这是更可怕的天灾加人祸，是 PHC 桩基性能的不可靠和设计方案选择的不当，施工程序的不合理，再加上种种偶然的自然因素的作用。这就说明，在低等级地震等天灾的面前，众多类似大楼就必然更难安全挺过了。

因此说，天灾不必怕，怕的首先是人祸。

# 思 考 题

1. 为什么说现浇钢筋混凝土结构的事故率高？

2. 说说当前的钢筋混凝土结构事故中地基基础原因、施工原因、设计原因和其他原因四者所占的比例大致如何？

3. 你能分析一下框架填充墙的裂缝机理吗？

4. 为什么框架结构的板面裂缝现象最普遍和严重？

5. 最危险的框架结构裂缝是哪样的裂缝？

6. 为什么说安全度很高的全剪结构很容易出现最惊人的顶天立地的危险裂缝？

7. 为什么说框剪高层上的水平裂缝最可怕？

# 第13章
## 膨胀土地基上的建筑物裂损分析

**教学目标**

关于膨胀土地基，虽然已有了较完整的规范，但对膨胀土灾害的认识深度还很不够。本章从规范到实践，从理论到实际对膨胀土地基进行了较全面地论述。其目标如下。

(1) 对其物理化学特征有所了解。

(2) 对其工程力学指标予以确认。

(3) 对其膨胀破坏机理给予关注。

(4) 对于灾害防治措施全力开发。

**基本概念**

膨胀压力；自由体积膨胀率；胀缩变形量；土的含水量；土的吸水性。

 引言

对于高层、重型、深基础建筑物，膨胀土的影响不大。因为它只赋存于地表浅层，而且其为害是离不开水位(或含水量)多变的。正因为如此，对于高速、高铁、南水北调等伏地爬行的系统网络工程则是第一杀手，切不可等闲视之。当前的地质灾害、交通事故，实际上与膨胀土或者说土的膨胀性能是密切相关的。但是要彻底征服它，难度还是很大的，因此说在高速、高铁或南水北调等选线问题上，主张知难而退，适可而止，切莫勉强。

在我国，膨胀土广泛分布于滇、桂、黔、琼、鄂、湘、赣、皖、冀、豫、鲁、晋、川、陕等10多个省和自治区。膨胀土是一种由亲水性矿物组成的高塑性粘土，在正常状态土质坚硬，强度较高，具有吸水膨胀、失水收缩、浸水强度衰减、干缩裂隙发育的特性。

在膨胀土地区作为面分布的状态下，整个面内部都隐伏着成灾的因素。膨胀土灾害的危害对象是构筑物，如公路、铁路、房屋等。构筑物常以点、线形式存在。凡在膨胀土区进行动土施工，必然引起膨胀土胀缩灾害。因此，防治工作只是针对构筑物和施工现场，而不需要进行整个面的防治。

如果对膨胀土的特性缺乏充分了解，在设计和施工过程中没有采取必要的措施，就利用膨胀土作为建筑物地基，则会给建筑物的结构稳定性与安全造成危害，尤其对三至四层以下的低层轻型建筑，膨胀土地基可能给建筑带来摧毁性的大灾难。

我国自从20世纪60年代开始对膨胀土地基进行了比较系统的研究，在膨胀土灾害防治方面，取得了不少成果。其特点是各有关部门针对本部门建筑物的需要，各自进行了防治方法的专门研究，创造了不少防治办法。随着对膨胀土胀缩灾害防治方法研究的进一步深入，一次性投入进行预防的成功率愈来愈高。应该指出的是，在当代，对于膨胀土地基灾害防治来说，其主要防治对象是量大面广、而建造标准却偏低的农村建筑。因此，简化防治措施、降低防治成本才是课题研究的重点。

鉴于膨胀土既然对于重型深基础工程无能作害，那么防治的重点除了农村建筑以外，就应该是伏地爬行的高速、高铁、管沟、线网等民生命脉工程了。而今，随着高速和高铁网络的铺天盖地，打算在全国范围内无限展开。加上南水北调、西电东送等网络工程的配合。看来膨胀土这个"马蜂窝"是非捅不可了。如何在这些民生命脉工程中防治膨胀土灾害？如何抑制仅次于地震的泥石流肆虐？可以说至今人们还没有找到答案。在这里，也只有感到遗憾了。

# 13.1 膨胀土对建筑物的危害

由于膨胀土通常强度较高、压缩性低，易被误认为是良好的地基。实际上膨胀土同时具有显著的吸水膨胀和失水收缩两种变形特性。膨胀土地基的胀缩作用能造成基础位移，建筑物和地坪开裂、变形而破坏。例如某地建造96幢建筑物，其中82幢因膨胀土的胀缩作用而变形，事故发生率占85.4%；另一地区200多幢建筑物，几乎都发生了开裂事故，其中损坏严重无法使用的有40多幢，被迫拆除的10多幢。调查表明，膨胀土地基上建筑物的开裂，通常具有地区性成群出现的特点，其中以低层砖木结构的民用房屋最为严重。

膨胀土地基对建筑的巨大危害，绝不仅仅是我国独有的现象。值得注意的是，美国在20世纪40年代，曾经用于处理膨胀土对建筑物危害的费用超过了当时处理地震灾害费用若干倍。由此可见，膨胀土对建筑物的危害性应给予足够的重视。根据"负负得正"的减灾经济效益计算方法，对膨胀土地基进行综合治理，可以使膨胀土地区兴建的房屋、公路、桥梁等建筑物的结构安全性有极大的提高，建筑物的服役寿命得到延长，建筑物的维护费用降低，从而产生积极的经济效益和社会效益。因此，加强对膨胀土地基危害性及其防治措施的研究是十分必要的。

# 13.2 膨胀土的特征

## 13.2.1 野外特征

膨胀土一般分布在Ⅱ级以上的河谷阶地、陡坎台地、丘陵地区及山前缓坡地带，旱季时地表常出现裂缝，雨季时裂缝闭合。我国膨胀土生成的地质年代，大多数为第四纪晚更新世($Q_3$)及其以前，少量为全新世($Q_4$)。膨胀土的颜色呈黄色、黄褐色、红褐色、灰白色或花斑色等。膨胀土结构致密，呈坚硬或硬塑状态，一般液性指数$I_L \leqslant 0$，塑性指数$I_P > 17$。这种土距地表$1 \sim 2m$内常见竖向张开裂隙，向下逐渐尖灭，并有倾斜和水平方向裂缝。膨胀土地区的地下水多为上层滞水，随季节变化，水位变化也大，从而引起地基不均匀胀缩变形。

## 13.2.2 矿物成分

膨胀土的矿物成分主要是次生粘土矿物蒙特土和伊利土。蒙特土矿物晶格极不稳定，亲水性强，浸湿时发生强烈膨胀。伊利土的亲水性仅次于蒙特土。当地基土中含较多的蒙特土和伊利土时，遇水膨胀隆起，会产生强大的膨胀压力，对建筑物的危害很大。

## 13.2.3 物理力学特性

根据一些地区膨胀土的试验资料整理结果如下。

(1) 天然含水量接近塑限，$w = 20\% \sim 30\% \approx w_P$，一般饱和度$S_r > 0.85$。

(2) 天然孔隙比中等偏小$e = 0.5 \sim 0.8$。

(3) 液限$w_L = 30\% \sim 55\%$，塑限$w_P = 20\% \sim 35\%$，塑性指数$I_P = 18 \sim 35$，多数$I_P = 22 \sim 35$之间。

(4) 粘粒和胶体含量高粒径$d < 0.005mm$的颗粒占$24\% \sim 40\%$。

(5) 液性指数小，$I_L = -0.14 \sim 0.00$，呈坚硬或硬塑状态。

(6) 自由体积膨胀率$\delta_{ef} = 40\% \sim 58\%$，最高$> 70\%$，相对线性膨胀率$\delta_{ep} = 1\% \sim 4\%$，一般膨胀压力$p_e = 10kPa \sim 110kPa$，最高达$500kPa$以上。

(7) 缩限$w_s = 11\% \sim 18\%$，红粘土类型的膨胀土$w_s$偏大。

(8) 抗剪强度指标$c$、$\varphi$值浸水前后相差大，尤其$c$值可差$2 \sim 3$倍以上。

(9) 压缩性小，多属于低压缩性土。

### 13.2.4 胀缩变形的因素

**1. 主要内因**

1）矿物及化学成分

膨胀土含大量蒙特土和伊利土，亲水性强，胀缩变形大，化学成分以氧化硅、氧化铝和氧化铁为主。如氧化硅含量越大，则胀缩量越大。

2）粘粒和胶体粒径

粘粒和胶体粒径 $D<0.005$mm，比表面积大，电分子吸引力大。因此粘粒和胶体含量高时，胀缩变形大。

3）土的密度

如土的密度大、孔隙比小则浸水膨胀强烈，失水收缩小。反之，如土的密度小、孔隙比大，则浸水膨胀小，失水收缩大。

4）含水量

当初始含水量与胀后含水量愈接近，则土的膨胀就愈小，收缩就愈大。反之，膨胀大，收缩小。

5）土的结构

土的结构强度愈大，则限制胀缩变形的作用也愈大，当土的结构受到破坏后，膨胀性增大。

**2. 主要外因**

1）气候环境

包括降雨量、蒸发量、气温、相对湿度和地温等，雨季土中水分增加，土体发生膨胀；旱季水分减少，土体收缩。

2）地形地貌

同类膨胀土地基，地势低处土层含水量比较稳定，胀缩变形比地势高处小。例如：云南地区某小学有三排教室，上部结构和地基土性质相同，分别建在三个台阶形地段的膨胀土上，结果地势高的教室严重破坏，地势低的教室完好无损。

3）植被条件

建筑物周围如有灌木、花草等良好植被时，表层土体内含水量稳定，不易引发膨胀土胀缩灾害，但扎根较深的阔叶乔木对稳定土中含水量不利，反而容易导致灾害。

4）朝向坡向

调查资料表明，膨胀土地区建筑，房屋向阳且逆坡面开裂较多。背阴且顺坡面开裂较少，如图 13.1 所示。

### 13.2.5 工程地质分类

我国膨胀土的工程地质分类，按地貌、地层、岩性与矿物成分等分为三类，详见表 13-1。

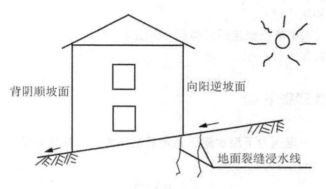

图 13.1　朝向与坡向

表 13 - 1　膨胀土工程地质分类

| 类别 | 地貌 | 地层 | 岩性 | 矿物成分 | 物理性指标 | | | | 分布的典型地区 |
|---|---|---|---|---|---|---|---|---|---|
| | | | | | $w(\%)$ | $e$ | $w_L(\%)$ | $I_P$ | |
| 一类 | 分布在盆地的边缘与丘陵地 | 晚第三纪至第四纪湖相沉积及第四纪风化层 | 以灰白、灰绿的杂色粘土为主(包括半成岩的岩石),裂隙特别发育,常有光滑面或擦痕 | 以蒙脱石为主 | 20~37 | 0.6~1.1 | 45~90 | 21~48 | 云南蒙自、鸡街,广西宁明,河北邯郸,河南平顶山,湖北襄樊 |
| 二类 | 分布在河流的阶地 | 第四纪冲积、洪积坡洪积层(包括少量冰川沉积) | 以灰褐、褐黄、红黄色粘土为主,裂隙很发育,有光滑面与擦痕 | 以伊利石为主 | 18~23 | 0.5~0.8 | 36~54 | 18~30 | 安徽合肥,四川成都,湖北枝江,郧县,山东临沂 |
| 三类 | 分布在岩溶地区平原谷地 | 碳酸盐类岩石的残积、坡积及其冲积层 | 以红棕、棕黄色高塑性粘土为主,裂隙发育,有光滑面和擦痕 | | 27~38 | 0.9~1.4 | 50~110 | 0~45 | 广西贵县、来宾、武宣 |

# 13.3 膨胀土的工程特性指标

## 13.3.1　自由体积膨胀率 $\delta_{ef}$

自由膨胀率 $\delta_{ef}$ 为人工制备的烘干土样,在水中增加的体积与原体积的比,按下式计算

$$\delta_{ef} = \frac{V_W - V_0}{V_0}$$

$$(13 - 1)$$

式中：$\delta_{ef}$——自由膨胀率，%；

$V_w$——土样在水中膨胀稳定后的体积，mL；

$V_0$——土样原有体积，mL。

### 13.3.2　相对线性膨胀率 $\delta_{ep}$

膨胀率为试样在一定压力下浸水膨胀稳定后试样增加的高度与原高度之比，按下式计算：

$$\delta_{ep}=\frac{h_w-h_0}{h_0} \tag{13-2}$$

式中：$\delta_{ep}$——膨胀率；

$h_w$——土样浸水膨胀稳定后的高度，mm；

$h_0$——土样的原始高度，mm。

### 13.3.3　收缩系数 $\lambda_s$

收缩系数为原状土样在直线收缩阶段，含水量减少 1% 时的竖向线缩率，按下式计算

$$\lambda_s=\frac{\Delta\delta_s}{\Delta w} \tag{13-3}$$

式中：$\lambda_s$——收缩系数；

$\Delta\delta_s$——收缩过程中与两点含水量之差对应的竖向线缩率之差，%；

$\Delta w$——收缩过程中直线变化阶段两点含水量之差，%。

### 13.3.4　膨胀力 $P_e$

膨胀力为原状土样在体积不变时，由于浸水膨胀产生的最大内应力，由试验测定。

## 13.4　膨胀土场地与地基评价

### 13.4.1　膨胀土判别

膨胀土中的粘粒和胶体成分主要由强亲水性矿物组成。具有下列工程地质特征的场地、且自由膨胀率 $\delta_{ef}\geqslant40\%$ 的土，应判定为膨胀土。

（1）裂隙发育，常有光滑面和擦痕，有的裂隙中充填着灰白、灰绿色粘土。在自然条件下呈坚硬或硬塑状态。

（2）多出露于二级或二级以上阶地、山前和盆地边缘丘陵地带，地形坡降较大或濒临陡坡的台地。

（3）常见于浅层塑性滑坡、地裂、新开挖坑（槽）壁等易发生坍塌处。

（4）建筑物裂缝随气候变化而张开或闭合。

## 13.4.2　膨胀土的膨胀潜势

根据自由膨胀率的大小，膨胀土的膨胀潜势可分为弱、中、强三类，见表13-2。

表13-2　膨胀土的膨胀潜势分类

| 自由膨胀率 $\delta_{ef}$（%） | 膨胀潜势 |
|---|---|
| $40 \leqslant \delta_{ef} < 65$ | 弱 |
| $65 \leqslant \delta_{ef} < 90$ | 中 |
| $\delta_{ef} \geqslant 90$ | 强 |

## 13.4.3　膨胀土的建筑场地

根据地形地貌条件，膨胀土的建筑场地可分为下列两类。

1. 平坦场地

平坦场地为地形坡度小于5°，或地形坡度大于5°小于14°，距坡肩水平距离大于10m的坡顶地带。

2. 复杂台地

场地为地形坡度大于或等于5°，或地形坡度虽然小于5°，各建筑物之间存在高差或同一座建筑物范围内局部地形高差大于1m。这类场地对建筑物更为不利。

## 13.4.4　膨胀土地基的胀缩等级

根据地基的膨胀、收缩变形对低层砖混结构房屋的影响程度，膨胀土地基的胀缩等级按表13-3分为Ⅰ、Ⅱ、Ⅲ级，等级越高其胀缩性越大，以此作为膨胀土地基的评价。

表13-3　膨胀土地基的胀缩等级

| 地基分级变形量 $s_c$（mm） | 胀缩等级 |
|---|---|
| $15 \leqslant s_c < 35$ | Ⅰ |
| $35 \leqslant s_c < 70$ | Ⅱ |
| $s_c \geqslant 70$ | Ⅲ |

注：地基分级变形 $s_c$ 按公式（13-9）计算，式中膨胀率采用的压力应力为50kPa。

## 13.5 膨胀土地基计算

### 13.5.1 地基土的膨胀变形量 $s_e$

地基土的膨胀变形量 $s_e$ 应按下式计算：

$$s_e = \psi_e \sum_{i=1}^{n} \delta_{epi} h_i \tag{13-4}$$

式中：$s_e$——地基土的膨胀变形量，mm；

$\psi_e$——计算膨胀变形量的经验系数，宜根据当地经验确定，若无可依据经验时，三层及三层以下建筑物，可采用 0.6；

$\delta_{epi}$——基础底面下第 $i$ 层土在该层土的平均自重压力与平均附加压力之和作用下的膨胀率，由室内试验确定；

$h_i$——第 $i$ 层土的计算厚度，mm；

$n$——自基础底面至计算深度内所划分的土层数，计算深度应根据大气影响深度确定；有浸水可能时，可按浸水影响深度确定。

### 13.5.2 地基土的收缩变形量 $s_s$

地基土的收缩变形量 $s_s$ 应按下式计算：

$$s_s = \psi_s \sum_{i=1}^{n} \lambda_{si} \Delta w_i h_i \tag{13-5}$$

式中：$s_s$——地基土的收缩变形量，mm；

$\psi_s$——计算收缩变形量的经验系数，宜根据当地经验确定，若无可依据经验时，三层及三层以下建筑物，可采用 0.8；

$\Delta w_i$——地基土收缩过程中，第 $i$ 层土可能发生的含水量变化的平均值，以小数表示，按式(13-6)计算。

$n$——自基础底面至计算深度内所划分的土层数。计算深度可取大气影响深度，应由各气候区土的深层变形观测或含水量观测及地温观测资料确定；无此资料时，可按表 13-4 采用。

在计算深度内，各土层的含水量变化值 $\Delta w_i$ 应按下式计算

$$\Delta w_i = \Delta w_1 - (\Delta w_1 - 0.01)\frac{z_i - 1}{z_n - 1} \tag{13-6}$$

式中：$z_i$——第 $i$ 层土的深度，mm；

$z_n$——计算深度，可取大气影响深度，m；

$\Delta w_1$——按下式计算

$$\Delta w_1 = w_1 - \psi_w w_P \tag{13-7}$$

式中：$w_1$、$w_P$——地表下 1.0m 处土的天然含水量和塑限含水量，以小数表示；

$\psi_w$——土的湿度系数，应根据当地 10 年以上的含水量变化及有关气象资料统计求出。无此资料时，可按下式计算：

$$\psi_w = 1.152 - 0.726\alpha - 0.00107c \tag{13-8}$$

式中：$\psi_w$——膨胀土湿度系数，在自然气候影响下，地表下 1m 处土层的含水量可能达到的最小值与其塑限值之比；

$\alpha$——当地 9 月至次年 2 月的蒸发力之和与全年蒸发力之比值；

$c$——全年中干燥度大于 1.00 的月份的蒸发力与降水量之总和，mm；干燥度为蒸发力与降水量之比值。

表 13 - 4　大气影响深度(m)

| 土的湿度系数 $\psi_w$ | 大气影响深度 $d_s$ | 大气影响急剧层深度 |
|---|---|---|
| 0.6 | 5.0 | 2.25 |
| 0.7 | 4.0 | 1.80 |
| 0.8 | 3.5 | 1.88 |
| 0.9 | 3.0 | 1.35 |

注：① 大气影响深度是自然气候作用下，由降水、蒸发、地温等因素引起土的升降变形的有效深度。

② 大气影响急剧层深度是指大气影响特别显著的深度，采用 $0.45d_s$。

### 13.5.3　地基土的胀缩变形量 $s_c$

地基土的胀缩变形量 $s_c$，应按下式计算：

$$s_c = \psi \sum_{i=1}^{n} (\delta_{epi} + \lambda_{si}\Delta w_i)h_i \tag{13-9}$$

式中：$s_c$——地基土的胀缩变形量，mm；

$\psi$——计算胀缩变形量的经验系数，可取 0.7。

### 13.5.4　膨胀土地基承载力

#### 1. 现场浸水载荷试验方法确定

对荷载较大的建筑物，用现场浸水载荷试验方法确定地基承载力，载荷试验方法要求方形承压板宽度 $b$ 不小于 0.707m，在离压板中心 $2b$ 距离的两侧应钻孔各一排或挖砂沟，充填中、粗砂，深度不小于当地大气影响深度。载荷试验分级加荷至设计荷载后由钻孔或砂沟两面浸水，使土体膨胀稳定后，再分级加载荷至破坏荷载。取破坏荷载的一半为地基承载力基本值 $f_0$。

2. 根据土的抗剪强度指标计算

按公式计算地基承载力设计值 $f$，应采用饱和土三轴不固结不排水试验，确定抗剪强度指标 $c_u$、$\phi_u$ 值。

3. 经验法

当地已有大量试验资料的地区，可制订承载力表，供一般工程采用。无资料地区，可按表 13-5 数据采用。

表 13-5　膨胀土地基承载力基本值 $f_0$(kPa)

| $\alpha_w = w/w_L$ ＼ 孔隙比 $e$ | 0.6 | 0.9 | 1.1 | 备　注 |
|---|---|---|---|---|
| $\alpha_w < 0.5$ | 350 | 280 | 200 | 此表适用于基坑开挖时土的含水量等于或小于勘察取土试验时土的天然含水量 |
| $0.5 \leq \alpha_w < 0.6$ | 300 | 220 | 170 | |
| $0.6 \leq \alpha_w \leq 0.7$ | 250 | 200 | 150 | |

## 13.5.5　膨胀土地基变形量

（1）膨胀土地基计算变形量，应符合下式要求

$$s_j \leqslant [s_j] \tag{13-10}$$

式中：$s_j$——天然地基或人工地基及采用其他处理措施后的地基变形量计算值，mm；

$[s_j]$——建筑物的地基容许变形值，mm；可按表 13-6 采用。

（2）膨胀土地基变形量取值，应符合下列规定。

① 膨胀变形量，应取基础某点的最大膨胀上升量。

② 收缩变形量，应取基础某点的最大收缩下沉量。

③ 胀缩变形量，应取基础某点的最大膨胀上升量与最大收缩下沉量之和。

④ 变形差应取相邻两基础的变形量之差。

表 13-6　建筑物的膨胀土地基容许变形值

| 结构类型 | 地基相对变形 | | 地基变形量 (mm) |
|---|---|---|---|
| | 种类 | 数值 | |
| 砖混结构 | 局部倾斜 | 0.001 | 15 |
| 房屋长度三到四开间及四角有构造中配筋砖混承重结构 | 局部倾斜 | 0.0015 | 30 |
| 工业与民用建筑相邻柱基<br>框架结构无填充墙时 | 变形差 | $0.001l$ | 30 |
| 框架结构有填充墙时 | 变形差 | $0.0005l$ | 20 |
| 当基础不均匀沉降时不产生附加应力的结构 | 变形差 | $0.003l$ | 40 |

注：$l$ 为相邻柱基的中心距离，m。

# 13.6 膨胀土地基上的建筑结构裂损机理

从理论上说，只要严格遵循技术标准和规范提供的各种计算方法，进行理论计算，或通过一定的室内测试手段进行验证，就可以完全掌握膨胀土地基的各项特性指标，包括自由体积膨胀率 $\delta_{ef}$，相对线性膨胀率 $\delta_{ep}$，膨胀压力 $P_e$，对其胀缩变形量进行准确计算，就可以对膨胀土地基上的建筑结构设计与施工完全驾驭了，但实际上并非如此简单，难度还很大。这一点，可以从膨胀土地基极为复杂的胀缩破坏机理和对上部结构极为严重的裂损机理的分析中得到验证。

## 13.6.1 地基膨胀破坏机理的复杂性

### 1. 破坏力的多向性

由于膨胀土的膨胀是体积膨胀，膨胀压力指向四面八方，就像气体爆炸压力一样，其破坏作用是惊人的。

### 2. 破坏力的各向异性

在膨胀土体周围的约束压力大于其膨胀压力的条件下，膨胀压力将被约束压力制服，破坏现象就不会形成。对于直接受到上部荷载和基础自重制约的膨胀土地基来说，由于不能有效地向上产生膨胀，引起顶升破坏，因而膨胀压力集中向抵抗力弱的侧向突破，地基土将向侧面挤出，引起基础沉降与位移。正因为土体各点位吸水过程中的时间先后不同，吸水量不同，各点位所产生的膨胀压力的大小不同，各点位侧向所拥有的抵抗力的大小也不同，因而使其膨胀压力的破坏作用具有显著的各向异性。破坏力的大小和方向差异很大。

### 3. 破坏力的时间性

由于膨胀土的颗粒细、密度高、吸水速度慢，水分在土体中转移需要一个较长的时间过程。各点的含水量及其膨胀压力的发展也随时间在变化，因此其破坏作用有很强的时间性。

### 4. 破坏力的空间性

膨胀土破坏作用的导火线是外来水体的偶然侵入，例如室外地表水渗入地基，室内地面水渗入地基，上下水管道渗漏水体渗入地基，区域性地下水位变化逼近地基，都是最直接的引发膨胀土地基破坏作用的导火线。随导火线(水源点)所在空间坐标位置的不同，基础离水源点距离的不同，其所承受的破坏力也就截然不同。

## 13.6.2 结构裂损机理的复杂性

随着建筑物基础受到地基膨胀压力着力点的不同，作用方向的不一，作用强度的变化和作用时间的差异，基础产生的位移量、变形量与损坏情况也就千差万别。导致上部结构的裂损机理极为复杂。

**1. 外墙带型基础的破坏和上部墙面的裂损**

（1）水平裂缝形成机理，如图13.2所示。

当侵入的水源来自室外散水坡裂缝且浸水深度较浅时，可能导致散水坡下方的膨胀土膨胀，在外墙基础的侧面上产生向内推挤的膨胀压力，引起墙基内移或内倾，在勒脚以上出现水平裂缝。

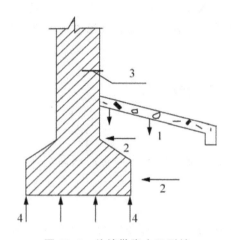

**图13.2　外墙勒脚水平裂缝**
1—散水坡裂缝渗水通道；2—水平膨胀挤推压力；
3—外墙勒脚水平裂缝；4—向上顶升膨胀压力

（2）八字形倾斜裂缝形成机理，如图13.3所示。

当外墙带型基础从散水坡裂隙中下渗的水量较大，渗入深度深及基底面以下时，对于低层轻型建筑来说，基底面受到的附加压力有限，膨胀土吸水膨胀后产生向上顶升的压力将使带型基础产生上凸变形曲线，勒脚及底层墙面上除了出现水平裂缝以外，还将产生倒八字形倾斜裂缝。

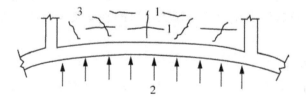

**图13.3　外墙面上的水平裂缝和倒八字形裂缝**
1—水平裂缝；2—向上顶升膨胀力；3—倒八字形裂缝

（3）交叉倾斜裂缝形成机理，如图13.4所示。

在久旱不雨的情况下，散水坡及外墙基础底板下的土体失水干缩，膨胀压力消失，基础底板下落恢复水平位置，甚至产生下凹变形，使勒脚以及外墙面上出现正八字形裂缝。正、倒八字形裂缝交叉出现形成相对倾斜，十字交叉的复合型裂缝。

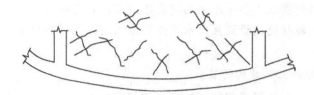

**图 13.4　外墙面上的相对倾斜交叉裂缝**

（4）墙面之字形或树枝型裂缝形成机理，如图 13.5 所示。

填充墙面上的之字形或树枝型裂缝的形成是与填充墙边界上的受力条件，也就是上下框架梁和左右框架柱的变形趋势密切相关的。如上所述，在膨胀土压力作用下，框架柱发生向一侧倾斜，下部地基梁发生上凸形变形。上部框架梁则在荷载条件下发生正常的跨中部下凹而支座附上凸的变形曲线。这些变形特征正是使墙面形成之字形裂缝和树枝型裂缝的必要条件。

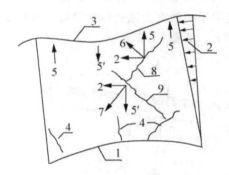

**图 13.5　墙面之字形裂缝与树枝状裂缝合成图**

1—地基梁变形曲线；2—框架柱变形曲线与墙侧压力分布线；
3—上框架梁变形曲线；4—墙底部边沿随基础梁变形引起的裂缝；
5，5′—墙顶随框架梁变形引起的内力；6—墙顶角处力 2 与力 5 合成的主应力；
7—墙中部力 2 与力 5′合成的主拉应力；8—墙顶角主拉应力 6 引起的裂缝；
9—墙中部主拉应力 7 引起的裂缝

**2. 内墙带型基础的破坏和上部墙面的裂损**

室内地面水渗漏或室内上下水管道渗漏引起的室内地基土膨胀导致的内墙带型基础破坏和上部墙体裂损的机理与外墙裂损机理相似。所不同的是上下水管道变形裂损渗漏与地基浸水膨胀现象两者是互为因果、恶性循环的一对矛盾，如果不采取措施，恶性将永无终止的一天。由于存在以上两个现象也就不可能有地基土失水干缩的机会，不会出现墙面相对倾斜的交叉裂缝。但是随着时间的推进，浸水膨胀的范围会日渐扩大，浸水软化的深度会日渐扩大，有可能导致较大范围的整体沉降破坏现象。

**3. 墩式基础的破坏和上部结构的裂损**

墩式基础的埋置深度一般较带型基础大，其基底面承受的压力强度也比带型基础大。因此基底面以下膨胀土地基因浸水膨胀引起墩基向上顶升破坏的可能性较小。但墩基侧面和承墙地基梁底面与侧面承受挤胀压力的机会则较多，容易引起墙面出现水平裂缝和倾斜裂缝。最危险的是当墩身侧面受到强大水平挤胀压力时，将导致墩身倾斜，严重时，可能引起建筑物坍塌。

**4. 桩基础的破坏和上部结构的裂损**

桩基础在膨胀压力的作用下其破坏机理与墩基础相似，但其形势却要严峻得多。因为桩基础要求桩身穿透膨胀土地层进入非膨胀性的持力层，埋置深度大，也必然穿透以膨胀土为隔水层的上下两个含水层，给两个含水层的水体打开一条上下贯通的通道。客观上起了引"狼"入室的作用，会将水流引进膨胀土层，膨胀土中产生的各向异性的强大膨胀压力将使桩身水平失稳，承台倾斜，承台连梁复杂变形，引起上部结构严重裂损。

膨胀土吸水膨胀产生的水平挤胀压力虽然导致了桩身倾斜、承台倾斜及框架柱、梁倾斜的一系列上部结构变形，但裂缝不一定直接出现在框架梁柱上，而是出现在与框架梁方向平行的楼板面边沿地带。因为框架柱、梁倾斜方向的一侧梁板有下抑变形的趋势，负弯矩值将有所衰减。而另一侧梁板面则有上翘变形的趋势，负弯矩值将激增，因此板面裂缝就出现在负弯矩激增的板带上。如图 13.6 所示。

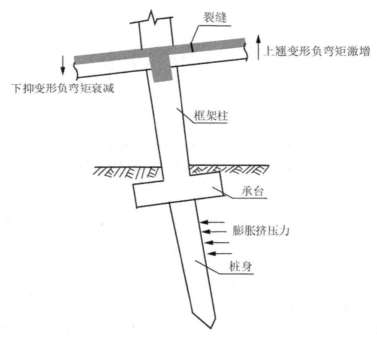

**图 13.6 桩身倾斜引起的板面裂缝**

在这里，还必须回答一个问题：膨胀土不透水，混凝土桩身亦不透水，膨胀土吸水膨胀后将与桩身紧密结合，形成很好的密封止水圈，为什么说膨胀土层与桩身的接触带还能成为输水通道，起着引"狼"入室的作用呢？试从以下三个方面作初步理论分析并结合实际考察，就可得到答案。

(1) 打入式挤土桩的输水通道，如图 13.7(a)所示。

各种打入式挤土桩，包括各种预制桩和沉管灌注桩是依靠重力强行将桩身楔进土中的，会在桩周土体中挤出大小不等的放射形裂缝，因此形成理想的输水通道，在桩周膨胀土中产生各向异性、强度不一的膨胀压力。

（2）护壁式人工挖孔桩的输水通道，如图13.7(b)所示。

人工挖孔桩是分层下挖，分层护壁的，护壁套筒的厚度薄、施工难度大、施工缝多，混凝土护壁本身的密实度就不高，吸水能力强，加上壁后与土层的接触面不紧密，护壁套筒显然是一个理想的渗水通道。

（3）钻孔灌注桩桩周接触带的输水通道，如图13.7(c)所示。

钻孔灌注桩是通过泥浆护壁的施工工艺完成的，桩周形成的一层厚度不等的泥皮由细颗粒胶泥与粗颗粒砂石混合组成，除了有很大的干缩性外，还有很强的透水性。在泥皮干缩阶段，膨胀性粘土层之间形成了一个空隙带，这就是理想的输水通道。在泥皮干缩阶段，膨胀土中吸收混凝土和泥浆中的些许水分还不足以形成强大的膨胀压力，只有等待泥浆干缩形成裂隙以后，上面或下面含水层中丰富的水源通过输水通道输入膨胀性粘土层中，巨大的而且是各向异性的膨胀压力就会将桩身挤歪。所以一般说来，钻孔桩基础引发的膨胀土地基上的建筑物裂缝事故比打入式挤土桩或人工挖土桩引发的裂缝事故在时间上较滞后。

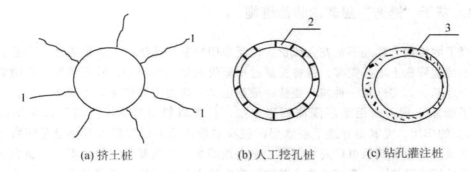

(a) 挤土桩　　　　　　(b) 人工挖孔桩　　　　　(c) 钻孔灌注桩

**图 13.7　桩周输水通道形成图**
1—挤出径向裂缝；2—挖孔桩护壁；3—钻孔桩泥皮

# 13.7　膨胀土地基的工程处理措施

自20世纪40年代膨胀土地基灾害在美国西部地区开始泛滥以来，国际工程学术界为防治此灾害已经做过很多努力。近20年来国内工程学术界也在关注此事。但是国内外关于灾害的各种处理措施的可靠性与经济性却存在很大差别，人们对其认识与评价并不一致，在处理措施选择中宜持慎重态度，现试作如下综合评述。

## 13.7.1　针对性最强的处理措施

从一开始，美国工程界就提出过关注建筑物四周散水坡的设计与施工质量，防止室外地表水渗入地下引起灾害的措施，也提出过提高地面工程质量，用钢筋混凝土防渗地面或钢筋混凝土架空地面取代普通素混凝土地面的措施。这些措施都有很强的针对性，但是其效果并不显著，付出的代价并不低，因此几十年来，并没有引起工程学术界的过多关注。

### 13.7.2 基于"对抗"理念的防治措施

有一种被赞为"争取主动"的积极措施称得上最受推崇的主流措施，其主要内容就是强化建筑结构的自我抵抗能力，提高设计安全水准，增加结构安全储备。其具体手法是在轻型砖混结构中增加钢筋混凝土构造柱和统圈梁，放大轻型框架的梁柱构件断面，扩大基底的承压面积，限制各种低强、轻质、廉价材料在工程中的使用。其实际后果无异于要求在非地震区建造的轻型民用房屋一律要按8度抗震甚至9度抗震的高标准去设防。对于量大面广低水平的农村建设来说，这显然是不现实的。何况实践已经充分证明，地基膨胀压力的实际破坏作用比9度地震还要严峻，根本无法与它正面对抗作战，一切付出都是徒劳。因此认为，基于"对抗"理念所采取的种种措施的可靠性与经济性是值得怀疑的。

### 13.7.3 基于"逃避"思想的防治措施

富裕了的美国人曾经不惜花大代价，广泛采用桩基穿透法、筏板覆盖法、深基重压法等措施去治理膨胀土地基灾害。也曾尝试过用廉价的粘土垫层法、砂石垫层法等措施去处理膨胀土地基。其实这是一种掩耳盗铃的逃跑主义。认为用深桩穿透了膨胀土层，或用筏板覆盖了膨胀土层，或用垫层隔离膨胀土层，就可以躲避侵害，其实际效果却起了引"狼"入室的作用，尤其是穿透了隔水层的桩身和渗透能力最强的砂石垫层是膨胀土地基的最大克星。筏板基础虽可以隔水，减少室内地面水渗入地基为害的几率，却也大大削减了基底面的压力强度。一旦有水渗入基底，膨胀压力就可以轻易克服基底压力，将筏板顶起，进而将整个基础和上部结构破坏。因此认为，基于"逃避"思想指导下的一系列防治措施，具有很大的危害性，应该慎用。

### 13.7.4 基于"驯服"理念的防治措施

膨胀土只要不受水的侵犯，它是非常驯服的。治土先治水，这也是一种传统理念，来自实践经验。因此认为只要从严格治水着眼，对膨胀土进行控制与驯服，就容易收到技术上可靠、经济上合理的良好效果。其具体措施包括了以下几个方面。

（1）关注室外散水坡的设计与施工质量。

（2）关注建设场地或建筑总平面图的径流方向和雨、污水排放措施。

（3）关注建设场地的植被情况，以广种花木保持场地表土层含水量稳定为宜。建筑物周围不可种阔叶深根的乔木，粗根扎入地下对地层的隔水、保水均不利。

（4）切实关注室内上下水管道工程的设计与施工质量。上水道系统应按上行下给方式进行设计配管，输水干管沿外墙上升至屋顶再往下配水，上水管基本上不与地面接触，更不埋置地下。下水管道敷设在不渗漏的管子沟内送往室外，统一排放。杜绝上下水管道系统渗漏现象。

（5）切实加强用水管理和节水、防漏的宣传教育工作。

显然，以上措施实际上并不用额外支付昂贵的经济代价，却能收到可靠的技术效果。因此认为是一种值得推荐的好措施。

# 13.8 工程实例

下面介绍的四个工程实例可以充分证明：用"驯服"理念来防治膨胀土地基灾害是正确的。

## 13.8.1 膨胀土地基上的建筑群裂损灾害

于20世纪80年代末90年代初建于某膨胀土地区的33栋3～7层砖混结构住宅楼，总建筑面积51300m²，按常规设计与施工，其中28栋于建成后一年内即陆续开始出现裂缝，被迫拆除了3栋，遭到严重损坏的有7栋，其余18栋的墙面裂缝有如下特征。

（1）山墙上普遍出现倒八字形裂缝；

（2）前后外纵墙上以水平裂缝为主，墙身外倾，基础转动；

（3）内外墙上均有交叉倾斜的复合型裂缝出现；

（4）独立柱基有位移与倾斜迹象；

（5）独立柱身上有水平裂缝和倾斜趋势；

（6）地坪有普遍隆起与裂损迹象。

显然，这是典型的膨胀土地基胀害现象，它对于按正规设计、正常施工的住宅群竟破坏严重。那么对于按低标准建造的农村建筑来说，其威胁就可想而知了。

这里只是向人们敲响了警钟！严峻的事实已向工程学术界提出了该如何防治膨胀土地基灾害问题。但从理论研究到标准规范中还很难找到答案。

## 13.8.2 难以治理的高干住宅群裂缝与渗漏现象

某低层框架高干住宅群建于一红粘土台地上。工程人员出于对工程安全的特殊关注，从设计图纸检查中发现，作为主体结构的框架与基础设计按8度抗震设防，实际安全水准满足9度设防要求还绰绰有余；施工过程工作人员也是按高标准、严要求去完成的，但自建成交付使用以后，即陆续出现了梁、柱、墙板等结构构件的普遍裂缝和严重渗漏现象。虽然机关事务管理部门不遗余力，自始至终在进行管理与维修，病害却只见加重，没有减轻，甚至出现了上、下水管道扭损断裂的现象。经专家会诊，认定这些属于中等膨胀土胀害症状。该住宅群结构设计虽然过于保守，安全储备虽然高，但没有关注"治水"问题。在基底承压力偏低的条件下，膨胀压力更容易导致独立柱基的位移与倾斜，引起一系列的上部结构变形与裂缝。也正因为地基土的膨胀与上部结构的变形，导致了上下水管道系统的扭损与断裂，引起了管道渗漏，加剧了地基土的膨胀破坏灾害，恶性循环，难于抑制。

本案例足以充分说明：用"对抗"理念去防治膨胀土地基灾害是徒劳无益的。

### 13.8.3 罕见的高级公寓楼结构裂缝与墙、板渗漏灾害

建于海南岛某滨海二级台地上的 4 栋高级住宅楼，楼高 7 层，地基为紫红色夹彩色条斑状硬粘土。除地表浅层杂填土滞水外，探明 20m 的影响深度范围内无地下含水层；采用素混凝土带型基础，设计地耐力取 110kPa，底层用 370mm 厚砖墙，二层以上用 240mm 厚砖墙，按 8 级抗震设防，每层楼面设钢筋混凝土圈梁，每个纵横墙交接节点设钢筋混凝土构造柱加强，形成了整体性较好的混合结构体系。施工质量水平一般。建成后即有用户纷纷投诉到处出现墙面、屋面、楼面与地面裂缝和渗漏现象。尤其是厨房间和卫生间，往往是上面滴水，下面积水，无法下足。虽然维修工作从未间断，但裂缝渗漏症状却日渐严重。从裂缝的产状机理分析，显然属于典型的膨胀土地基灾害。但是由于设计上违反了 8 度抗震设防地区砖混结构建造高度极限为 6 层的规范要求，人们多把视线集中在设计安全水准偏低这一问题上。实际上，裂缝是发生在非地震条件下，杂乱无章的墙面、板面裂缝现象与抗震设防标准之间并没有直接关系。这就是膨胀土地基灾害的显著特点。

### 13.8.4 强化设计的高级公寓群框架结构裂缝现象

多栋 8 层钢筋混凝土框架结构的高级公寓楼是上述 4 栋 7 层砖混结构高级公寓楼建造园区的后续工程。为了总结前期 4 栋砖混结构楼失败的经验与教训，在设计安全水准方面，不仅工程人员所参考的规范已从"89 规范"晋级到"02 规范"，还不惜工本，特意放大了安全储备，将浅埋的素混凝土带型基础一律改为深埋的钢筋混凝土独立基础；并放大了基底承压面积，还按标准与规范要求，在基底增加了粘土垫层和碎石垫层，放大了梁、柱断面和钢筋含量。这样一来实际的抗震设防水准显然超过了 8 度设防的规范要求。此外还特别关注了室外散水坡与室内地坪的设计与施工质量。他们以为可以高枕无忧了。遗憾的是工程建成不到一年，结构裂缝现象就逐渐出现，最初出现的是楼板面裂缝。裂缝产生在板支座附近，走向与框架梁平行。显然是因为独立柱基由于膨胀土压力引起水平位移导致了框架柱倾斜，楼板受扭折的结果。

这一案例进一步说明，不论是用对抗理念还是逃避理念采取的种种防治措施，都不足以保证膨胀土地基上的工程安全。如果从"先治水"着眼，根据"驯服"理念去采取相应措施，则可收到事半功倍的效果。

# 13.9 最大的风险

果真如上所述，一切轻型民用建筑完全可以采用"驯服"手法来治理膨胀土地基，一切重型建筑则可以采用"对抗手法"或"镇压措施"来抑制膨胀土灾害，那么高速、高铁、高坝等民生命脉工程就可以用双管齐下、两法并举的策略来确保工程安全。因为高速、高铁的桥隧主体工程和高坝的坝体工程均属于重型构筑物，对膨胀土拥有足够的压力。对于路基路面或护坡堤岸等辅助工程，则完全可以采用"驯服"手法，小心翼翼地搞

好地表截排水工作，来减少膨胀土灾害。这样一来，最大的风险就集中到了南水北调工程中，这是应该高度警惕的。

南水北调要将浩浩荡荡、来势汹汹的水流从青藏高原跨沟越岭，架渡槽钻山洞远送到被膨胀土覆盖的鄂北豫中平原，一路不免要和膨胀岩（在横断山过山洞时也会不时和膨胀岩相遇）或膨胀土相遇，甚至拥抱前行。那多年来干透了的膨胀岩土，一遇上水，怎能不尽性发作呢？何况水道还得借助虹吸管的高压形式去跨越黄淮等危险河床。这一路走来所能遇到的膨胀土灾害的风险是可想而知的。最可怕的是一旦膨胀土灾害引爆黄淮河床，造成大面积崩溃，则横扫黄淮下游的泥石流将给下游亿万人民的生命财产带来致命的威胁。对之不可不慎！

# 思　考　题

1. 膨胀土有哪些显著的特征？
2. 什么是膨胀土的自由体积膨胀率？
3. 什么是膨胀土的相对线性膨胀率？
4. 如何评价膨胀土的膨胀潜势？
5. 如何划分膨胀土的胀缩等级？
6. 试谈谈膨胀土地基的破坏机理。
7. 试谈谈膨胀土地基上建筑结构的裂缝机理。
8. 试谈谈当前流行处理膨胀土地基的工程措施有哪几类，各有何优缺点？

# 第14章
## 工程结构裂缝处理方法

本教材的重点是工程事故分析而不是工程结构加固，所以本章的重点也只是一般性的结构裂缝封闭处理，旨在提高结构的耐久性，不涉及工程结构加固问题，着重介绍了一些裂缝封闭处理的技术操作方法。其内容包括：

(1) 裂缝封闭的必要性。

(2) 表面抹灰封闭。

(3) 注浆胶结封闭。

(4) 预应力康复封闭。

### 基本概念

结构的抗震设防等级；建筑物的实际抗震能力。

### 引言

在建设高潮行将过去以后，结构维护加固和裂缝处理工作就成了当务之急，因此本章实用价值很高。

钢筋混凝土是现行结构体系中各种承重构件的主要材料,混凝土工程质量的好坏,决定了结构的物理力学性能的好坏,对结构的稳定性与整个工程安全具有最直接的影响。混凝土工程质量不过关,就有可能对结构造成灾难性的后果。而混凝土总是存在这样的或那样的病害,病害产生的原因来自多方面:混凝土的水化作用、工程施工的不当、混凝土构造物使用环境的恶化以及建筑结构承载力的变化,这些均可使混凝土产生各种各样的病害。其中,裂缝病害约占70%以上,裂缝的扩展在局部形成应力集中,使混凝土强度降低、并使钢筋锈蚀、脆化,结构承载力下降,成为造成建筑物事故的重要原因。裂缝问题严重影响混凝土建筑物的寿命,以致每年要耗费巨资对钢筋混凝土工程进行修补与加固。

## 14.1 用手工抹灰或手压泵喷浆封闭结构裂缝

对于那些普遍存在于梁、柱、墙、板等所有构件的表面,几乎是无处不有,而缝道细微(缝宽一般均在0.2mm以下),倾角和走向又表现错综复杂的温、湿收缩裂缝来说,在早期,其导致结构正常承载力的损失并不明显。严重的是关于结构的耐久性问题和抗震功能问题的影响,必须引起密切关注。因为裂缝既已出现,结构的连续性和整体性就已丧失,尤其是因为结构刚度的丧失而引起的抗剪切、抗扭曲能力的下降,成了建筑物在极低烈度地震波冲击下率先瘫痪的主要原因。实质上就是本来按高烈度设防的建筑物,只因存在了一些不起眼的小裂缝,带病工作,最后带来的是整体坍塌的结果,能不痛心!因此,必须寻求及时、有效封闭与康复裂缝的方法。最简便的方法是手工抹灰或手压泵喷浆对裂缝进行封闭处理。浆液有多种选择,处理时机应该选择在裂缝已经充分发育的低温季节。此时,裂缝已相对闭合,裂缝界面已经紧贴,界面之间已经赋存着一定的咬合力、附着力或摩擦力。这样,不仅保证了结构的耐久性,也基本上恢复了结构的整体性和抗弯拉、抗压剪、抗扭曲的抗震功能,认为是一种合理的处理方法。

## 14.2 用化学灌浆法处理结构裂缝

化学灌浆就是用压送设备将化学材料配制的浆液灌入混凝土构件的裂缝内,使其扩散、固化。固化后的化学浆液具有较高的粘结强度,与混凝土能较好地粘结,从而增强了构件的整体性,使构件恢复使用功能,提高耐久性,达到防锈补强的目的。

用于结构修补的化学浆液主要有两类:一类是环氧树脂浆液;另一类是甲基丙烯酸甲酯液(简称甲凝)。用于防渗堵漏的化学浆液主要有水玻璃、丙烯酰胺、聚氨酯、丙烯酸盐等。这些材料可充填缝隙,使之不透水并增加强度。

### 14.2.1 灌浆材料的选用及配方

1. 灌浆材料的选用

用于结构修补的灌浆材料,可根据裂缝的宽度、深度的不同,按以下方法选用。

(1) 对于宽度小于0.3mm的细而深的裂缝,宜采用可灌性较好的甲凝或低粘度的环氧树脂浆液灌注补强。

(2) 当裂缝宽度大于1.0mm时,宜用微膨胀水泥砂浆液修补。

(3) 对宽度为0.3~1.0mm的裂缝,宜采用收缩性较小的环氧树脂浆液灌注补强。

2. 浆液配方及使用条件

浆液配方由浆液的用途及使用条件而定。下面分别介绍几种常用的环氧树脂浆液、甲凝的配方及其使用性能。

1) 环氧树脂液

《混凝土结构加固技术规范》所建议使用的环氧树脂浆液配方见表14-1。

表14-1　加固规范推荐的浆液配方及其性能

| 材料名称 | 规格 | 配合比(质量比) | | | | |
|---|---|---|---|---|---|---|
| | | 配方1 | 配方2 | 配方3 | 配方4 | 配方5 |
| 环氧树脂 | 6101号或634号 | 100 | 100 | 100 | 100 | 100 |
| 糠醛 | 工业 | — | 20~25 | — | 50 | 50 |
| 丙酮 | 工业 | — | 20~25 | — | 60 | 60 |
| 邻苯二甲酸二丁酯 | 工业 | — | — | 10 | — | — |
| 甲苯 | 工业 | 30~40 | — | 50 | — | — |
| 苯酚 | 工业 | — | — | — | — | 10 |
| 乙二胺 | 工业 | 8~10 | 15~25 | 8~10 | 20 | 20 |
| 使用性能 | | 1天后固化,流动稍差 | 2天后为弹性体,流动性较好 | 4天后为弹性体,流动性较好 | 6天后为弹性体,流动性较好 | 7天后为弹性体,流动性较好 |

从表14-1可以发现,各种添加剂的掺加比例对环氧树脂浆液的性能和使用功能都有较大的影响。在工程中,应该根据不同情况选用不同的配方。

2) 甲基丙烯酸甲酯浆液(简称甲凝)

甲凝能灌入0.05mm的细微裂缝中,当水坝、水池一类的建(构)筑物出现裂缝时,用甲凝进行修复补强是非常有效的。加固规范推荐的配方见表14-2。

表14-2　加固规范推荐的甲凝配方

| 材料名称 | 代号 | 配合比(质量比) | | |
|---|---|---|---|---|
| | | 配方1 | 配方2 | 配方3 |
| 甲基丙烯甲酯 | MMA | 100 | 100 | 100 |
| 乙酸乙烯 | — | 18 | — | 0~15 |
| 丙烯酸 | — | — | 10 | 0~10 |

续表

| 材料名称 | 代号 | 配合比（质量比） | | |
|---|---|---|---|---|
| | | 配方1 | 配方2 | 配方3 |
| 过氧化二苯甲酸 | BPO | 1.5 | 1.0 | 1～1.5 |
| 对甲苯亚磺酸 | TSA | 1.0 | 1.0～2.0 | 0.5～1.0 |
| 二甲基苯胺 | DMA | 1.0 | 0.5～1.0 | 0.5～1.5 |

## 14.2.2　灌浆方法及设备

目前，常用的灌浆方法分手动和机械两类，近年来国外已有自动灌浆法。

**1. 手动灌浆施工法**

手动灌浆工具是油脂枪，枪筒可装 200mL 以下的浆液。操作时将配制好的浆液装入枪筒，枪头与灌浆嘴（盒）相接，扳动操纵杆即可把浆液压入缝中。施工时可任意调节灌注压力。当用强力板压杠杆时，枪端最大压力达 20MPa。这样大的压力，即使膏糊也可注入。手动法所用的工具少，机动灵活，当裂缝不多，灌浆量不大时，适宜采用此法。

**2. 机动灌浆施工法**

机动灌浆是一种靠泵连续压浆的机械施工方法。它所需要的机具包括：灌浆泵、管、灌浆嘴。目前市场上的化学灌浆泵主要有：①HGB 型，其排浆流量调节范围为 0～6.4L/min；②2MJ－3/40 型隔膜计量泵，其精度高，既适用于化学灌浆，又适用于水泥灌浆，流量调节范围为 0～3L/min；③JN－4 型化学灌浆泵，可用于甲凝灌浆，最大流量为 2.8L/min。压浆筒可自制，其容量根据工程上耗浆量的大小自行决定。

目前，国外多采用双组分灌浆泵，即环氧浆液按环氧树脂及硬化剂两种组分分别装在两个容器内。灌浆时，按所要求的比例自动混合，形成可固化的浆液，灌入缝内。

## 14.2.3　安全技术及注意事项

环氧树脂和甲凝的组成材料大多数有毒，危害人体健康，并且污染环境；有的还易燃、易爆。施工过程中如果不加以注意，则很可能危及施工人员的安全。这些有毒物质可通过接触、呼吸及消化道等途径进入人体而引起中毒；更应该注意的是，有些毒性反应在短时期内并不明显，但经过长期的积累中毒后，将对人体造成严重伤害。因此，必须从安全教育、材料管理、现场施工组织管理、劳动保护、防火、防爆等几方面采取切实可行的措施，以确保施工人员的安全和环境免受污染。

**1. 安全教育**

加强对全体施工人员（包括贮运人员）的业务培训和安全教育，充分认识化学灌浆材料的毒性及危害性，并且熟悉、掌握各种安全技术和防护措施。

2. 材料管理中的安全技术

对有毒性和刺激性的挥发性材料，应有专人负责，将其密封贮存在阴凉通风的室内。丙酮、甲苯等易燃易爆材料，应贮存在远离施工现场处。

3. 施工现场的安全技术

施工现场应采取有效的通风设施，如施工地点在地下或井下，更应设置足够的排风设备，将有毒气体排出现场，并引入新鲜空气。施工结束后，余下的废料都应妥善处理，防止污染环境。

4. 劳动保护

（1）施工人员应穿戴防护服、橡胶或乳胶手套、专用臂套、防护口罩以及防护眼镜等劳保用品，并应在浆液的上风位置工作。室内试验应在通风橱内进行。不准用手直接接触化学灌浆材料。

（2）施工人员不准在化学灌浆现场进食、吸烟，离开现场前应洗手。

（3）若皮肤沾有浆液，应用热水、肥皂或酒精擦洗干净。沾有环氧树脂时，可先用锯木屑去掉污粉；擦洗后，再用热水、肥皂洗净。不准用丙酮等渗透性强的溶剂洗涤，防止有毒物质渗入人体。

5. 防火防爆措施

（1）施工现场不准贮存易燃、易爆材料。

（2）施工现场不准吸烟、禁用明火。使用强光灯泡时，应加防护安全罩，防止灯管爆裂而失火。

（3）施工现场应有化学灭火机(泡沫、四氯化碳、二氧化碳等)与黄砂等消防设施。泡沫适用于乙醇、丙酮灭火；四氯化碳适用于丙酮、苯、甲苯等材料灭火；二氧化碳适用于电气设备灭火；黄砂适用于小范围的灭火。

6. 紧急抢救措施

由于通风不良、浆管爆裂、材料着火等突发事故造成急性中毒或灼伤，应在现场采取紧急抢救措施。

（1）浆液喷射入眼睛时，应立即用大量清水或生理盐水彻底冲洗后，立即送医院救治。

（2）发现中毒昏厥人员，应立即将病员移至空气新鲜场所，由医务人员急救，脱险后送医院治疗。

（3）灌浆材料着火，应迅速灭火，切断电源、火源，移走未用完的易燃、易爆材料，消防人员也应穿戴劳动防护用品。

## 14.3 用喷射混凝土处理结构裂缝

喷浆或喷射混凝土都是用压缩空气将水泥砂浆或细石混凝土喷射修补结构上的裂缝、孔洞或加大结构断面，以恢复或提高原结构的承载能力、刚度和耐久性。

## 14.3.1 适用范围及特点

喷浆与喷射混凝土在建筑物加固中的应用十分广泛，它常与钢筋网、钢丝网、金属套箍、扒钉等共同使用。

喷浆与喷射混凝土常应用于局部或全部地更换已损伤混凝土；填补混凝土结构中的孔洞、缝隙、麻面等。

喷浆与喷射混凝土有如下特点。

(1) 喷射层以原有结构作为附着面，不需要另设模板，在高空对板、梁的底面或复杂曲面施工较方便。

(2) 对混凝土、坚固的岩石有较强的粘结力。

(3) 喷射层密度大，强度高，抗渗性好。

(4) 工艺简单，施工高速、高效。

(5) 可在拌合料中加入速凝剂，使水泥浆在 10 分钟内终凝，2 小时后具有强度，可以大大缩短工期。

喷射混凝土的密度一般取 2200kg/m³，设计强度不应低于 15MPa(C15)。

## 14.3.2 施工工艺及技术要求

喷射混凝土的施工工艺如图 14.1 所示。

**图 14.1 喷射混凝土的施工工艺**

1. 待喷面处理

待喷面的处理是结构构件加固的关键工序。待喷面的处理包括裂缝、空洞的外形处理和受损伤构造的处理等。

用喷浆修补结构裂缝和孔穴时，应将裂缝和孔穴修成"V"形，使灰浆可以顺利喷入并堆积密实。当待喷面比较光滑时，则应凿成麻面，以保证新旧混凝土的粘结。

结构待喷面为损伤混凝土时，一般应该铲除至坚实的结构层为止。如果铲除不彻底，会造成"夹馅"，影响喷射层的粘结、耐久性和新旧结构层的共同受力。

2. 补配钢筋

若经结构评定，认为应在喷射层内加配钢筋时，可在待喷面处理之后补配钢筋。当附着面上出现孔洞时，应注意孔洞的尺寸，并分别作出处理。当孔洞较小时，可直接喷补；当孔洞面积较大时，可先在孔洞表面敷贴直径 $\phi4\sim\phi6$，间距 100mm 的钢筋网，再做喷面处理。

对于承载力不足的混凝土梁、混凝土柱等，应补配钢筋或钢筋网或钢丝网，随后才可喷射。钢筋网与受喷面间的距离不宜小于 2D(D 为最大骨料粒径)。

3. 埋设喷射层厚度标志

每次不能喷得太厚。一次喷射厚度见表 14-3。在喷射前应埋设喷层厚度的标志，以方便喷射施工和保证喷射质量。

表 14-3　喷射混凝土一次喷射厚度

| 喷射方向 | 一次喷射厚度(mm) | |
| :---: | :---: | :---: |
| | 加速凝剂 | 不加速凝剂 |
| 向上 | 50~70 | 30~50 |
| 水平 | 70~100 | 60~70 |
| 向下 | 100~150 | 100~150 |

4. 喷射

喷射混凝土可分为干法喷射、湿法喷射和半湿法喷射三种。

所谓干法喷射是将材料干拌和后用气压把它以悬浮状态通过软管带到喷嘴，在距喷嘴口 25~30cm 处，将多股细水流加入料中进行混合，最后喷到喷射面上。

为了减少喷射粉尘，在距喷嘴数米处应供给压力水，这样，拌和的材料为干料，而喷嘴喷出的材料为湿料。因此，这种方法称为半湿法。

所谓湿法喷射是将干料与水搅拌后用泵将湿料送至喷嘴，在喷嘴处加入速凝剂后，用气压将砂浆或混凝土喷出。

干法喷射具有材料输送距离长、能喷射轻型多孔集料等优点；其缺点是回弹大、粉尘较大。湿法喷射具有用水量及配合比控制较准确、材料能充分搅拌、回弹小、节约材料、粉尘较小等优点，其缺点是输送的混合料含水量较大，因而其强度、抗渗性、抗冻性受到一定的影响。在结构的修理加固中，采用干喷射较为普遍。

干法喷射的质量控制应注意以下几点。

(1) 骨料的级配要好。

(2) 混合物在进入喷嘴与水混合之前，其含水率控制在 2%~5%。如果小于 2%，会增大粉尘；若大于 5%，易造成管道堵塞。

(3) 喷嘴距喷面应保持 0.9~1.2m 的距离。

湿法喷射工艺既可用于细石混凝土的喷射，也可用于水泥浆的喷射。

5. 养护

对于喷射薄层混凝土，尤其对于砖砌体的喷射混凝土加固层，喷射施工完毕后，加强养护是至关重要的。第一次洒水养护一般应在喷射后 1~2 小时进行，以后的洒水养护应以保持表面湿润为宜。

## 14.4 用体外预应力法封闭并康复框架或桥梁结构裂缝

对于裂缝较密集、较严重的构件，不仅对其未来的耐久性问题和抗震性能存疑，就连当前的承载能力和使用功能，也已不敢保证。在这样的条件下，单纯的封闭裂缝已不能满足要求。按常规方法展开结构加固则不仅存在一个费用巨大的问题，而且会出现很多严重的无法回避的副作用。这里介绍的体外预应力法可以利用体外预加的压力对裂缝进行强制性压缩、闭合，再在裂缝闭合的基础上，于构件表面喷射保护层对预应力筋进行保护。这样一来，不仅裂缝得到了完全修复，而且由于预应力的出现和预应力筋的存在，构件的抵抗力也有大幅度提升，真是一举多得的好办法。当前此法已在国内外的桥梁加固中普遍使用，值得在广泛存在的框架结构裂缝封闭处理中推行。

## 思 考 题

1. 钢筋混凝土框架结构的裂缝处理方法通常有哪几种？
2. 钢筋混凝土框架结构裂缝处理方法的选择的依据是什么？
3. 对框架结构的裂缝进行处理须遵循哪些方面的要求？

# 第15章

# 工程结构温度应力计算方法

## 教学目标

只作定性分析，没有定量分析，没有数据，就没有较强的说服力。因此要求对裂缝出现几率高的温度应力进行理论计算。本文所列举的39道计算公式有些是常用的，有些是新推导出来的，很可能存在不少缺憾，希望在试用中得到指正。本章的目标如下。

(1) 初步了解各种温度应力计算公式的理论推导过程，不必作过多关注。

(2) 熟悉砖混结构各种构件(墙、梁、板)各个部位，各种走向的温度应力计算方法。

(3) 熟悉钢筋混凝土结构各种构件、各个部位、各种走向的温度应力计算方法。

(4) 熟悉大体积混凝土水化热导致的体内外温差引起的表面冷缩应力计算方法。

## 基本概念

约束条件；温度系数；计算温差；当量温差；温度应力(冷缩干缩叠加轴向应力)；温差应力(低温侧冷缩表面张拉应力)。

## 引言

在见到裂缝，初步判断并非超载原因、地基原因、设计原因的情况下，不妨做做温度应力计算。当经计算证明也非其原因时，再下工夫，齐头并进，去深入寻找真正的原因。

在工程事故分析与诉讼证据鉴定工作中，往往会遇到普遍而且严重的温度应力引起的结构裂缝现象。温度应力裂缝也是砖混结构和钢筋混凝土结构的常见裂缝，对这类裂缝进行定性分析，只有业内专家才能接受。对于业外人士，尤其是对于利益攸关的当事人来说，只凭定性分析方法去作干巴巴的说教是很不够的，必须凭数据说话。因此对砖混结构和钢筋混凝土结构的温度应力进行定量计算，拿出具体数据，摆到法官和当事人面前，是很有必要的。

# 15.1 砖混结构温度应力实用计算方法

## 15.1.1 砖混结构温度应力计算中存在的问题

因砖混结构构件组合的复杂性，加上材质不匀、力学性能和热工系数差异，在温度作用下，热胀冷缩所产生的实际应力变化很大，故要寻求能完全反映实际的理论计算方法目前还有很多困难。在国外，有美国的 R.E.Copeland 及以色列的 S.Rosen－Haupt、A.Kofman、I.Rosenthaul 的方法；在国内，有 1963 年裂缝学术会议中所采用的方法和王铁梦所倡导的略算法。这些计算方法均有较广泛的代表性，为砖混结构温度应力的研究工作打下了基础。但近几十年来研究进展不大。在实际工程应用中，还存在一些需要继续探讨的问题。

（1）上述解法都是采用差分法，按实体墙板来分析的，与留有大量门窗洞口的实际墙体相比，应力值出入很大，因为洞口存在应力集中问题。如图 15.1 所示，一块两端受有均匀拉应力 $\sigma_0$ 的墙板，在不开洞的情况下，任何断面上的应力可认为是均匀分布的。如果在墙板面开一直径为 $d$ 的小圆孔，根据吉尔西方法求解离圆心距离为 $r$ 的任一点上的正应力，如图 15.1(a) 所示，其值为

$$\sigma_r = \frac{\sigma_0}{2}\left(2 + \frac{1}{4}\frac{d^2}{r^2} + \frac{3}{16}\frac{d^4}{r^4}\right)$$

当 $r=d/2$ 时，得洞边应力值

$$\sigma_{r=d/2} = 3\sigma_0$$

即洞边应力为平均应力的 3 倍。如果将墙板上的小圆孔改为与一般门窗洞口尺度相似的椭圆孔时，如图 15.1(b) 所示。得洞边应力值

$$\sigma_{\max} = \sigma_0\left(1 + \frac{2b}{c}\right)$$

其中 $b$、$c$ 为椭圆的长、短半径，设 $b/c=1.5$（接近一般门窗洞口的高宽比），则

$$\sigma_{\max} = 4\sigma_0$$

即洞口应力扩大 4 倍。对受有非均匀拉力，并开有一系列矩形门窗洞口的墙板来说，应力集中现象将更加严重。这就不能不考虑按弹性理论精确求解墙板内温度应力的实际意义了。

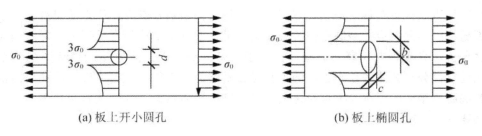

(a) 板上开小圆孔        (b) 板上椭圆孔

**图 15.1　洞边应力集中情况**

1—直径 $d$；2—长半径 $b$，短半径 $c$

（2）由于应力集中现象的存在，必然会出现局部先裂缝的情况。局部裂缝（如门窗洞口裂缝）一旦产生，结构的均一性、连续性被破坏，其内部应力必然进行重新分配。如果仍将墙板视为一整体构件，严格遵循弹性理论的各项准则来进行浩繁的数理运算，其实际意义是不大的。

（3）现行计算方法中边界条件的确定与实际情况也有出入。有关文献所建立的边界条件是墙体的下边沿 $(\varepsilon_x)_{y=0}=0$，即不考虑底层楼板对墙体的制约；而在墙板的上边沿，则按顶板平面外刚度为零和无限大这两种极端情况予以折中处理，这样的结果与实际情况有较大出入。有文献对墙体顶部边界条件的考虑与实际相符，但没考虑底板的制约，与实际情况仍有出入。

（4）王铁梦的略算法比较简便，这是其优点，但该法只能略算上、下边沿处的剪应力和主拉应力，而且仍是按差分法整体墙板进行考虑，没有顾及应力集中和裂缝出现以后的应力重新分配等实际情况。

## 15.1.2　温度应力实用计算方法

### 1. 用"放松法"求解墙板边界约束力

如图 15.2、图 15.3 所示，将钢筋混凝土顶板与墙体分离，放松相互之间的约束力，则顶板及墙体在温差及干湿影响下，其自由应变量分别为

$$\varepsilon_{c1}=a_c(T_1-T)-\Delta_{c1} \tag{15-1}$$

$$\varepsilon_{b1}=a_c(T_1-T)-\Delta_{b1} \tag{15-2}$$

根据变形协调条件，墙与板接触面纤维的应变方程如图 15.2 所示。

$$\varepsilon_{c1}-\varepsilon_{b1}=e_{c1}+e_{b1} \tag{15-3}$$

同样，将钢筋混凝土底板与上、下层墙体分离，则有

$$\varepsilon_{c2}=a_c(T_3-T)-\Delta_{c2} \tag{15-4}$$

$$\varepsilon_{b2}=a_b(T_3-T)-\Delta_{b2} \tag{15-5}$$

$$\varepsilon_{c2}-\varepsilon_{b2}=e_{c2}+e_{b2} \tag{15-6}$$

式中：$\varepsilon_{c1}(\varepsilon_{c2})$——钢筋混凝土顶（底）板的自由温、湿线胀量；

$\varepsilon_{b1}(\varepsilon_{b2})$——上（下）层墙体的自由温、湿线胀量；

$a_c$——钢筋混凝土线胀系数 $(1.0\times10^{-5})$；

$a_b$——砖砌体的线胀系数($0.5 \times 10^{-5}$);

$\Delta_{c1}(\Delta_{c2})$——顶(底)板的湿胀缩量;

$e_{c1}(e_{c2})$——组合体升温条件下,混凝土顶(底)板因受墙体制约所产生的压缩变形量;

$e_{b1}(e_{b2})$——组合体升温后,墙体因受混凝土板制约所产生的拉伸变形量;

$T_1$、$T_2$、$T_3$——顶板、墙体、底板的温度;

$T$——施工时的初始(基准)温度。

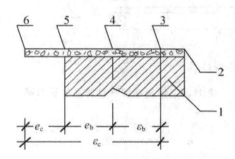

**图 15.2 砖混组合体胀缩变形关系图**

$\varepsilon_c$—钢筋混凝土升温后自由伸长量;$\varepsilon_b$—砖砌体升温后自由伸长量;

$e_c$—组合体升温后钢筋混凝土受到砌体制约所产生的压缩变形量;1—砖砌体;

2—混凝土顶板;3—组合砌体升温的初始位置;4—放松后砌体升温自由伸长终止点;

5—组合砌体升温后终端位置;6—放松后混凝土升温自由伸长终止点

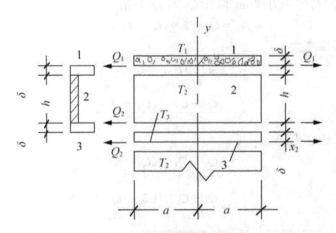

**图 15.3 墙板边界变形条件的建立**

1—顶板;2—墙体;3—底板

设作用于顶板与墙体接触边沿上的约束力是 $Q_1$,作用于底板与上层墙体接触边沿上的约束力是 $Q_2$。由于上、下层墙体温度相同,故作用于底板与下层墙体接触边沿上的约束力也是 $Q_2$,且方向相同。

根据森维南局部影响原理和力的平移法则,以作用于顶板中轴上的力 $Q_1$ 及力偶 $m_1$ 取代作用于顶板边沿上的力 $Q_1$,如图 15.4 所示。

则
$$m_1 = Q_1 \delta / 2$$

顶板边沿应力

$$\sigma_{c1} = \frac{Q_1}{A_{c1}} + \frac{Q_1\delta}{2Z_{c1}}$$

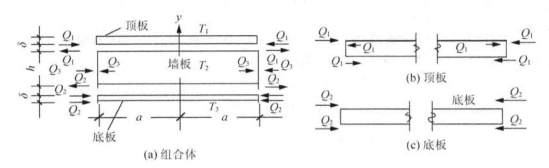

图 15.4 墙板放松法计算温度应力图

顶板边沿应变

$$e_{c1} = \sigma_{c1}/E_c \qquad\qquad (15-7)$$

底板内应力

$$\sigma_{c2} = 2Q_2/A_{c2}$$

底板应变

$$e_{c2} = \sigma_{c2}/E_c \qquad\qquad (15-8)$$

同样,再令 $Q_3 = Q_1 - Q_2$,用两个分别作用于墙体上、下边沿的力 $Q_2$,一个作用于墙体中腰线上的力 $Q_3$ 与另一力偶 $m_2$ 取代 $Q_1$ 与 $Q_2$,则

$$m_2 = Q_3 h/2 = (Q_1 - Q_2)h/2$$

墙体上边沿纤维应力

$$\sigma_{b1} = \frac{Q_1 + Q_2}{bh} + \frac{(Q_1 - Q_2)h}{2Z_b}$$

从而得

$$e_{b1} = \frac{Q_1 + Q_2}{bhE_b} + \frac{(Q_1 - Q_2)h}{2Z_bE_b} \qquad\qquad (15-9)$$

墙体下边沿纤维应力

$$\sigma_{b2} = \frac{Q_1 + Q_2}{bh} - \frac{(Q_1 - Q_2)h}{2Z_b}$$

从而得

$$e_{b2} = \frac{Q_1 + Q_2}{bhE_b} - \frac{(Q_1 - Q_2)h}{2Z_bE_b} \qquad\qquad (15-10)$$

式中:$A_{c1}(A_{c2})$——钢筋混凝土顶(底)板的断面积;

$\qquad Z_{c1}(Z_{c2})$——钢筋混凝土顶(底)板的断面系数;

$\qquad Z_b$——墙体的断面系数;

$\qquad b$——墙体厚度;

$\qquad E_b(E_c)$——砖砌体(混凝土)弹性模量;

$\qquad \sigma_{b1}(\sigma_{b2})$——砖砌体顶(底)边沿纤维应力;

$\qquad \sigma_{c1}(\sigma_{c2})$——混凝土顶(底)板边沿纤维应力。

将式(15-7)~式(15-10)代入式(15-3)、式(15-6)得

$$\left(\frac{1}{A_{c1}}+\frac{\delta}{2Z_{c1}E_c}+\frac{1}{bhE_b}+\frac{h}{2Z_bE_b}\right)Q_1+\left(\frac{1}{bhE_b}-\frac{h}{2Z_bE_b}\right)Q_2$$
$$=a_b(2T_1-T_2-T)-\Delta_{c1}+\Delta_{b1} \tag{15-11}$$

$$\left(\frac{2}{A_{c2}E_c}+\frac{1}{bhE_b}+\frac{h}{2Z_bE_b}\right)Q_2+\left(\frac{1}{bhE_b}-\frac{h}{2Z_bE_b}\right)Q_1$$
$$=a_b(2T_3-T_2-T)-\Delta_{c2}+\Delta_{b1} \tag{15-12}$$

解式(15-11)及式(15-12)并令

$$2Z_{c1}bhE_bZ_b+A_{c1}bh\delta E_bZ_b+2A_{c1}E_cZ_{c1}Z_b+h^2A_{c1}E_cZ_{c1}b=\xi \tag{15-13}$$

$$\varepsilon_{c1}-\varepsilon_{b1}=a_b(2T_1-T_2-T)-\Delta_{c1}+\Delta_{b1}=\eta \tag{15-14}$$

$$\varepsilon_{c2}-\varepsilon_{b2}=a_b(2T_3-T_2-T)-\Delta_{c2}+\Delta_{b1}=\theta \tag{15-15}$$

$\xi$与墙体及钢筋混凝土顶(底)板的规格尺寸、断面系数、弹性模量等因素有关，称为断面特性因子。

$\eta$、$\theta$仅与线胀系数及温、湿度有关，称温、湿度因子。当不考虑干湿胀缩影响时，
$$\eta=a_b(2T_1-T_2-T)$$
$$\theta=a_b(2T_3-T_2-T)$$

(实际上如果考虑干湿胀缩影响时，$\Delta_{c1}$、$\Delta_{b1}$、$\Delta_{c2}$、$\Delta_{b2}$应先按当量温差法，将干湿胀缩影响因素考虑到计算温度中去，使计算过程简化。)

于是得

$$Q_1=\left[\eta(2A_{c1}Z_{c1}Z_bbhE_bE_c)-(2Z_b-bh^2)(A_{c1}E_cZ_{c1})Q_2\right]/\varepsilon \tag{15-16}$$

$$Q_2=\left[\theta(2A_{c2}E_cbhE_bZ_b)\varepsilon-\eta(2A_{c1}bhZ_{c1}Z_bE_bE_c)(2Z_b-bh^2)A_{c2}E\right]/$$
$$\left[(4bhE_bZ_b)+(2A_{c2}E_bZ_b+A_{c2}E_cbh^2)\xi-(2Z_b-bh^2)^2A_{c1}E_c^2Z_{c1}A_{c2}\right] \tag{15-17}$$

需要说明的是，以上计算考虑了墙板偏心受拉(压)的弯曲作用，与墙板底边被嵌固的实际情况仍有出入。

**2. 考虑墙板底面嵌固，对$Q_1$、$Q_2$的修正**

考虑墙板底面嵌固时，在力偶作用下不发生弯曲变形，从而不产生水平应力$\sigma_x$，只产生竖向应力$\sigma_y$。如图15.5所示。根据墙体在力偶作用下的变形趋势和工程实例中水平包角缝和水平鼓起缝的实际情况，又可假定竖向应力$\sigma_y$作线性分布，即在热胀情况下，最大竖向应力$[(\sigma_y)_{max}]_{x=0}$产生于墙板的对称轴；在冷缩情况下，最大竖向应$[(\sigma_y)_{max}]_{x=\pm a}$产生于墙的两肩。

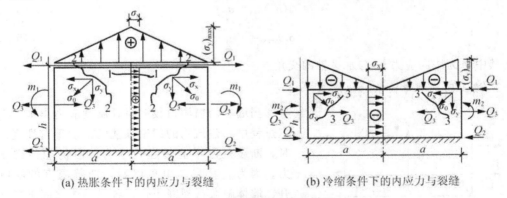

(a) 热胀条件下的内应力与裂缝　　(b) 冷缩条件下的内应力与裂缝

**图15.5　通长墙板内力计算图**

$Q_1$—界面约束力；$m_1$—偏拉力矩；$m_2$—偏压力矩；$\sigma_x$—水平拉(压)应力；
$\sigma_y$—垂直拉(压)应力；$\sigma_0$—主拉应力；1—1 水平缝；2—2 倒八字缝；3—3 正八字缝

热胀情况下，$[(\sigma_y)_{\max}]_{x=0}$ 可按下式求得 $[(\sigma_y)_{\max}]_{x=0} \times \dfrac{a}{2} \times \dfrac{2a}{3}b = \dfrac{Q_1 - Q_2}{2}h$

即

$$[(\sigma_y)_{\max}]_{x=a} = \frac{3h(Q_1 - Q_2)}{2a^2 b} \tag{15-18}$$

$$(\sigma_y)_{x=i} = \frac{3h(a - x_i)(Q_1 - Q_2)}{2a^3 b} \tag{15-19}$$

由于不考虑力偶对水平应力应变产生的影响，此时墙体在约束力 $Q_1$ 与 $Q_2$ 作用下，为均匀受拉(压)，上下边沿的纤维应力与应变都分别相同，即

$$e_{b1} = e_{b2} = \frac{\sigma_x}{E_b} = \frac{Q_1 + Q_2}{bhE_b} \tag{15-20}$$

将式(15-9)、式(15-10)、式(15-16)、式(15-17)与式(15-22)代入式(15-5)及式(15-8)得

$$\eta = \frac{Q_1}{A_{c1}E_c} + \frac{Q_1 \delta}{2_c Z_1 E_c} + \frac{Q_1 + Q_2}{bhE_b} \tag{15-21}$$

$$\theta = \frac{2Q_2}{A_{c2}E_c} + \frac{Q_1 + Q_2}{bhE_b} \tag{15-22}$$

解式(15-23)及式(15-24)得修正后的边界约束力为

$$Q_1' = \frac{2A_{c1}E_c Z_{c1}}{2Z_{c1} + A_{c1}\delta} \cdot \frac{(\eta - \theta)A_{c2}E_c + 2Q_2}{A_{c2}E_c} \tag{15-23}$$

$$Q_2' = [\theta(2bhA_{c2}E_b Z_{c1}E_c + bh\delta A_{c1}A_{c2} \times E_b E_c) - 2A_{c1}A_{c2}Z_{c1}E_c^2(\eta - \theta)] / \\ [2A_{c2}Z_{c1}E_c + A_{c1}A_{c2}\delta E_c + 4bh \times Z_{c1}E_b + 2bh\delta A_{c1}E_b + 4A_{c1} \times Z_{c1}E_c] \tag{15-24}$$

于是可求得墙体内最大正应力 $(\sigma_n)_{\max}$ 及最大剪应力 $(\sigma_s)_{\max}$：

$$\sigma_x = \frac{Q_1 + Q_2}{bh} \tag{15-25}$$

$$(\sigma_n)_i = \left[\frac{\sigma_x + \sigma_y}{2} + \frac{\sigma_x - \sigma_y}{2} \times \cos 2\varphi\right]_{\substack{x = x_i \\ y = y_i}} \tag{15-26}$$

$$(\sigma_s)_i = \left[\frac{\sigma_x - \sigma_y}{2}\sin 2\varphi\right]_{\substack{x = x_i \\ y = y_i}} \tag{15-27}$$

$$(\sigma_n)_{\max} = \sigma_x \tag{15-28}$$

$$(\sigma_s)_{\max} = \frac{\sigma_x - \sigma_y}{2} \tag{15-29}$$

其中 $\varphi$ 为法向应力 $\sigma_n$ 与水平轴的交角。

## 3. 墙上门窗洞口较多时的情况

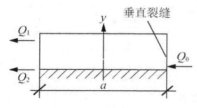

图 15.6　端段墙体内应力计算图

当墙上门窗洞口较多时，温度应力集中，在施工过程中，建筑物的门窗顶就已出现垂直裂缝。这时，断裂处已不能传递拉应力，但仍能传递压应力。因为垂直裂缝出现以后，随着温度的继续上升，墙体膨胀，裂缝闭合，各段墙体之间出现相互挤压力 $Q_0$。

$Q_0$ 可按下述方法求得，如图 15.6 所示。

设基准温度为 $T$，竖缝出现时，各部位的温度为 $T_1'$、$T_2'$、$T_3'$，如图 15.4 所示。竖缝出现以后，各部位的温度继续上升至最高计算温度，相应为 $T_1$、$T_2$、$T_3$。按两个升温阶段来进行内力分析。在砖混组合体两端伸缩不受限制的情况下，墙体上、下边沿所产生的约束力 $Q_1'$ 及 $Q_2'$ 可按式 (15-16) 及式 (15-17) 或式 (15-23) 及式 (15-24) 求出，其相应的净伸长量上边沿为 $(\varepsilon_{b1}' + e_{b1}')$，下边沿为 $(\varepsilon_{b2}' + e_{b2}')$，如图 15.4 所示。在组合体的一端不能自由伸胀的情况下，$(\varepsilon_{b1}' + e_{b1}')$ 和 $(\varepsilon_{b2}' + e_{b2}')$ 将被外力压缩，这个外力就是相邻两段墙体之间的挤压力 $Q_0$。假设 $Q_0$ 沿竖向裂缝（墙高）均匀分布，其压强为 $q_1$，则

$$Q_0 = bhq_1 = \frac{(\varepsilon_{b1}' + e_{b1}' + \varepsilon_{b2}' + e_{b2}')bhE_b}{2} \tag{15-30}$$

其中：
$$\varepsilon_{b1}' = \varepsilon_{b2}' = a_b(T_2 - T_2')$$

$$e_{b1}' = \frac{(Q_1' + Q_2')}{bhE_b} + \frac{(Q_1' - Q_2')h}{2Z_bE_b}$$

$$e_{b2}' = \frac{(Q_1' - Q_2')}{bhE_b} - \frac{(Q_1' - Q_2')h}{2Z_bE_b}$$

在 $Q_1'$、$Q_2'$ 及 $Q_0$ 作用下，墙段的 $x$、$y$ 向应力 $\sigma_x$、$\sigma_y$，剪应力 $\sigma_s$，最大主应力 $(\sigma_n)_{max}$，最大主应力与水平轴的夹角 $\varphi_0$ 均可求出。

## 15.1.3 温度应力计算实例

【例 15-1】设某内廊式教学楼钢筋混凝土屋顶板的最高计算温度 $T_1 = 50$，内纵墙及楼板的计算温度 $T_2 = T_3 = 40℃$，顶板施工时基准温度 $T = 10℃$。其他特性指标如下：$\delta = 10cm$，$h = 340cm$，$b = 24cm$，$A_{c1} = A_{c2} = 10 \times 750 = 7.5 \times 10^3 \ cm^2$，$Z_{c1} = 750 \times 10^2/6 = 1.25 \times 10^4 \ cm^3$，$Z_b = 24 \times 340^2/6 = 4.624 \times 10^5 \ cm^3$，$E_c = 2.3 \times 10^5 \ N/cm^2$，$E_b = 1.26 \times 10^5 \ N/cm^2$，$a_b = 0.5$，$a_c = 5 \times 10^{-6}$，$\Delta_b = \Delta_{c1} = \Delta_{c2} = 0$。试分析墙体内的温度应力。

解：将已知项代入式 (15-18)、式 (15-19) 及式 (15-15)、式 (15-16)、式 (15-17) 得

$$\xi = 8.451822 \times 10^{20} \qquad \eta = 250 \times 10^{-6}$$

$$\theta = 150 \times 10^{-6}$$

$$Q_2 = 86760N \qquad Q_1 = 101580N$$

将 $Q_1$、$Q_2$ 代入式 (15-11)、式 (15-12) 得

$$\sigma_{b1} = 28.53N/cm^2$$

（$\sigma_{b2}$ 计算从略）

$\sigma_{b1} > R_j (R_j = 25N/cm^2)$ 故将引起裂缝。门窗洞口由于应力集中，显然在温度尚未达到 $T_1$、$T_2$、$T_3$ 时，裂缝即出现。可以由式 (15-18) 及式 (15-19) 计算得知。现在假设出现裂缝时，$T_1' = 25℃$，$T_2' = 20℃$，则

$$\eta' = (2/5)\eta \qquad \theta' = \theta/3$$

于是
$$\sigma_{b1}' = 11.45N/cm^2$$

（$\sigma_{b2}'$ 计算从略）

$\sigma_{b1} < R_j (R_j = 25 \text{N/cm}^2)$，一般不致出现裂缝，只有在门窗洞口应力集中处才出现裂缝。

裂缝出现以后，应力松弛，温度继续上升至 $T_1 = 50℃$，$T_2 = T_3 = 40℃$ 时，以 $25℃$ 为基准温度，重新计算温度应力。

由 $$\eta'' = (7/10)\eta \qquad \theta' = \theta/2$$

得 $$Q_2'' = 51030 \text{N} \qquad Q_1'' = 66530 \text{N}$$

$$\sigma_{b1}'' = 20.11 \text{N/cm}^2 \qquad \sigma_{b2}'' = 8.71 \text{N/cm}^2$$

并知 $$\varepsilon_{b1}'' = a_b \Delta T = 5 \times 10^{-6} \times (40-25) = 75 \times 10^{-6}$$

将以上值代入式(15-32)得

$$q_1 = 23.86 \text{N/cm}^2$$

在 $Q_1''$、$Q_2''$ 及 $(q_1 bh)$ 三力作用下

$$(\sigma_n)_{max} = 26.4 \text{N/cm}^2 > R_j = 25 \text{N/cm}^2，\quad \varphi_0 = 36°08'$$

上述计算完全说明了在实际工程中裂缝开展的情况。

【例 15-2】为了便于和以色列诸氏的理论计算方法及王铁梦的略算法进行对照，试取以色列诸氏算例中的已知条件和特性参数，用本文方法进行计算。

已知：建筑平面为 $15.0\text{m} \times 8.0\text{m}$，层高 $h = 2.5\text{m}$，墙厚 $b = 20\text{cm}$，板厚 $\delta = 12\text{cm}$，$A_{c1} = A_{c2} = 400 \times 12 = 4.8 \times 10^3 \text{cm}^2$，$Z_{c1} = 400 \times 12^2/6 = 9.6 \times 10^3 \text{cm}^3$，$Z_b = 20 \times 250^2/6 = 2.08 \times 10^5 \text{cm}^3$，$E_c = 3 \times 10^6 \text{N/cm}^2$，$E_b = 2 \times 10^5 \text{N/cm}^2$，$\alpha_c = 10 \times 10^{-6}$，$\alpha_b = 8.3 \times 10^{-6}$，$T_1 = 40℃$，$T_2 = T_3 = 30℃$，$T = 20℃$，$\Delta_{c1} = \Delta_{c2} = \Delta_b = 0$。代入式(15-13)、式(15-14)及式(15-15)得

$$\eta = 1.17 \times 10^{-4} \qquad \theta = 0.17 \times 10^{-4} \qquad \xi = 2.464 \times 10^{20}$$

代入式(15-16)及式(15-17)得

$$Q_2 = 22380 \text{N} \qquad Q_1 = 37810 \text{N}$$

代入式(15-9)得

$$\sigma_{b1} = 21.299 \text{N/cm}^2$$

按王铁梦略算法

$$\sigma_{b1} = 1.2 \text{kg/cm}^2 \approx 12 \text{N/cm}^2$$

按以色列诸氏方法

$$\sigma_{b1} = 2.0 \text{kg/cm}^2 \approx 20 \text{N/cm}^2$$

算例表明，"放松法"所得结果与以色列诸氏的差分法结果相近。温度略高、施工质量稍差或墙上留有门窗洞口均将出现裂缝，符合工程实例中建筑物长度远小于规范限值而温差裂缝照常出现的实际情况。

## 15.1.4 结语

(1) 公式推导过程中，遵循了材料力学准则，但实际结构不是理想的弹性体，计算结果当有误差。

(2) 虽然考虑了门窗洞口应力集中等影响，但对纵横墙之间的相互制约作用不能考虑，与实际仍有出入。

（3）计算中忽略了干、湿胀缩影响因素。虽然根据国外文献报告，认为影响不大，可以忽略，但尚待进一步论证。

（4）从公式中看出，建筑物的平面组合、断面尺寸、材料性能等，都对温度应力有影响，但最主要的影响因素是温度因子 $\eta$ 和湿度因子 $\theta$。因此，选择适宜的屋顶施工温度，减小计算温差是防止或减小温差裂缝威胁最有效的方法。

（5）算例阐明了大量工程实例中常见温差裂缝的情况。

# 15.2 钢筋混凝土结构温度应力理论计算方法

与砖混结构相比，钢筋混凝土结构的匀质性要强得多，其本构关系要合理得多，因此完全可以应用经典理论和结构力学方法来进行各种构件的温度应力计算。

## 15.2.1 板面温差张拉应力计算方法

### 1. 应用范围

相对来说，钢筋混凝土薄板与梁、柱基础等构件相比是最脆弱、对温湿度变化反应最敏感的构件，其出现裂缝的几率也最高。对板的两面温差在低温侧引起的张拉应力进行计算的方法应用得很广泛。理论计算方法已在第6章进行了推导，可以用于下列几种情况的计算。

1）屋顶板的板面温差应力计算

在室内温度高、室外气温低的条件下，如果屋面的保温隔热措施失效或者不及时，屋顶板板面将因温度低于板底而在板面产生冷缩张拉应力。这个温度应力的计算值与板的两面温度差值有关，与板的弹性模量和热胀系数有关，与板的厚度有关，但与板的跨度无关。可以按第6章所推导的公式进行计算，计算结果表明板面裂缝的机会和大小应该是处处均等的。但是温度张拉应力不是单独存在的，还必须与板面荷载应力共同作用。只有板面温度应力与荷载应力叠加以后，其值如果超过了混凝土或钢筋的允许极限抗拉强度，才会产生裂缝。因此在板面可能产生裂缝的部位首先是板支座附近的负弯矩区。其次是按单向板考虑，长向不受力，因而顺板的长向跨中线附近板面不存在荷载压应力区。因为这个区域没有荷载压应力与温度拉应力相抵消，所以也在这产生纯温度应力裂缝，如图15.7所示。当然，也有可能在其他抵抗力特别薄弱的环节最先产生裂缝。

2）屋顶板的板底温度应力计算

当屋顶在保温隔热措施失效或施工不及时，或在太阳曝晒条件下板面温度偏高而板底温度偏低时，则板底必产生温度应力。温度应力的计算值只与温度差的幅度、板的厚度、混凝土热胀系数和混凝土的弹性模量有关，因此计算方法与上述的板面温度计算方法完全相同。板底荷载最大拉应力区在板的跨中线（短向）附近。因此温度应力与荷载应力叠加后很可能超过钢筋的允许抗拉强度，裂缝必先在跨中线附近出现。但当板底受力筋足够，而长方向（不受力方向）的板底分布筋不足时，纯温度应力引起的裂缝则可能顺短边开展，如图15.8所示。

**图 15.7　屋顶板板面裂缝**
1—叠加应力裂缝；2—纯温度应力裂缝

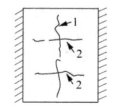

**图 15.8　屋顶板板底裂缝**
1—叠加应力裂缝；2—纯温度应力裂缝

3）墙面板低温侧温度应力计算

墙面板的低温侧温度应力计算方法与屋顶板计算方法完全相同。只是墙面板内还存在着垂直荷载与自重压力引起的垂直压应力，这个压应力足以与垂直方向的温差张拉力相抵消，所以不会出现水平走向的裂缝，而墙板内的水平方向不存在荷载应力，只要温差张拉力超过了钢筋混凝土的抗拉强度，垂直裂缝就会出现，其计算方法也比较单纯。

4）烟囱或烟道板壁的外表面温度应力计算

烟囱或烟道板壁的内部烟气温度高，在耐火隔热材料失效的情况下，板壁内外温差幅度偏高时，需要进行温度应力计算，防止外侧竖向裂缝出现。

**2. 关于从板面温差弯矩计算公式中得到的结论**

第 6 章推导出的板面温差弯矩的理论公式

$$M=\frac{E\alpha t_0 I}{h} \tag{15-31}$$

已在第 6 章进行了推导，该弯矩公式中，$t_0$ 为板顶与板底的温差幅度，其中板顶为高温一侧，板底为低温一侧，中性轴 $h/2$ 处为平均温度 $t_0/2$ 处，视为基准温度，既不热胀，也不冷缩。

式中 $E$ 为混凝土的弹性模量，$\alpha$ 为混凝土的热胀线性系数，$h$ 为板（梁）的计算高度，$I$ 为板（梁）的计算断面惯性矩，从公式中可得到以下结论。

（1）全跨度范围内温度应力和温度弯矩图形为矩形，正弯矩在低温一侧，其大小在全跨范围内保持不变。

（2）低温侧永远为拉应力区，温差裂缝只发生在低温一侧。

（3）式(15-31)建立在板端全部约束和弯曲变形后保持平断面假定的基础上，对于连续板和连续梁来说是完全符合实际情况的，推导过程也是完全符合力学准则的。因此该公式应该属于理论公式，该应力分析方法应该属于经典方法，计算结果应该是可信的。

## 15.2.2　梁板的轴向冷缩应力计算方法

梁和板在两端完全受约束的条件遇到整体全断面均匀降温时，会产生轴向冷缩力，计算方法也是建立在放松法基础上的。如果将约束程度全部放松，则梁（板）会冷缩，其冷缩量为

$$\varepsilon_c = \alpha t_0 l \qquad (15-32)$$

冷缩应力为

$$\sigma_c = E\alpha t_0 \qquad (15-33)$$

式中：$\alpha$——钢筋混凝土线性系数；

　　　$t_0$——计算温差(降温)幅度；

　　　$l$——构件长度。

既然是被端部全约束，则冷缩量不能自由产生，因而构件内会产生拉应力和拉伸变形，拉伸变形量 $\varepsilon_t$ 就相当于冷缩变形量 $\varepsilon_c$，计算公式力学概念很明确，对于连续板和连续梁来说也是完全符合实际情况的。因此认为也是理论公式和经典方法，是可信的。

### 15.2.3　不同构件比如梁和板在各自存在着不同温度、形成不同胀缩效应时接触界面上产生的剪切应力计算方法

比如板上的切角裂缝，就是在外圈梁与楼面板上由于各自存在的环境温度不同，各自发生的胀缩效应不同而在接触界面上产生的胀(或缩)与反胀(或缩)剪力，将抵抗力较弱的板撕裂。

设梁与板的计算温差为 $t_0$(含干缩当量温差)，则两者的胀缩变形差量当为

$$\varepsilon_c = \alpha t_0 l \qquad (15-34)$$

界面剪应力

$$\sigma = E\alpha t_0 \qquad (15-35)$$

界面端部累积剪切力

$$Q = E\alpha t_0 bl \qquad (15-36)$$

切角剪力计算图如图 15.9 所示。

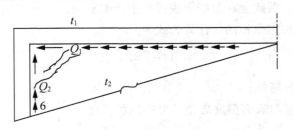

**图 15.9　切角剪力计算图**

同理，上述计算公式也是符合力学法则和实际情况的，应该是可信的。

### 15.2.4　强柱弱梁情况下的柱顶水平推力与柱身作用弯矩计算方法

一般的框排架设计都属强柱弱梁，梁的胀缩变形被柱身约束，会在柱顶产生一个约束力 $Q$，对于柱身来说，这个约束力也是一个产生弯矩的柱顶作用力，容易在柱身形成水平裂缝。关于作用力 $Q$ 的理论计算公式，王铁梦所著的《工程结构裂缝控制》第 395 页有详细的推导过程。现只抄录其中的计算公式

$$Q = \frac{\alpha T L}{\dfrac{H^3}{3EJ} + \dfrac{L}{EF}} \qquad (15-37)$$

式中：$\alpha$——混凝土线胀系数 $1 \times 10^{-5}$；

　　　$T$——计算温差幅度，一般取 $30 \sim 40℃$；

　　　$E$——钢筋混凝土弹性模量；

　　　$J$——柱子断面惯性矩；

　　　$L$——计算长度，取框排架全长的 $1/2$；

　　　$H$——柱高；

　　　$F$——梁断面。

### 15.2.5　强梁弱柱条件下的柱顶水平推力计算方法

当梁断面极大时，因梁的胀缩变形所产生的推力大，同时梁身抗压或抗拉能力也很高，对柱身安全是一大威胁，在这一情况下，可视上式(15-37)中 $EF$ 值为无限大，$L/EF$ 值为零，则式(15-37)可改写为

$$Q = \frac{3EJ\alpha T L}{H^3} \qquad (15-38)$$

### 15.2.6　大体积混凝土表面冷缩张拉应力计算方法

厚大体积混凝土在浇筑 $1 \sim 7$ 天之内因为内部水泥水化作用会产生大量的热源，以致混凝土的核心温度与表面温度有一个很大的差幅。这个差幅一般在 $30℃$ 以上，外表气温低时，温差幅度就更大，因此会在混凝土表面产生冷缩裂缝。计算表面冷缩应力的方法与计算板面冷缩应力的方法完全相同，计算公式为

$$M = \frac{\alpha t_0 EI}{h} \qquad (15-39)$$

式中：$M$——表面张拉弯矩；

　　　$t_0$——体内温度与表面温度之差，可在现场实测；

　　　$\alpha$——混凝土线胀系数；

　　　$E$——混凝土早期实测弹性模量；

　　　$h$——混凝土高温区边沿到混凝土表面的距离；

　　　$I$——厚度为 $h$ 的断面惯性矩。

## 思　考　题

1. 为什么有必要对结构的温度应力和温差裂缝进行定量分析？
2. 砖混结构温度应力的实用计算方法比理论计算方法有哪些优越性？

3. 为什么说以色列和中亚地区对砖混结构温度应力的理论计算方法研究比欧美发达国家较深入？

4. 从钢筋混凝土板面温差弯矩的理论计算公式中能得到哪几点结论？

5. 试对你所见到的一次钢筋混凝土板面裂缝事故产生的原因进行定量分析，找出裂缝的原因。

# 实　习　题

1. 试对你身边的一栋砖混平顶楼房顶层纵墙(含前后墙和内廊墙)两端出现的正八字(或倒八字)形裂缝出现的原因，通过温度应力计算来予以确认。

2. 试对你所居住的高层剪力墙外墙面上出现的竖直裂缝的原因，通过温度应力来予以确认。

3. 试对某南北向大楼几乎每层的西南角那个房间里的西南角楼板上所出现的45°倾斜的包角裂缝，通过温度应力计算来说明其形成机理。

# 第16章
# 工程抢险四例——厂房滑移、
# 大楼出走、大厦失稳与楼房失火

### 教学目标

由于人类对地球的过度开发，自然灾害、人为过失灾害则将日渐严峻。因此，工程抢险将是工程师们面临的一大挑战。2004年，在上海召开的首届世界工程师大会上，人们就对以上问题达成了共识。这里列举的四例工程抢险只能作为参考，本章具体目标是提高工程师们在工程抢险中的应变能力。

### 基本概念

天灾与人祸；经验与教训；风险与安全。

### 引言

在开发过度，生态失调，人祸不断，天灾不已的今天，工程抢险将成为日常多见的内容。因此，有必要掌控一定的工程抢险知识，作一定的思想准备。

工程抢险有别于消防队或救援队的紧急救援行动，前者着重于工程安全的保护，后者着重于人身安全的抢救。在多数场合下，双方的紧密配合很有必要，这样才有可能圆满地完成任务。因此，作为指挥工程抢险的工程师，不仅要有扎实而全面的技术功底，还要具备救护队员们勇敢机智的职业素养与献身精神。工程抢险任务是在紧急条件下临危受命，事前也许对工程的历史情况比如工程地质条件、设计图样资料、施工档案记录既不熟悉，对事故发展过程比如结构裂损、变形、位移等异常现象和当前现状也未作过了解与研究，一切仍很陌生。但险情就在眼前，只能凭直观或凭现场当事人的介绍去观察、思考与分析判断，并迅速而果断地提供切实可行的应急方案。其中的难度和风险是可想而知的，这是对工程师的最大考验。现结合发生在江西的某硅酸盐材料制品厂厂房滑移事故、发生在海口的 14 层大楼后门出走事故，发生在武汉的某 18 层大厦失稳事故和发生在江西与湖南的两起火灾事故的抢险过程来进行一些论述。

# 16.1 厂房滑移抢救方案的选择

## 16.1.1 情况掌握

对于指战员来说，要善于争取时间掌握情况，避免盲目行动。对于厂房滑移事故来说，必须掌握的情况包括以下几方面。

### 1. 环境鉴定

既然定性为厂房滑移事故，首先必须弄明白究竟是区域性的小环境山体滑移，还只是工程本身的相对滑移，或是结构构件的局部滑移，因此进入现场的第一件事是对环境地质条件进行鉴定。

如果周围环境出现树木歪斜"醉"倒、地面产生裂缝和陷落、山体崩塌失稳、地下水流异常等迹象，就可以断定这些属于区域性地质活动现象，那么抢险难度也就增加了。此时，应该以让人员逃避为上策。若不是地质活动现象，就应该以抢救为重点。

### 2. 裂缝定性

任何事故的发生发展过程与结构裂缝现象是息息相关的。只要对结构上出现的所有裂缝的产状和走向、倾角与开裂的时间过程进行了全面研究与分析，就不难对事故进行定性。能否抢救，怎样抢救，心中也就有了底。

### 3. 滑移定量

既然根据眼前的情况初步判断为厂房滑移，就必须对滑移进行定量观测。定量观测必须注意两点，一是测量基点必须从远处引入，并进行相应的跟踪观测，以审定其相对滑移情况，确定其滑移性质究竟属于整体滑移还是局部滑移。并随时掌握其滑移变化情况，以便采取应急措施。

## 16.1.2 原因分析

掌握了以上基本情况，就可以分析出滑移现象的确切原因。滑移事故一般由下列几种原因引起。

(1) 地动、滑坡、或地层蠕动现象引起的建筑物整体蠕动或滑移。

(2) 地基局部剪切破坏引起的基础和上部结构局部滑移与倾斜。

(3) 地基不均匀下沉引起的一面坡沉降曲线导致建筑物的倾斜，并引起相应的一面坡滑移(蠕动)。

## 16.1.3 风险评估

如果经过分析确认为属于第一类原因引起的整体滑移，则风险最大，必须进行区域性滑坡防治。工作量较大，但毕竟还是可以治理的。如果经分析确认属于第二类或第三类原因引起的滑移现象，则风险不是很大，只要抢救及时，工程量也不会很大。

## 16.1.4 方案选择

只要切实摸清了情况，找出了原因，处理方案的选择并不难，实施难度也不会大，甚至见效还比较快。一切贵在抉择要果断，行动要迅速，对症下药，就可立竿见影。一般以采用锚拉桩或抗滑墩治理滑移见效最快。

## 16.1.5 工程实例

江西某硅酸盐材料制品厂厂房滑移事故。

山崩、滑坡是土木工程师的劲敌。大的山崩、滑坡对工程具有很大的破坏性，然而滑坡、山崩毕竟出现在地表，只要认真考察，正确分析，多方着手，还是可以防治的。江西某硅酸盐制品厂厂房滑移事故就是一例。该厂房建于风化千枚岩山坡下，属于钢筋混凝土门架及砖混组合结构、毛石砌基础。由于千枚岩具有内摩擦角小、水稳性差的特性，容易出现山崩、滑坡等现象。该厂址附近已有先例，当初选址时即已存有戒心。

厂房主体结构刚完成，就出现了如下迹象：A 轴线上的挡土墙挟持 A.13 与 A.14 两个柱基向前滑移。具体表现为 A 轴线上挡土墙面上出现八字形裂缝 No.1，13 轴线上 A 与 B 之间挡土墙面上则出现了往里倾的斜裂缝 No.2。此外，B、E 轴线上的 1～2 及 7～8 开间墙面上亦出现斜裂缝 No.3、No.4、No.5 等。如图 16.1 所示。根据隐蔽工程记录，除了 13 轴线的一个角 A.13 柱基处为软粘土(已对它作了加深加宽处理)外，其余基础全部落在风化基岩上。因此，人们直观地认为 A 轴线挡土墙上的裂缝及其外移现象，只是 A.13 墙角基础下沉的反应而已，不会造成大的威胁。但是当时从 No.1、No.2 裂缝的产状和倾向分析，认定不是 A.13 墙角基础下沉所致，随后的沉降观测也验证了这一判断。而 No.3、No.4、No.5 裂缝则属于一般温度裂缝(冷缩型正八字裂缝)。唯挡土墙的开裂和前倾情况比较严重，但经验算，该挡土墙设计断面偏于保守，而且还在挡土墙砌体中腰部位加了两道钢筋混凝土腰带圈梁，抗倾覆和滑移均不应有问题。

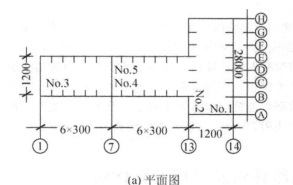 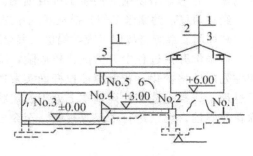

(a) 平面图　　　　　　　　　(b) 立面图

**图 16.1　硅酸盐制品厂裂缝分布图**

1—预应力混凝土槽瓦；2—钢筋混凝土门架；3—悬挂式吊车；<br>4—毛石挡土墙；5—预应力屋架；6—砖墙柱；No.1～No.5—裂缝

就在对现象进行判断分析的时候，厂房滑移速度加快，13 轴及 14 轴柱列上的预制钢筋混凝土连系梁支承牛腿处的焊缝也被突然拉断脱开。经补焊恢复连接，几小时后又脱裂。联系到上述 No.1～No.5 等裂缝的存在，现场指挥人员怀疑大规模的滑移灾难将发生，决定将全部施工人员和设备撤离，等待厂房坍毁。

面对这一紧急情况，工程师们作了冷静分析，又详细勘察了厂房附近的地貌和地裂情况，并未发现山崩、滑坡等迹象，而且厂房的其他部位也并无反应。从 No.2 裂缝的倾向以及 13 轴与 14 轴柱列上第一道连系梁支座焊缝的拉开情况，更可以证明挡土墙的滑移只是局部问题。因为如果是整体滑移，则相对位移和裂缝不会集中出现于此处。说明还有一线抢救脱险的希望，于是他们采取了以下紧急措施。

（1）在 13 及 14 轴的钢筋混凝土柱列上，各加两道花篮螺栓拉杆，临时将挡土墙的下滑分力转给各钢筋混凝土柱分担以争取时间。如图 16.2(a)所示。

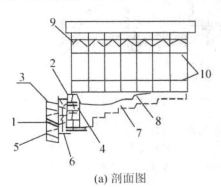 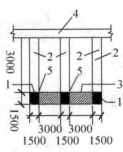

(a) 剖面图　　　　　　　　　(b) 锚桩布置图

**图 16.2　厂房滑移抢险工程布置图**

1—钢筋混凝土锚桩；2—毛石砌扶壁；3—连系梁；4—挡土墙；<br>5—回填土加石压重；6—千枚岩剪切破坏面；7—千枚岩基面；<br>8—地表面；9—连系梁牛腿焊缝拉开处；10—花篮螺栓拉杆

（2）从挡土墙上 No.1 裂缝的开展情况及墙身不等的外倾现象判断，认定 No.1 裂缝的交点下方地基存在剪力破坏面，是滑移和开裂的根源。从而决定从该处开挖，以验证上述论断，并考虑增设钢筋混凝土抗滑锚桩。

经过两昼夜的紧张工作，锚桩基坑开挖到挡土墙基础底面标高时，露出了千枚岩坡脚的剪切破坏面。继续奋战四昼夜，锚桩工程全部完成，工程转危为安。如图 16.2(b)所示。

在锚坑开挖过程中，情况比较危险，随时有人担任警戒，两台经纬仪交替观测挡土墙和柱列的外移变化。花篮螺栓拉杆确实发挥了作用，柱列承担了挡土墙的下滑分力。在全部过程中，挡土墙和柱列基本上处于稳定状态。锚桩间回填的压重土夹石工作完成后，拆除花篮螺栓，继续进行了跟踪观测，至今已使用 30 余年，整个工程安全无恙。

# 16.2 大楼出走风险评估及治理方案探讨

在第 2 章已经提及的"海口某大楼楼后保坎全面坍毁事故"，实际上，只是因为以天然地基(砂垫层和深厚中细砂层)承重的筏板基础的基底面标高还高于楼后保坎下的天然地面标高 1.5m(图 16.3)。也就是说，筏底在这里不仅没有达到规范要求的埋置深度，而且还处于闯开了一道"后门"的异常状态。在大楼前的地表大径流冲击力、地下水大比降潜压力、土压力和风压力的综合作用下，由新回填的建筑垃圾和脆弱的保坎(在红粘土残壁上贴砌毛石构成)组成的楼后平台就这样轻易地被摧毁了，使大楼具备了一个夺后门出走的态势。因为这个出走的动力很大部分来自于地面径流的冲击力和瞬时出现的风压力，当风平雨静时，出走行动也将暂时得到抑制。只是一旦风雨再起，甚至有本来微不足道的低度地震波偷袭时，出走行动就必来势汹汹，将导致大楼猝然卧倒。附存于楼内的一切生命财产就也将于顷刻之间，化为乌有。其风险之大，可见一斑。

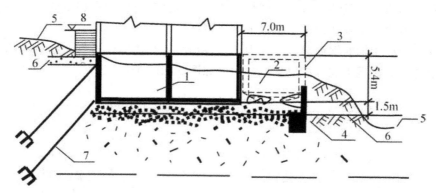

**图 16.3　大楼出走治理方案**
1—大楼地下室；2—增建地下车库；3—已塌保坎；4—残存保坎；
5—原红岩土地面；6—新建地面；7—地锚；8—地表径流水位

其实，治理方案的难度也并不大，只需在楼前设几道地锚，并在楼后地下室与保坎之间的 7m 宽场地上增建一个地下连体停车库(图 16.3)，组合成一个强大的抗滑移、抗倾覆的整体，就足以保证大楼安如磐石了。而且在经济上还将因地下停车场新提供的当前建筑市场最为紧俏的停车位而大受其惠，可谓一举多得，也可说因祸得福！

# 16.3 大厦失稳抢险方案选择

## 16.3.1 原因分析

大厦出现整体失稳的原因只可能是桩基础的水平失稳或天然地基的整体失稳。悬浮在软土层或粉细砂层中的桩基础，在挤土效应和超静孔隙水压力效应作用下，对水平力作用最为敏感，容易出现整体失稳现象。在地震力作用下的粉砂土出现液化现象和软粘土出现流变现象以后，土体颗粒呈悬浮状态，失去自重应力，也失去部分侧向约束力，即主动土压力和被动土压力。由此导致的桩基或建筑物整体失稳现象就更严重了。

## 16.3.2 风险评估

大厦的结构特征是整体性较好，空间刚度较大，有较大的基础底盘与较大的基础埋深。因而具有较强的抗裂损和抗倾覆能力。即使在失稳情况下出现较大的顶点位移摆幅和较大的重心偏离形心现象，也仍然保持有较大的抗倾覆安全储备，不容易导致倾覆危险。对于桩基础来说，还拥有很强的抗拔能力，倾覆危险就更小了。

## 16.3.3 方案选择

治理大厦失稳病症应该在"稳"字上下工夫。稳与失稳的分水岭是极限平衡条件。像天平一样，处于极限平衡条件下，就存在四两可拨千斤的机遇。只需增加些许外力，就可转危为安，扭转局面。相反，只需在不利方向再增加些许外力作用，就可在顷刻之间形成坍塌事故。因此治理失稳方案首先必须着眼于稳住阵势，不使情况恶化。然后逐步采取相应的加固措施，改善地基与基础的稳定状态。

## 16.3.4 工程实例——武汉某18层大楼桩基失稳事故分析

### 1. 基本情况

武汉某18层楼工程为剪力墙结构，高56.6m，建筑面积14600m²，建于汉口沿江软土地段；筏基，板厚1600mm，底盘尺寸近30m见方；以336根标准承载力1000kN、φ600mm的锤击沉管扩底灌注桩承重；桩间还设计了394根挤密排水沙桩，后因施工困难取消；桩入土深20.5m，有效桩长17.5m，穿过淤泥及淤泥质粘土进入中密粉细砂持力层1～4m；中密砂厚度在10m以上，下卧层为1.3～3.2m的砂卵石，再下层是基岩。桩基未做静载试验，动测抽查63根桩，发现其中13根存在缺陷，但有9根属挖掘机掘土过程中造成的表面砸撞损伤，只有4根存在深部断面缺损。应认为，桩身浇注的完整度是基本合格的。由于施工进度快，从筏板施工到结构封顶前后不到5个月。封顶后约3个月，于1995年12月3日初次觉察大楼出现470mm的相对倾斜。经采取配重加压、注浆、粉喷、锚杆、压桩等多种措施，倾斜未终止，倾向却有改变(从东北改为西北向)。顶端水平偏移量达 2884mm，被迫采取了控爆拆毁措施。

2. 事故起因

事故形成因素自然是多方面的，教训值得吸取，具体责任则有待各方分别承担。但从技术分析着眼，认为主导原因还是单一的。有学者认为，事故原因是由于基坑开挖程序不当引起软土侧移，造成桩身倾斜弯折所致，并作了大量的理论计算工作来验证。但经研究，认为基坑开挖违反操作规程自是不当，但绝非主导原因。因为对于受扰动的桩间土来说，尤其在超静孔隙水压力完全消退以前，其物理力学计算参数如含水量 $w$、重度 $\gamma$、孔隙比 $e$、压缩模量 $E$、侧向反力系数 $K_s$ 等已发生了根本变化，因此所有计算也失去了依据，何况根据有关资料的理论计算，基坑开挖引起的桩顶水平位移值仅为 $140\sim190$mm，还在规范允许的桩顶水平误差范围内，这说明基坑开挖不当不应成为事故主导原因。事实上基坑开挖深度只有 3m，仅在局部曾挖到 5m，高差有限。如果桩间土不曾受到严重扰动，在群桩和土体共同工作条件下，土拱作用、嵌固作用、粘滞作用形成的桩土共同体的抗侧向刚度决不致引起严重的桩土侧移。即使基坑底面以上的桩身部分受到一些推移影响，至少不会导致全桩身弯曲弯折或倾斜位移。因此认为，事故根本原因只是因为在打桩过程中的挤土效应导致了桩间土的严重扰动破坏。挤土形成的强大侧压力导致新浇注桩身缩颈、弯曲、弯折、裂缝。根据设计，近 $30$m$\times30$m 见方面积内布置了 336 根 $\phi600$ 的锤击沉管灌注桩，布桩率(桩密度)达 $10\%$。按 $\phi900$ 的扩底面积计算，则布桩密度达 $24\%$，挤土效应是惊人的。挤土效应和超静孔隙水压力造成的恶果不仅使桩身弯曲弯折，还会使地面隆起、桩身上浮、软土失重、粉砂土液化。这就是桩基整体失稳的根本原因。

3. 倾斜机理

通过对工程地质条件和设计与施工情况的研究，可对大楼的倾斜机理作如下分析。

(1) 在桩基完工 5 个月以后，超静孔隙水压力已经消除，被扰动土体已基本固结。如桩尖能达到设计的持力层深度，单桩允许承载能力为 $P_{min}=0.6$m$\times\pi\times10$kN/m$^2\times17.5$m$+\pi\times0.4^2$m$^2\times1000$kN/m$^2=831$kN，$P_{max}=0.6$m$\times\pi\times15$kN/m$^2\times17.5$m$+\pi\times0.4^2$m$^2\times1500$kN/m$^2=1248$kN，总荷载为 $15$kN/m$^2\times14600$m$^2\approx21900$kN，在未满载时，单桩实际荷载应小于 $P_d=21900/336\approx650$kN。$P_a/P_d$ 的值在 $1.28\sim1.92$。桩基支承能力安全储备足够，不应出现过大沉降和倾斜。

(2) 正因为打桩过程中的挤土效应和超静孔隙水压力作用引起了桩身弯曲、弯折和上浮，其上浮、弯曲、弯折的具体情况和严重程度与施工顺序及挤土方向密切相关。但根据工程地质条件，若粉砂层较厚，桩尖入砂深度较大(4000mm)的部分，桩尖被嵌固程度大，桩身受弯折的可能性大；若粉砂层较薄，桩尖入砂深度浅(1000mm)的部分桩，因嵌固程度小，甚至当软土失重、粉砂土液化以后使桩身上浮，完全处于悬浮状态，此时桩身的自由度大，不致被弯折受损，却有可能倾斜。应该承认，即使是悬浮、弯曲或弯折的桩，虽然不能提供预期的支承(垂直受压)力，但仍可达到树根桩或加筋土的作用，能保持桩土共同体的抗拔能力和抗剪切破坏能力。

(3) 群桩受荷后有以下两种破坏机理：一是受荷后浮桩桩尖很快进入持力层(粉砂)时，弯折桩一侧先屈服，因为浮桩桩身受损较轻，只要桩尖一达到持力层，即能发挥支承作用，而弯折桩受损严重，受荷压屈后会有较大沉降发生；二是浮桩桩尖离持力层较远时，基本失去了支承能力，必将引起较大沉降，而弯折较严重一侧的桩相对沉降量较小。根据以上两种机理判断，建筑物向北而不向南倾斜绝非偶然。

(4) 建筑物的抗倾覆平衡方程为

$$W_e = \sum P_c e_c + \sum P_t e_t$$

式中：$W$——建筑物总荷载；

　　　$e$——建筑物偏心距；

　　　$P_c$——受压桩支承力；

　　　$P_t$——受拔桩支承力；

　　　$e_c$——受压桩合力偏心距；

　　　$e_t$——受拔桩合力偏心距。

在沉降和倾斜发展过程中，受压桩群和受拔桩群的受力情况在不断调整，$e$、$e_c$、$e_t$ 值在不断变化，接近临界倾覆状态时，可假定受压桩完全屈服，$\sum P_c e_c = 0$。此时建筑物总抗拔力 $N$ 可按下式计算：

$$\sum N = W_c + \sum W_p$$

式中：$W_c$——连桩拔起的土体重量，与土的内摩擦角有关；

　　$\sum W_p$——受拔桩群的总重量。

经略算得知 $\sum N \approx 179265 \text{kN}$；设取中和轴 0—0 为旋转轴，则倾覆力矩 $M = W_e = 219000e$，$M_抗 = 179265 \times 7.5$，按 $M_抗 = M_倾$，算得 $e = 6.139 \text{m}$，其值远大于 $1.442 \text{m}$。事实上，即使全部抗压桩处于悬浮状态，加筋土体也能提供一定的抗压(抗倾覆)能力。因此认为，倾覆风险并不存在，可以采取拯救措施。

4. 拯救措施

既然一时不存在倾覆危险，且剪力墙结构整体性好，刚度大，抗变形能力强，在倾斜度远大于规范限值的情况下，可采取拯救(纠倾)措施。其实，在大楼处于临界平衡状态时，就像天平一样对外力作用非常敏感，只需稍施外力，就可以改变其平衡状态，制止倾斜发展，或改变倾斜方向。因此纠倾难度并不大。

(1) 从大楼的四角适当高度(12 层左右)选择着力点，甩出 8 根稳绳(拖拉绳)，分别用 8 台大吨位矿用稳车稳住，以控制倾斜发展，并逐步进行扶正导向。

(2) 沿大楼北侧基础周边静压若干钢管桩，补充受压桩群支撑能力，加大抗倾覆力矩。

(3) 沿南侧基础周边打降水井(或利用施工降水井)加大南翼降水力度，加速南半部地基土的固结与下沉。

(4) 在北半部筏板上布孔，从北向南压桩，并灌注高压粉煤灰水泥浆，以顶升筏基，并充填筏板底下的空隙。

(5) 在南半部筏板上布孔，灌注低压粉煤灰水泥浆，起充填作用。

(6) 经检测，纠倾满足要求，筏底粉煤灰水泥达到强度后，即可停止静压桩的顶升，放松稳绳，交付使用。

5. 安全评估

由于地基土体还在恢复固结阶段，沉降与倾斜正在迅速发展中，一切参数变化不定，要对整个拯救过程的安全度进行准确计算，显然是困难的。但仍可以从以下几个方面作一些安全评估，以避免盲目操作，减少风险。

（1）关于大楼抗倾覆能力的评估。要评估大楼的抗倾覆能力，不妨与著名的比萨斜塔作一比较分析，见表 16－1。

表 16－1　抗倾覆能力比较

| 比较内容 | 基础形状 | 高度 | 墙体结构 | 倾斜度/倾斜量 | 地基 | 寿命 | 营救状况 |
|---|---|---|---|---|---|---|---|
| 比萨斜塔 | φ19.6m 环状 | 58.38m | 白云石砌墙 | 5°28′/5620mm | 天然软土 | 825 年 | 正在纠倾 |
| 武汉大楼 | 30m×30mR.C 筏基 | 56.6m | 全钢筋混凝土剪力墙 | 2°55′/2884mm | 桩筏软土 | 封顶 3 个月 | 放弃营救 |

比较分析结果表明，就抵抗能力来说，比萨斜塔衰老脆弱，武汉大楼坚固可靠。斜塔可望得救，而大楼却被放弃补救，殊为可惜。

（2）关于地基最终承载能力的估计。要迅速判断事故性质，紧急采取对策，决定大楼的命运，首先须对地基最终承载能力有一估计。如前所述，由于受到打桩过程中的扰动破坏，引起高灵敏度淤泥质土失重和粉砂土液化，最初可能部分甚至全部丧失其承载能力。但随着时间推移，超静孔隙水压力消退，土层固结，承载能力是可以恢复的。问题在于挤土效应和超静孔隙水压引起的地基土上升，地面隆起和桩身上浮量究竟有多大？据知，目前国内的最高纪录是：在硬粘土中，挤土桩最大上浮值出现在北海某工程为 603mm；在软粘土中，出现在上海某工程的为 805mm。布桩密度在 10％以下的软土中，挤土桩引起的地表隆起现象尚未见到 1000mm 以上的记录。据此判断，在以粉砂土为桩尖持力层，以砂卵石和基岩为下卧层的情况下，认为地基的最大沉降量毕竟还是有限度的，其最终承载力是可靠的。

6. 结语

事故原因是多方面的，教训是沉痛的，最佳选择是未雨绸缪防患未然。事故虽不可能完全杜绝，但任何事故都是可以控制的，只要在事故到来之时，保持冷静，采取针对性的积极措施，仍可收到化险为夷的效果。

本案例的特点在于上部结构是绝对可靠的，下部的地基基础虽然经过扰动，但恢复固结以后仍然是可靠的。桩身上浮失效以后固结在地基中成了加筋土，也是可靠的。因此说，与一般的地基失稳建筑物倾斜的案例不同，其最终的安全是有保证的。

# 16.4　大楼失火抢救方案选择

火灾中进行工程抢救的目的：一是为了避免酿成带火倒塌事故的出现；二是为了尽量减少火灾中的工程损害，降低灾后修复的工程费用。

## 16.4.1　火灾损害

建筑物在正常气温变化条件下，也会因为热胀冷缩现象而产生温度应力，导致结构裂损。在火灾高温冲击条件下，结构遭受的损害严重程度究竟如何？是一个值得关注的问题。随着结构类型的不同，材料耐火等级的差别，其受损程度也必有差别。

### 1. 砖木结构受损

砖木结构遭受火灾以后，由于木材的着火点是 250℃。因此着火区的温度必高于 250℃。但砖砌体有较高的耐火强度。而且木材焚烧以后，放松了对砖砌墙体的约束，可以胀缩自如。因此砖墙上不会出现热胀冷缩现象引起的裂缝。砖木结构遭受火灾以后，只需对墙面抹灰层进行修复，将木结构进行恢复，即可完全恢复建筑物的使用功能与承载功能。

### 2. 混凝土结构受损

据报道，平顶山煤矿曾经有两个内径 15m、全高 52.9m、单仓容量 3700t 的煤仓，在施工中因为电焊火花引起仓中 180m³ 的模板燃烧。仓内如炉火焚烧延续两个小时，彻底将火扑灭历时 10 个半小时，楼板面烧伤剥落深度达 65mm，仓内立壁面烧伤剥落深度达 60mm，仓壁内层钢筋几乎全部外露、变形；但筒仓外壁和大梁外侧面仅出现 0.2mm 左右的竖直裂缝；混凝土与钢筋均无受损迹象。根据仓内烧伤程度评估，仓内最高温度在 800~1000℃，应该是受灾最严重的情况了。但经灾后检测鉴定，混凝土的钻芯取样实测强度平均值达 39.8MPa，比施工中所留的混凝土试块强度和设计强度都高出 33%；钢筋的物理力学性能也并无太大变化。因此灾后只对烧伤剥落的混凝土进行了修补处理，并将仓壁厚度放大了 60mm，对外壁面竖直裂缝则只进行了灌浆封闭处理，即投入了使用。本案例表明，钢筋混凝土结构的耐火能力还是很高的。

### 3. 砖混结构受损

有两栋建于江西某山区的三层住宅楼：平面尺寸 8m×46m，砖墙承重，钢筋混凝土楼面，木结构屋顶。由于地处山区，居民生活炊事全用木材取火。不仅屋前屋后完全被堆积成垛的柴火棚所包围，室内木器家具也格外多。火灾是从东北侧的柴火棚引发，顺着东北风，火势迅速蔓延到全区，延续焚烧了 4 个小时，大火才被扑灭。有关人员随即根据火灾现场的实际考察与鉴定，用对温度敏感物品的变形与变色情况进行对比分析，并进行了模拟试验，认定底层墙面受袭的最高温度达 150~200℃，三层墙面最高受袭温度为 300℃左右，三层楼板温度约为 200~250℃。塑料未燃烧，木屋顶着了火，因此结构实际受袭温度均低于 450℃的塑料燃烧温度高于 250℃的木材着火温度。在这样的高温冲击下，木屋顶虽然已全部化为灰烬，而且三层墙面也有烧焦迹象，抹灰面剥落。但墙体仍然屹立无恙，不裂不歪。三层楼板也完整无损，仅楼板与二层墙顶（楼板支座）之间有明显的错动迹象。二层墙面有严重的倒八字形裂缝，缝宽达 20mm 以上。这说明三层楼板热胀变形大，导致了二层墙体上较大的热胀倒八字形裂缝。而由于底层墙的温度高于二层楼面温度，但二层楼面板的热胀系数却高于砖墙的热胀系数，因此板与墙的胀缩量相近，一层墙面和二层楼板均不出现裂缝与错动。总的情况是结构受损程度并不大，恢复也较容易。后来只是对墙面裂缝进行了勾缝处理，并将木屋顶改为了钢筋混凝土屋顶。经改动以后承载力功能和使用功能得到完全恢复。至今已 30 年，依然安全无损。

## 16.4.2　坍塌风险

以上分析表明，不论是砖木结构、砖混结构，还是钢筋混凝土结构，在不是同时出现爆炸事故的一般火灾损害情况下，是不可能出现结构倒塌现象的。只有在火灾中伴随着煤气爆炸、液化气爆炸和蒸汽锅炉爆炸或其他物品爆炸现象出现时，才可能导致建筑物坍塌的危险。

### 16.4.3  抢救方案

根据以上分析，认为对火灾中的工程实施抢救，最主要的是抑制火势，疏散人员，保证人身安全。然后迅速疏散或隔离易燃易爆物品，比如截断煤气气源，撤离液化气罐，排放锅炉蒸汽，搬走易燃易爆物品。最后才是集中力量，扑灭火灾。既然在一般情况下并不存在房屋坍塌的风险，所以在抢救过程中，消防力量布阵问题，也只考虑便于扑火。一般选择在火苗前蹿方向的两翼施救，效果最佳。选择在火苗蹿进方向的后面顺风施救，往往因距离火苗较远，难于准确命中目标，消防效果不好。选择在火苗蹿进方向的前方迎头射水，会受到烟火的直接袭击，危险性大。只有对于存在坍塌危险的建筑物，才应该密切关注建筑物的变形与坍塌趋势，尽量避免在坍塌方向的前方执行抢救工作。因为建筑物坍塌的原因可能是早已存在，与火灾损害并无直接关系。究竟往哪个方向坍塌，也许与火势蹿进方向并不一致。因此为了慎重起见，在火灾抢救中，指挥员应就近选择制高点，进行仔细观察与判断，随时向抢险人员发出撤换战斗岗位的指令，为的是既提高战斗效率，也防止坍塌事故出现。

## 16.5  关于衡阳火灾抢救过程中塌楼事件述评

2003年在衡阳市发生的一次楼房失火，在救火过程中因为楼房猝然坍塌造成二十几名消防队员不幸牺牲的惨案。这是工程史上罕见的大悲剧，曾引起国内外工程界的关注，对此议论颇多，说法不一。事后认定，其原因既不是火势太猛，风力太大，也不是抢救不及时，施救不得力。楼房猝然倒塌，而且是倒向消防队员，而不是按一般规律，由风向与火势主导，倒向远离消防队员的方向。必然是工程曾经存在先天性的病害。如果只因火势太猛，温度太高，引起了结构毁损现象，必然呈缓慢坍落之势，而且是从上而下逐层坍落。因为在火灾中高温区存在于建筑物的上层或屋顶，并不存在于底层。因为底层由于火苗上蹿温度上升，成了一个缺氧窒息的低温区，对建筑物的结构构件并不会产生严重损害。也就决不致形成连根拔倒、彻底坍塌的局面。至于建筑物所存在的先天性病害究竟属于何种病害，未经现场勘察，不好妄议。但本书编者认为是完全可以从设计图样和施工档案以及社会调查中找到答案的。

## 思　考　题

1. 你将如何面对一次建筑滑移抢险？
2. 你将如何面对一次大厦失稳抢险？
3. 你将如何面对一次楼房失火抢险？
4. 你对衡阳火灾惨案有怎样的看法？
5. 面对巴基斯坦地震灾害的抢险画面，你有什么样的感悟？

# 第17章
## 结构加固——整浇钢筋混凝土结构加固方案论证三例

**教学目标**

治病贵在对症下药，结构加固方案选择失当就会劳而无功，甚至前功尽弃。下面失败的三例加固方案是很有代表性的，也是引起社会广泛关注的。其中的一些经验和教训值得吸取。本章的目标如下。

（1）结合失败实例，对现行的结构加固方法，包括国家标准、行业标准在内，一一加以鉴别和认识，便于在工作中择优选用。

（2）结合实践经验，推荐了几种认为有针对性、有实用价值的结构加固技术，建议试行推广。

**基本概念**

加大截面法；外包钢套法；预应力法；改变传力途径法；加强整体刚度法；粘钢法；碳纤维加固法；玻璃钢复合料板材加固法。

**引言**

只要掌握窍门，坚守原则，就可以在结构加固实践中稳操胜券，立于不败之地。

结构加固就像医生治病：人命关天，风险很大，技术含量很高，因此付出的经济代价也会很高，必然慎重从事。医生治病贵在对症下药，结构加固贵在方案选择。只要方案选择合理，就能收到立竿见影、事半功倍的效果。医生用错药，动错刀，就完全有可能让病人死在手术台上。因此对于结构加固方案的选择，一举一动，不可不慎。这里试借三个结构加固方案选择失当的工程实例来进行一些讨论。

## 17.1 结构加固市场呼唤新的结构加固技术

由于整浇钢筋混凝土框(刚)架结构的使用面很广，而其设计与施工程序又很复杂而烦琐，受不定因素和人为过失的影响很大。因此，其事故几率也很高，事故处理和结构加固工作量也就很大。

由于钢筋混凝土结构受到混凝土炭化、钢筋锈蚀两个因素的严格制约，在一般环境条件下，普通混凝土的炭化深度在一定时期后就会透过15～25mm的保护层，导致钢筋锈蚀，使结构丧失承载力、服务期终止。对于施工质量没有得到保证、环境恶劣的工程，其服务寿命就更短。由于长期以来人们对混凝土碳化、钢筋锈蚀影响混凝耐久性的问题关注和研究不够，致使大量整浇钢筋混凝土结构工程提前进入危险期。据统计，我国已拥有几百亿平方米的在用工程，据新近由同济大学等学术团体提供的调查数据显示，城市在用建筑中，框架结构约占31.3%，框-剪结构约占10.7%，两者共占份额已达42%。而其中50%左右则已敲起了等待加固的警钟。至于起步早的西方发达国家，其加固工程比重就更大。因而钢筋混凝土结构工作的加固设计与施工工作成了当前工程界的一项中心任务，对此要求工程界提供操作简便易行、适应面最广、经济代价低的整浇钢筋混凝土框(刚)架结构的加固方法，这事也就成了当务之急。

## 17.2 现行钢筋混凝土结构加固技术简介

现行钢筋混凝土结构加固技术分为传统技术和先进技术两大类，已广泛应用于工程加固实践中。

### 17.2.1 传统加固技术方法

可以归纳为以下五种。
（1）加大截面法。
（2）外包钢套法。
（3）预应力法。
（4）改变传力途径法。
（5）加强整体刚度法。
这些都是经过长期实践检验可靠性比较高的方法，已收入国家标准《混凝土结构加固技术规范》(CECS 25—1990)。不仅有比较充分的理论依据,规范还提供了详细的计算公式。在加固设计与施工中,应该已是有法可依,有章可循了,原则上属于强制执行范畴。

## 17.2.2 先进加固技术方法

可以归纳为以下三种。
(1)粘钢法。
(2)碳纤维加固法。
(3)玻璃钢复合料板材加固法。
由于其科技含量高,技术先进,近几年来在国内外发展迅速,为工程界所关注,并已广泛用于工程实践中。

# 17.3 各种加固技术的优缺点及其适用性

对以上多种混凝土结构加固技术来说,每一种技术都有其优缺点和适用性。而对于每一项须加固的工程对象来说,又都有其独特个性和不同的要求。具体选择哪种加固技术,应按彼此适应的原则作决定。现列举各种加固技术的优缺点及其适用范围如下。

## 17.3.1 加大截面法

加大截面法有单面加大、双面加大、四面加大三种情况,目的是将原有受力断面扩大。目前受施工工艺限制,最小加大厚度按规范要求不小于60mm,但实际施工中往往采用不小于100mm的最小限额值。其最大优点是概念清楚、计算公式详尽。但其缺点也很多,有以下几点。

(1)断面积扩大后,刚度变化太大,设原有断面为400mm×600mm,四面扩大断面后成600mm×800mm,面积扩大到2倍,惯性矩却扩大到3.6倍。构件断面积和刚度在加固前后有如此大的变化,不仅是有碍观感和使用,在整个结构体系中产生刚度分布不均的副作用也是惊人的。

(2)对于轴心受压构件来说,也许新旧断面之间的协同工作条件还较满足。对于偏压、压弯、弯扭、扭剪等复杂受力情况来说,能否协同受力是很值得怀疑的。比如在平截面受弯条件下,首先受力的是外层钢筋,只有在外层钢筋屈服以后,远远"退居第二线"的内层钢筋才受力。照这样就有了两层钢筋各自被分别击破或遭到连续破坏的危险。假如在加固设计时就放弃原有钢筋,使之退出工作,又未免过于浪费。

(3)从钢筋锚固焊接到薄层混凝土的浇筑养护,施工难度是很大的。尤其是最需要加固的梁柱节点却很难得到加固和改善,这是一大遗憾。

(4)扩大断面法用于梁的加固,其最大难点是施工(基准)温度的控制和钢筋内初应力的消除。

### 17.3.2　外包钢套法

外包钢套法分干法与湿法，其最大优点与扩大断面法相似，其最大的缺点是施工难度大。对于干法来说，由于加固断面的施工误差不可避免，很难保证钢套与混凝土表面密贴，协同工作。对于湿法来说，要指望夹垫的胶泥层和原本存在强度不够、质地不匀或早已炭化的旧混凝土表层来传递粘着力和剪力，以满足外套与原构件协同工作的要求，显然是不切实际的。关键的问题还是外包钢套法对于梁柱节点加固实在无能为力，因为框架柱往往存在上下层变断面的情况，再加上施工中的上下柱错位和误差等实际问题，使外包钢套很难上下准确衔接与上下贯通，若无视这些情况，进行节点加固，只能算敷衍了事。

### 17.3.3　预应力法

预应力法的最大优点是便于使有较大跨度和较大荷载且已出现较大变形(挠度)后的钢筋混凝土梁或桁架恢复承载能力。这种方法在早年工业建筑中用得较多。其最大缺点是施工工艺复杂，维护困难，耐久性差，而且还占有一定空间，影响外观与使用，现已不受欢迎。

### 17.3.4　改变结构传力路径法

改变结构传力路径法是彻底改变结构内力的计算图形。比如在梁的跨中增设支点，在梁的两端支座处增加牛腿或梁肋，以缩小梁的计算跨度，减小梁内弯曲应力；或在柱脚增设柱墩，在柱顶增加牛腿或角撑，以压缩柱(刚架)的计算高度，卸减柱内弯矩和剪力。这是一种有效的加固方法，但一般要涉及建筑平面和使用功能的改变，这是其缺点。

### 17.3.5　粘钢法

用结构胶在被加固构件表面粘贴 4～6mm 厚的钢板进行结构加固，增加的构件自重很小，扩大构件断面很小，也不占用空间，是当前最受工程界青睐的一种混凝土结构加固方法。但也有以下缺点。

（1）技术要求高，施工操作程序较复杂。掌握不好的话，质量难保证，可靠性也不高。

（2）耐高低温、耐湿、耐腐蚀等性能是否可靠尚未经实践考验，耐久性也没有保证。据现有资料反映，结构胶的最长耐久年限是 30 年，对于旧房加固来说，这个年限也许已够，但对于施工事故处理中新结构加固来说，这个年限显然不够，何况市场供应胶的实际耐久年限还是未知数。

（3）依靠被加固的不可靠的混凝土表面来传递剪力以达到协同工作进行加固的目的，是值得怀疑的。其破损机理是最危险的剪切脆性破坏，是值得警惕的。

### 17.3.6　碳纤维加固法

与粘钢法相比，这是一种科技含量更高更先进的加固技术。往往因其质轻高强的惊人物理特性而深受人们欢迎。此法与粘钢法一样，也存在同样的缺点，甚至更严重。现列举如下。

（1）由于其强度更高，脆性破坏的危险性更大。

（2）受变形协调原理制约，碳纤维的变形须与构件内原有钢筋的变形协调，因而其强度高的特性并不能得到充分发挥，使其有效利用率实际很低。

### 17.3.7　玻璃钢（纤维加强塑料）板加固法

外粘玻璃钢加固法是在粘钢加固法基础上发展起来的新方法。因为没有钢板锈蚀的问题，耐久性能较好，加固效果也不错，有其一定的优势。目前还在开发、研究阶段。

以上列举的多种加固方法各有其优缺点和适用范围。如何选择混凝土结构的加固方法，应该兼顾安全耐久和经济适用两个原则。

## 17.4　三例工程事故的结构加固方案论证

现试以某大酒店框架、某大粮库刚架和某大会堂舞台屋面工程的结构加固方案为例，来进行一些探索和研讨。至于该工程事故的具体情况，限于篇幅，不作详细描述。

### 17.4.1　某大酒店工程结构加固方案论证

#### 1. 钢筋混凝土柱加固

在该大酒店建筑物中，经用扩大断面法加固的钢筋混凝土柱共 73 根，柱原有断面分 $\phi1000mm$、$\phi1100mm$ 两种情况，以 $\phi1100mm$ 的占多数。原先设计要求扩大的尺寸（半径）控制为 75mm，因施工困难，实际控制量不大于 100mm。而且有些柱是下层柱加固，上层柱不加固；有些柱是上层加固，下层不加固；有些则是中间层加固，上、下层均不加固。因此往往使柱身成为上头大、下头小，或中间大、两头小的反常现象。

这种加固方法的最大问题是使整个结构体系的刚度分布情况发生巨变，极不均匀。比如 A 座塔楼的首层共有 21 根柱，只有 3 根角柱不用加固。这些柱原设计断面为 $\phi1100mm$。而地下室则只有两根柱需要进行加固，其原设计断面也为 $\phi1100mm$。加固后的柱断面骤增了 40%，刚度骤增了 95%，上大下小或中间大、两头小的刚度变化如此之大，对于结构体系的抗风和抗地震来说，显然是极为不利的。另一个问题是对于遗漏箍筋、混凝土存在蜂窝狗洞、强度最低的最需要加固的节点来说，并没有得到加固。从加固节点图就可发现以下问题：由于上下柱断面的变更，又因为施工中普遍存在的上下柱错位等情况，使新增主筋不能准确地与旧筋衔接，上下贯通，妥善锚固；节点箍筋更不能交圈封闭，以起到约束节点核心混凝土的作用。总之从施工现场可以得出结论：对于节点的处理是敷衍了事的。经历一番辛苦之后，却在这最重要的安全关口前功尽弃。

#### 2. 梁加固

该建筑物中经加固处理的框架梁共 86 根，地下室顶板梁 115 根。多数框架梁是被认为面筋（节点附筋）不足而被补筋加固的，少数框架梁则是底筋面筋均作了补筋加固。所有地下室梁都作了底筋和面筋的全面补足加固，而且补筋量都是上、下各4φ25。

对于梁的加固采用扩大断面补筋法，必然使旧梁机体受到较大损伤。因为施工时不仅要将全部的主筋保护层打掉，而且还要将全部新增钢筋与旧筋焊连，致使旧筋在焊接高温影响下产生初应力。这一结果破坏了旧筋与混凝土之间的粘着力。这一方法最大的缺点还在于增补的钢筋不能妥善锚进节点。对于只因温度应力而引起裂缝的屋面梁和地下室顶板梁来说，本来并不需要增补钢筋，采用补筋加固很可能是得不偿失。

3. 板加固

工程人员对面积45000m²的楼屋面板进行了全面加固，加固办法是以叠合梁理论为基础的。具体做法是将原有混凝土板面打毛清洗后，铺满φ6@200的钢筋网，浇注50mm厚的细石混凝土。这个办法自然满足了板厚和板的跨中抗弯要求，但因梁顶板支座处不配置抗负弯矩的鸭筋，忽略了这一最薄弱的环节，很可能起不到加固板的效果。

在加固过程中，框架柱错位与偏斜问题未得到处理，这也是一隐患。

根据以上分析，认为全部加固工程付出了高昂的代价，但其加固效果是值得怀疑的。

## 17.4.2　某大粮库刚架加固方案论证

1. 刚架柱底部增设基墩

将柱底部的±0.00m以下到基础顶标高−1.460m以上的一段柱断面，从400mm×800mm扩大为800mm×1200mm的基墩以减小刚架柱的计算高度，这一做法是正确的。刚架柱的计算高度压缩以后，可以减小柱内的计算弯曲应力和剪应力，从而得以弥补柱身混凝土强度不足的缺憾。

下面做一对比分析：基脚完全固定、跨度30m、刚架柱计算高度分别为8m和6m两种情况在水平荷载作用下的各自内力状况分析。假设水平荷载分布高度为柱全高，并假定刚架柱断面矩与钢梁断面矩相同，则

$$M = \frac{qh^2}{4}[1 \pm (1-\Phi)]\quad（参见《建筑结构静力计算手册》P548）\qquad (17-1)$$

式中：$q$——柱侧均布水平荷载；

　　　$h$——柱高；

　　　$M$——作用于柱根部的弯矩。

$$\Phi = \frac{1}{2\mu}(6+5K)$$

$$K = \frac{h}{l} \qquad \mu = 3+2k$$

假设柱的计算高度为8m时：

算得$M_1 = 16.61q$

假设柱的计算高度为6m时：

算得$M_2 = 9.26q = 56\% M_1$

计算结果表明：将刚架柱的计算高度压缩2m以后，柱内弯矩可降低44%，足以弥补混凝土强度不足的影响。

**2. 刚架柱底部扩大断面**

将刚架柱的+6.00m 标高以下至±0.00m 以上的一段柱身断面从外侧扩大 200mm(使400mm×800mm 断面扩大为 400mm×1000mm 断面),并在扩大断面内增设 4φ25 受力筋,用凵形箍筋与旧筋焊连。

新断面的计算高度 $h_0$ 虽然增加了 200mm,但新配钢筋($4\phi25$,$A_g=19.64\text{mm}^2$),仅为原断面配筋($8\phi32$,$A_g=64.34\text{cm}^2$)的 30%。

混凝土强度按 C20 取值时,新断面抵抗弯矩的能力 $M_抗=428\text{kN}\cdot\text{m}$,而原断面的抵抗能力 $M_抗=643\text{kN}\cdot\text{m}$。

因此认为经加固以后,因为原配钢筋已退出工作,其抗弯曲能力反而降低了 33%,可谓得不偿失。

**3. 施工缝的人工挖补处理**

该例事故的质量检测报告指出,这一工程事故的关键问题是每根刚架柱的 11 处施工缝的处理几乎是百分之百的不符合规范要求。可惜未引起关注。没有找出关键问题,就对施工缝进行人工局部挖补处理,显然收不到加固效果,反而,成为隐患。

**4. 加固效果评估**

本案例所采取的结构加固方法实际上只是用扩大断面法来放大刚架柱的断面,显然,这对因施工缝留置不当而在柱上形成的干缝是无所裨益的。前面已经指出,处理干缝的方法用外封闭内注浆是最简单有效的方法,无端放大刚架柱的断面只能带来副作用,有害无益。

## 17.4.3 某大会堂舞台屋面梁加固方案论证

该大会堂舞台屋面梁出现裂缝,被认为是由于温度应力引起的,且已无争议。按常理,温度应力释放以后,裂缝即可稳定,即使不作结构加固,只对裂缝作封缝处理,防止钢筋锈蚀,也能保证安全。有关人员还是决定做结构加固。问题是进行粘钢加固处理以后,在荷载试验中,所加压力尚未达到设计荷载值,粘贴的钢板已呈屈服状态。此事引起异议,经分析认为存在以下问题。

**1. 原设计有弱点**

(1) 原设计的刚度和配筋安全储备不够。全跨度为 16.31m 计算跨度为 15.2m 的屋面大梁,梁断面 400mm×1000mm,高跨比不足 1/15,梁两端分别支承于抗风柱顶的连梁上和以舞台台口梁为下弦的空腹刚架上,不是以扎扎实实的钢筋混凝土柱为支座。连梁和空腹刚架的抗扭能力不够,因此梁端的固定程度是有限的。对于如此大跨度、大荷载(除固定荷载、屋面活载、积水荷载之外,还有舞台吊挂),如此重要的工程来说,应该留足安全储备。按简支梁偏安全考虑,则梁的高度和配筋($5\phi32\text{mm}$,$A_g=40.21\text{mm}^2$)均嫌不足。

(2) 将 31.10m×16.31m 的大屋面设计成单跨梁和单向连续板,板厚达 150mm。梁断面达 400mm×1000mm 的厚板,肥梁结构,这些很不利于温度应力的控制。如果没有条件设计钢网架,比较合理的选择也应该是薄板、轻梁、密肋的井式梁体系。

**2. 粘钢加固时忽略了施工(基准)温度和结构初应力影响**

应该注意到,屋面梁板施工在严冬进行,而粘钢加固和荷载试验在盛夏进行,梁内钢筋已赋存了一个由于温度应力引起的初应力,即由于钢筋热胀受到制约而产生的预压应力。而新粘贴的钢板内却没有这个初应力,起点为零。由于钢筋和粘钢两者在承受荷载时其应力起点不同,只有当钢筋内赋存的预压应力消除以后,钢筋内才产生一定量的拉应力,然后共同增长。钢板必然先进入屈服状态。

# 17.5 一个原则和几项建议

治病,贵在对症下药,根据这个原则,在此提出有关整浇钢筋混凝土结构加固技术的几项小建议。

## 17.5.1 内外并举加固构件断面技术

所谓内外并举技术是指对构件的加固从内外兼顾着眼,先用高强纤维喷射混凝土或用丹强丝水泥浆对构件断面外围进行全封闭,然后对构件断面内部进行压力注浆,以全面提高混凝土强度,改善混凝土的匀质性。

1. 加固程序

实践证明,除改造工程加固和设计事故补救加固外,绝大部分属于施工质量问题,而且多是由于混凝土强度不够引起的加固。以前述某大酒店工程事故为例,只要解决了混凝土的强度问题,则所谓柱轴压比不够问题、配筋量不足问题也就随之消失。其具体办法如下。

(1) 清理病灶:指对蜂窝、狗洞或炭化层、旧损伤的部位的挖除或清理。

(2) 处理界面:打毛,清洗,刷界面剂。

(3) 编织外裸钢丝网:以 14#、16# 线编织网眼 10~20mm 的钢丝网或类似成品钢板网裸贴在构件外围,并以手动紧线器为工具,用 8# 线为螺旋箍筋绕在钢丝网上,螺距不大于 100mm。

(4) 在钢丝网面上喷压 20~30mm 的细石混凝土面层。

(5) 在喷抹混凝土面层之前,以病灶为重点,选点钻孔,埋设高压注浆嘴。

(6) 喷淋养护达到预定强度后,向构件内部注浆,注浆液视工程需要可用纯水泥浆,也可选用成品注浆料。注浆压力一般控制在 1MPa。

(7) 用钻孔取芯法、拉拔法或超声波法对加固后的混凝土的强度和匀质性进行检测监控。

2. 技术优点

内外加固断面技术具有以下优点,这是传统加固技术所没有的。

(1) 不扩大断面,不占用空间;高强度,高延性;有粘钢法和碳纤维布加固法的优点而无其缺点。

(2) 材质内外一致,协同工作条件好,有扩大断面法的优点而无其缺点。

(3) 操作简易,价格低廉。

3. 理论根据

以钢管混凝土和碳纤维约束混凝土的约束理论为依据,钢管混凝土的约束效应(增强)

系数达 1.5～4.5，碳纤维的约束增强系数一般达 4.0～8.0。在加固实践中，一般只要求混凝土强度提高 1～2 个等级。增强系数并不高，完全可以轻易达到这一目标，因此注浆压力以控制得低一些为宜。

4. 适应范围

该技术最适用于框（刚）架柱的加固，比如前述某大酒店工程的框架柱加固和某大粮库刚架柱施工缝的加固，用上述办法，可迎刃而解。

## 17.5.2　软硬兼施加固梁柱节点法

所谓软硬兼施加固框架节点技术是指用贴碳纤维布的软处理方法对梁柱交接、构造复杂的框架节点进行外围约束、用钢套焊连的硬处理法解决梁柱内力传递问题。

（1）市场呼唤节点加固新技术。

事故调查表明：几乎所有整浇钢筋混凝土框（刚）架的施工质量事故都出在梁柱节点部位，因为这里钢筋最密集、绑扎难度最大，漏放箍筋或钢筋绑扎不到位的现象几乎是不可避免的。这里混凝土浇捣难度最大，蜂窝、狗洞也都出在这里，而这里却是最要害的部位。迄今为止，却没有一种加固手段能完美地解决节点加固问题。最先进的碳纤布加固法也无能为力。市场迫切需要一种操作简易、见效显著、费用不高的框架节点加固技术的开发与应用。

（2）节点加固的具体步骤。如图 17.1 所示。

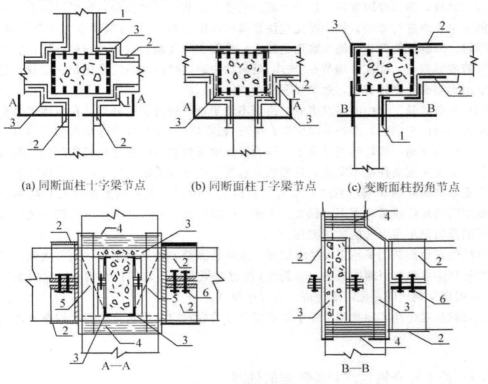

(a) 同断面柱十字梁节点　　(b) 同断面柱丁字梁节点　　(c) 变断面柱拐角节点

**图 17.1　框架节点加固图**

1—板上沟槽截筋；2—梁头凵形套筒抱紧；3—柱角 4 角铁抱紧；

4—角铁端绕贴碳纤维布；5—套筒卷边与角铁面贴碳纤维布；6—抱紧螺丝

具体步骤如图 17.1 所示。

① 用 8mm 厚钢板，按梁断面大小加工抱箍式套筒，套筒长 100mm 左右，一端加宽度 50mm 左右法兰式反边，用紧固螺栓抱紧于梁头；

② 沿梁头两边在楼板上抠出长度大于套筒、宽度大于反边的沟槽，以便将套筒就位安装。尽量使反边紧贴柱身，并将柱主筋与反边就近用 Z 形铁搭焊牢；

③ 用 4 根长度为梁高加 2×100mm 的角铁抱紧节点柱角；

④ 用碳纤维布绕贴角铁端捆紧角铁；

⑤ 在梁头套筒反边与角铁面贴碳纤维布；

⑥ 选点埋设注浆嘴；

⑦ 与柱身同时注浆。

（3）加固质量监控与柱身加固一致。

## 17.5.3　增座减跨加固梁板法

（1）根据结构计算经验，混凝土的强度等级要求主要由柱身，尤其是节点的质量要求控制，对梁板的计算结果（配筋量）反应并不敏感。因此除非是设计错误或漏放钢筋等特殊情况，一般不对梁做加固处理。尤其是对多发事故中的屋面梁裂缝，只要做好屋面隔热保温，并做好裂缝的封闭防锈处理，即可确保安全，可以不做加固处理。像某大会堂舞台屋面梁裂缝事故，除温度因素外，还涉及梁的刚度与配筋不足的问题，则须以提高刚度、补足钢筋为出发点进行加固，加固时尤应注意基准温度和初应力（含温度应力与自重应力）的影响问题。问题就复杂化，施工难度也较大。根据实践经验，认为对梁的加固，要从减少其计算跨度着眼，比如在梁端节点（支座）处附加牛腿（梁肋），不论是用钢铁制成，还是用钢筋混凝土浇成，都较省事，效果显著。

（2）板裂缝是工程中的多发事故，由于不便于板下进行加固处理，在板面上做叠加层的办法也是可以考虑的，但补筋时应以在梁顶（板支座处）补足抗负弯矩筋为着眼点。板加厚以后，板底配筋一般均已满足要求。因为设计中所犯的通病往往是板底配筋一般留有一定储备，而支座配筋往往不完全满足要求，忽视了连续板或四边固定板的支座弯矩系数比跨中弯矩系数要高达 3 倍左右这一事实，而施工中所犯的毛病则是最容易将梁顶鸭筋踩塌，致使鸭筋规格质量均得不到保证。因此，楼板裂缝十之八九是支座负筋不足引起的锅底状下陷或板厚不足引起的剪切破坏。

对已铺好地面砖的民用工程楼板加固，采用板面叠加的处理手法，损失太大。建议在板底加轻钢十字梁，以缩减板的计算跨度（注意在板底梁顶之间打铁楔子楔紧以保证支座有效），梁面蒙钢丝网水泥，既经济，效果也很好。

于是就从理论到实际找到了一个加固板与梁的好窍门，把它总结为"增座减跨加固梁板法"。

## 17.5.4　关于柱身错位或歪斜问题的处理

柱身错位或歪斜是常见事故，也是严重事故。如发现及时，建议以推倒重来为上策，如发现得晚，往往只能从抹灰、装修上做些表面文章，至于效果好不好，这一问题就成了心病。因此不妨用植筋法增植主筋，恢复正位，并逐渐向上并相对向下扩大断面，修正错位或倾斜，使变断面框架柱形成对称的等断面刚架柱，可避免轴心偏离、应力集中等不良影响，并保持框架的原有计算图形和内力情况，至于赘余体形影响观感，当依赖装饰手段去解决。

## 17.6 一种趋势及其发展前景

如上所述，以往的结构加固技术，主要是以补救设计和施工中造成的不足（事故）而存在的。而今，根据形势的发展，结构加固更是为了解决当前普遍而且严重存在的结构自然老化和自然裂损问题。自然老化是随着时间日益加剧的，自然裂损主要是指因温湿度巨变的胀缩效应所产生的裂缝。随着全球变暖，气候异常，极端天气频繁地到来，这一问题也变得更严峻，更现实。尤以大批量的桥梁（主要指钢筋混凝土箱梁桥）的裂损加固任务量为最大。在这方面，以柳州欧维姆公司为核心的预应力技术专家们近年来悉心开发的体外预应力技术取得了很大的成果。希望能将体外预应力技术推广到整浇钢筋混凝土结构的房屋建筑裂损治理方面去，收到更大的效果。其发展前景是无限的。

## 思 考 题

1. 传统的钢筋混凝土结构加固方法有哪些？
2. 近年来流行的钢筋混凝土结构加固新技术有哪些优越性？
3. 你有什么好办法对框架节点进行加固？
4. 举出两个结构加固方案选择失当，结果失败的例子。
5. 举出两个结构加固方案选择恰当，取得成功的例子。

## 实 习 题

就近选择一个框架结构裂缝的工程实例，为之提出一个结构加固方案。

# 第18章

## 房屋整体平移

### 教学目标

### 教学目标

整楼平移技术其实是一项比较成熟的技术，已经有了近一百年的历史，并没有人们想象的那么神秘。它提倡大胆使用整楼平移技术取代爆破技术，多拯救一些面临摧毁的新楼与古建筑。本章的目标如下。

（1）通过大量工程实例，论证、确认"房屋整体平移技术"在技术上的可行性，安全上的可靠性和经济上的合理性，是一种值得大力推广的技术。

（2）对整体平移技术中的3个关键性的技术环节进行详细介绍，包括：①地基加固；②基础处理；③走行系统设置。

### 基本概念

整体平移；横向平移；纵向平移；远距离平移；局部挪移；平移并旋转；行走体系。

### 引言

整楼平移技术早在20世纪初就已开始出现，但近百年来，在世界范围内的进展并不大，工程案例并不多。而我国自从改革开放以来，整楼平移案例竟如雨后春笋般地冒了出来，整楼平移技术代替了控制爆破技术，拯救了一些面临摧毁的古建筑或新楼。但平移技术如用得过滥，则说明了城市规划工作的不足。被迫要大胆使用整楼平移技术去取代大爆破技术。所以也切不可因此引以为豪，因为从中也必然要暴露城市规划中的一些问题。

# 18.1 概　述

## 18.1.1 整体平移技术的发展现状

　　随着城市建设日新月异的发展，城市改造成为每个城市所面临的重大问题，新的城市规划导致许多建筑需要拆除，这会使得一些尚有颇高使用价值或纪念意义的建筑物遭到破坏。在这种情况下采用房屋平移技术，既可以满足城市发展的需要，又能对有价值的建筑遗产进行保留，而且投入少、周期短，可以获得最佳的经济效益和社会效益。所谓房屋的整体平移，就是在不破坏房屋的建筑造型和整体结构的条件下，将其整体水平移动一段距离。

　　房屋整体平移技术20世纪初在国外出现，进入20世纪80年代，改革开放的中国也开始应用此项技术让大楼"整体平移"。二十多年来，我国已成功地让四五十栋房屋"走"了起来，这个总数已超过国外的总和。而在单项平移工程的高度、面积和重量等几项技术指标及其经济效果方面，也已领先于其他国家。下面对我国房屋整体平移工程进行了不完全统计，见表18-1。

表 18-1　1992—2004年国内主要房屋平移实例

| 项目 | 层数 | 结构形式 | 移动形式 | 移动距离 | 建筑面积 (m²) | 总重(t) | 平移费用 (万元) | 重建费用 (万元) | 节约 |
|---|---|---|---|---|---|---|---|---|---|
| 山东省济南大学试验楼 | 5 | | 纵向平移 | 112m | 3600 | 5400 | 110 | 360 | 70% |
| 晋江糖烟酒公司 | | 框架 | 横向平移 | 7.7m | 1700 | 2500 | 30 | 163 | 80% |
| 梧州人事局大楼 | 10 | 框架 | 平移 | 30m | 8836 | 13000 | 700 | 1300 | 46% |
| 河北省曲周县农业局办公楼 | 5 | 砖混 | 纵向平移 | 8.5m | 1700 | 2500 | | | |
| 河南省孟州市政府办公楼 | 6 | 砖混 | 横移 | 11.4m | 3585 | 5974 | | | |
| | | | 旋转 | 90° | | | | | |
| 南京江南大酒店 | 7 | 框架 | 横向平移 | 26m | 5424 | 8162 | 425 | 1860 | 70% |
| 临安市国家安全局办公楼 | 8 | 框架 | 横向 | 96.9m | 3500 | | | | |
| | | | 纵向 | 74.5m | | | | | |
| 山东潍坊某毛纺厂办公大楼 | 4 | 框架 | 纵向 | 6m | 2100 | | 30 | 250 | 88% |
| 上海音乐厅 | 4 | 混合 | 平移 | 66.5m | | 5800 | | | |
| | | | 升高 | 3.38m | | | | | |

## 18.1.2　整体平移技术的优越性

整体平移和拆除重建相比有以下优点。

(1) 节约造价。整体平移工程所需要费用由以下4个因素决定：一是建筑物自重；二是平移距离；三是平移场地的环境条件；四是建筑物结构的坚固程度。根据现在已经平移的房屋调查情况来看，其费用仅为拆除重建费用的1/3～1/4，甚至达1/6。对装修越豪华的建筑物进行整体平移越多，节约费用就越多。对于南京江南大酒店而言，建于1995年，包括装潢在内总投资1860多万元，若拆除重建损失巨大，而采取整体平移仅需425万元，节约70%以上的费用。

(2) 对楼房使用的干扰很小。施工期间，二楼以上可以照常使用。

(3) 节约工期，平移工期一般为3～6个月，拆除重建一般需要1～2年。

(4) 减少建筑垃圾处理有利于环境保护。

(5) 减少了用户的搬迁费用和商业建筑停业期间的间接损失。

(6) 对于纪念性建筑物来说，即使花再大的代价实现整体平移也是值得的，何况付出的代价还不一定高。因此用整体平移技术来保护纪念性建筑物是最佳选择。

总之，不管是经济效益方面还是社会效益方面，楼房平移对我国的建筑产业来说意义是巨大的。因此楼房平移工程有巨大的市场前景。但由于房屋整体平移技术在很大程度上要依赖于经验，系统的计算理论及施工技术还有待于国内外学者进一步研究。

## 18.1.3　房屋整体平移的基本原理

(1) 将建筑物在某一水平面切断，使其与基础分离成为一个可搬动的自由整体。

(2) 在建筑物切断处设置托换梁，形成一个可移动的承重底盘。

(3) 在就位处设置新基础。

(4) 在新旧基础间设置行走轨道梁和滚动装置。

(5) 安装行走机构，施加外加动力将建筑物移动。

(6) 就位后拆除行走机构，进行上下结构连接，至此平移完成。

## 18.1.4　房屋整体平移分类

房屋整体平移可以根据其平移方向距离来划分类别，以区分其不同的技术特征与技术难度，并采取相应的技术措施。

### 1. 横向平移

沿街建筑为了适应城市发展拓宽马路的需要，往往要进行横向平移后退，因此横向平移的几率最高。比如著名的南京江南饭店平移工程，就是为了满足模范马路拓宽的需要，横向平移后退了26m。对于用横墙和带形基础承重的建筑物来说，进行横向平移很是有利，难度不大，费用也不会高。可是对于用纵墙和带形基础承重的建筑来说，进行横向平移的技术难度就要大得多，费用也要高得多。

### 2．纵向平移

对于一端临街的建筑物，由于马路拓宽，往往要进行纵向平移。由于平移距离有限，而且建筑物纵墙基础一般都是贯通的，轴线数量也少，给平移带来了很多有利条件。但是如果要求纵移的距离不超出原来基础底盘范围之外，而且对于横向轴线的间距不相等的房屋，纵向平移以后，会出现墙轴线与基础轴线错位的情况。对于层高不一致的建筑物，平移以后也会出现墙基承载力增加或减少的情况，给旧基础的处理或加固增加了很大的难度。相反，倒不如纵向平移距离大一些，旧基础全部废弃而由新基础取代时，可能更为有利。

### 3．远距离平移

为了调整总平面，有时要对建筑物进行远距离平移。根据场地条件，可以先横移，再纵移；也可以先纵移，再横移。分两步走，最终达到预定目的地。只要场地平整度和承载力允许，平移距离可不受限制，难度不会太大，费用也不一定高。

### 4．局部挪移

局部挪移是指建筑物的横向平移或纵向平移的距离很小，不超越建筑物原有基础底盘（建筑物占地面积）范围之外。比如建筑物底盘尺寸为长度 $a$，宽度 $b$，当纵移距离小于 $a$，横移距离小于 $b$ 时，就视为局部挪移。这看起来平移距离有限，工作量不大，但移位后的建筑物一部分仍在旧基础上，而且有可能轴线错位，另一部分则落在新基础上。因此要牵涉到新基础施工对旧基础的干扰、破坏问题，新旧基础沉降不均匀问题，新旧基础之间的相互结合问题；对旧基础的加固问题，情况极为复杂，技术难度最大，因此费用也不会低。

### 5．平移并旋转

建筑物一般都由平面结构组合成空间结构，虽然具有一定的空间刚度，但抵抗扭转的能力极低。因此一般只进行平移，不提倡旋转。在不得已的情况下要进行平移加旋转时，必须对结构进行临时性或永久性的抗扭加固，代价较高，而且风险很大。

## 18.2 房屋整体平移的关键技术

房屋整体平移能否实现，主要是靠两个关键技术：一是基础处理，二是行走体系的设计。

### 18.2.1 基础处理

#### 1．原基础处理

原基础处理指怎样将被移动的房屋在同一水平面上切断，使其与原基础分离以便移动。其一般的步骤如下（图 18.1）。

（1）先把原基础两侧的填土挖去，让全部基础暴露出来。

（2）在原墙和柱子两侧的切口水平面以下浇筑钢筋混凝土梁，这个梁称为下轨道梁。下轨道梁一直沿平移方向延伸到新基础。

（3）待下轨道梁达到一定强度后，在下轨道梁上安装行走机构（敷设钢板、安装滚轴等）。

（4）在原墙和柱子两侧的切口水平面以上浇筑钢筋混凝土梁，该梁沿平移方向，与下轨道梁相对应存在时，称上轨道梁，按上轨道梁设计。与平移方向正交、下面没有下轨道梁时，只起托梁作用，按托梁设计。

（5）待上轨道梁（或托换梁）、下轨道梁达到计算强度后，再在上轨道梁（或托换梁）与下轨道梁之间适当位置把房屋上部结构与原基础切断。这样房屋的上部结构就脱离了原基础。切开的上部结构便通过滚轴支撑在下轨道梁上，在牵引或推拉作用下就可以移动。

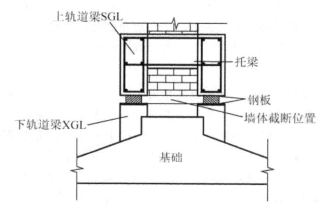

**图 18.1　上下轨道梁断面**

房屋只有通过轨道梁才能从旧址移动到新址，所以对轨道梁的要求是：必须保持表面水平，以减少运动阻力；要有足够的强度承受移动过程的作用力。

（6）显然，建筑物移动过程中，轨道梁下地基与基础所承受的作用力要远大于原本承受的净荷载，因此必须关注其允许提供承载力的条件。必要时，应对地基与基础进行加固。但是根据一般情况，已有地基在经过较长时期的预压考验以后，其承载力有了较大幅度的提高，可以不进行加固处理。

（7）如果属于局部挪移，还要利用部分旧基础来承担部分上部墙柱新荷载，此时必须根据新的荷载调整情况来对旧基础进行加固处理。

2. 新基础设置

新基础设置是指在房屋需要移动的终点位置，根据新的地质情况，按原基础平面形式设计新基础。新基础的上部标高应低于原基础切断处标高 100～200mm，且基础能够承受整体平移荷载，当房屋移到任何位置时基础梁板系统及地基土壤均能承受移动荷载而不发生影响移动的变形。由于平移过程中产生的水平作用力较大，而浅埋式天然地基或软土条件下的桩基础的抗水平荷载能力很低，尤其对于横向平移条件下的软土桩基，最易导致桩身倾斜引起建筑物倾斜等事故，必须高度警惕。待房屋移至新基础后，可以将行走机构以及上下轨道（或托换梁）进行连接形成整体。由于上下轨道的刚度较大，不仅能增加房屋的整体性，而且对基础的不均匀沉降也有很好的抑制作用。

**3. 新旧基础连接处理**

在局部挪移的情况下，减少新基础施工对旧基础的干扰和保证新旧基础的连接则是一个重大问题。新旧两部分混凝土能否整体性工作，关键在于结合面能否有效地传递剪力。新混凝土的凝缩、徐变、弹性变形和塑性变形与旧混凝土的存在差异，二者结合面的抗剪强度远低于整浇混凝土的抗剪强度。处理不当会使连接处断裂，因此必须从设计和施工两方面慎重对待。

1）在设计方面可采取的措施

（1）新基础设计选型以支撑能力可靠和施工干扰小为原则，一般以选择微型桩基础过渡为上策。

（2）新浇混凝土强度等级宜提高。钢筋焊接应采用双面焊，并适当加大焊缝长度。

（3）加设跨越结合面的抗剪构造筋。

（4）新旧混凝土连接段箍筋加密。

2）从施工方面可采用的措施

（1）对旧混凝土结合面进行凿粗或刷糙处理，清除表面浮石、浮灰；对其进行保水湿润不少于 24 小时。

（2）在旧混凝土结合面上涂刷界面剂，如涂刷水泥净浆、掺有铝粉的水泥净浆或抹一层高强度等级的水泥砂浆。

（3）在新旧混凝土界面处仔细捣实并加强养护。

**4. 新旧基础的沉降差控制**

由于新旧基础沉降不一致，必须采取措施使二者的沉降差控制在一定的范围内，以免引起墙体、梁、柱开裂等质量问题。调整沉降差的方法有以下几种。

（1）加固新地基，减小其沉降。

（2）适当加大新基础面积。

（3）在新旧基础交接面处加设地梁或加大原基础刚度来调整沉降。

**5. 过渡段轨道梁下的地基处理**

若房屋的新位置与旧位置之间有一定的距离，则过渡段的下轨道梁下的地基必须进行加固处理，以满足房屋平移行走过程中的承载力要求，防止沉降过大，从而使房屋开裂甚至坍塌。则该段地基处理可采用以下措施。

1）垫层扩散

即使是一般软土地区，也有 3～5m 厚度的硬壳层，具有 80kPa 以上的承载力，完全可以充分利用硬壳层作轨道持力层。为了安全，可以借鉴铁路轨道敷设经验，在经过整平的地基上铺设 500～1000mm 厚的道渣，振捣密实后，找平再浇筑下轨道梁，并将下轨道梁局部埋置于道渣内，以求稳定。在上部行走荷载过大的情况下，还可在轨道梁下的道渣层内加铺枕木，将轨道梁的压力扩散。

2）挤密加固

如果地基土属于松散杂填土、粉细砂土，则可采用夯压、振捣或挤密的常用方法进行加固。振冲桩挤密法将污染场地，威胁已有基础，宜慎用之。砂石桩挤密、石灰桩挤密法均能收到良好效果，应以经济、简便为前提。

3) 浅桩加固

必要时，也可采用浅桩支撑方案。但毕竟只是临时服务性工程，对工程成本还应适当控制。浅木桩造价不一定高，只是会浪费珍贵的木材资源，不可滥用。

## 18.2.2　行走体系

当房屋从原基础上脱离之后，整栋楼房就支撑在下轨道梁上的滚轴上。在上轨道梁（或托换梁）上施加水平力，足以克服上轨道梁（或托换梁）和下轨道梁与滚轴之间的滚动摩擦力，房屋即可水平移动。行走体系要考虑移动装置、动力设备的选用与设计。

1. 移动装置的选用和设计

在平移过程中，移动装置可分为滑动装置和滚动装置。但要找到一种强度高、硬度大、摩擦系数小的材料作为滑动装置很困难。因此，目前我国的多数工程均采用滚轴作为滚动装置。滚轴与上部结构和下轨道梁的相对关系如图 18.2 所示。

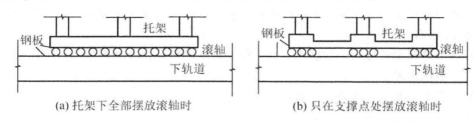

图 18.2　滚轴装置位置示意图

滚轴上部和下部的钢板有两个作用：一是防止结构和滚轴直接接触时，局部压力过大造成损伤。二是可以增大上下轨道的平整度，减小阻力。钢板厚度一般为 10~20mm。

目前，我国采用的滚轴装置主要有两种摆放方式：一是在整个下轨道梁上均匀摆放，如图 18.2(a)所示。其特点是：单个滚轴设计荷载小，使用中变形小。选择支撑点只在支撑点处摆放滚轴，如图 18.2(b)所示。其特点是：单个滚轴设计荷载较大，强度要求高。

滚轴强度和变形控制非常重要。若平移过程中出现滚轴破坏或较大的变形，整个工程将前功尽弃。根据经验，滚轴可采用实心钢棒或空心钢管填充膨胀混凝土，直径 40~100mm，长度根据实际需要而定。空心钢管填充膨胀混凝土作为滚轴时，钢管选用壁厚为 5~6mm 的，混凝土可采用 C30 以上的微膨胀混凝土。

滚轴个数计算公式如下

$$n = k\frac{\sum N}{F} \tag{18-1}$$

式中：$n$——滚轴个数；

$\sum N$——上部荷载总和；

$k$——安全系数。为保证平移中滚轴不破坏，$k$ 值不小于 3；

$F$——单个滚轴平均受压承载力。

滚轴的平均压力计算

$$F = r\pi d l f_\text{t} \tag{18-2}$$

式中：$r$——综合系数，与长度、混凝土强度有关，可取 $4\sim5$；

　　　$d$——滚轴直径；

　　　$l$——滚轴长度；

　　　$f_t$——内填混凝土的抗拉强度标准值。

2. 动力系统的选择与设计

在房屋平移过程中，水平力的施加有两种方式。

1）推力式

推力式是将千斤顶的推动力直接作用在上轨道梁上，作用力通过牛腿传给下轨道梁及基础。推力式比较稳定，具体做法是：上轨道梁（或托架梁）间隔一段距离水平伸出牛腿作为上推力点，沿下轨道前边方向一定距离制作竖向牛腿（反力点）。其优点是移动比较稳定，平移偏位易调整；其缺点是由于千斤顶的行程有限，房屋每移动一段距离，千斤顶就要重新安装。作为反力点的牛腿数量必须增多，增加了施工难度。

2）拉力式

拉力式有以下两种。

（1）置于建筑物前方的千斤顶施力于地基，通过拉杆直接拉动上轨道梁（或拖架梁）。

（2）千斤顶直接推动上轨道梁，反力通过拉杆传至基础。其优点是：在远距离单向平移中，只要设置一个反力装置即可实现平移。千斤顶及反力装置无须反复移动，但拉杆受力后变形较大，应保证受力均匀。拉杆的选用有两种，一是大直径钢筋，二是钢丝绳或钢绞线。

外加动力，其大小与建筑物荷重、行走机构材料等有关，其计算可按下列各式进行。

各轨道所需外加动力 $T$

$$T=\frac{F(f+f')}{d} \tag{18-3}$$

总外加力 $N$

$$N=K\frac{Q(f+f')}{d} \tag{18-4}$$

式中：$F$——滚轴的竖向压力；

　　　$K$——因轨道板与滚轴表面不平及滚轴方向偏位不正等原因引起的阻力加大系数，一般 $K$ 的值在 $2.5\sim5.0$ 之间；

　　　$Q$——建筑物总荷载；

　　　$f$——沿托架板或上轨道板的摩擦系数；

　　　$f'$——沿下轨道板的摩擦系数；

　　　$d$——滚轴直径；

注：$f$，$f'$取值见表 18-2，上下轨道板材料相同时 $f=f'$。

表 18-2　摩擦系数 $f(f')$值（钢与钢）

| 摩擦条件 | 启动时 | | 运动中 | |
|---|---|---|---|---|
| | 无油 | 涂油 | 无油 | 涂油 |
| 压力较小时 | 0.15 | 0.15 | 0.11 | 0.10~0.08 |
| 压力≥100MPa | 0.15~0.25 | 0.11~0.12 | 0.07~0.09 | |

建筑物在水平动力和摩擦力作用下处于变速运动状态，会导致房屋前后倾斜摇摆。尤其是砖混结构，房屋抗剪能力比较差，如果加速度过大可能产生剪应力，当其超过房屋的抗剪能力时，会导致房屋出现水平裂缝，还可能导致房屋前后倾倒，使平移失败。因此其加速度应严格控制在一定范围内，并应采取有效措施，尽量使其值减小，建议采取以下措施：

（1）牵引力的增加和房屋的平移速度要慢。

（2）设计缓冲制动装置。

（3）房屋顶部设置防倾斜的稳绳。

# 18.3 平移实例

下面介绍河北省曲周县农业局砖混结构办公楼纵向平移8.5m和南京市江南大酒店框架结构酒楼横向平移26m的成功经验。这两例很有代表性，算得上是近年来我国建筑工程界在房屋整体平移领域的代表作。在此根据文献报道，再结合一般条件进行一些讨论。

## 18.3.1 多层砖混结构纵向平移

农业局办公楼总长度60m，宽11.6m，建筑物面积约1700m²，总重量约2500t，建于1996年。该楼为砖混结构，基础为混凝土条形基础，纵横墙结合部位均设有构造柱；每层均设有圈梁，整体性较强，施工质量较好；楼面呈L形，如图18.3所示。办公楼北临一条公路，因城区改造，建筑东部占据新规划道路8.5m，东半部分（①～⑦轴线）为4层，其余为3层，全部为大开间。若拆除东部后在西端复建，势必破坏其整体设计效果，原装修部分损失更大，于是采取房屋整体纵向平移。

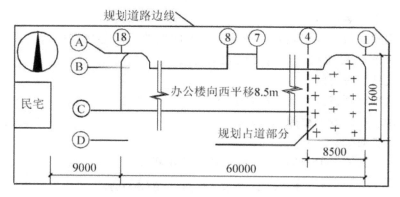

**图18.3 总平面图**

1. 基础处理

原基础的处理主要针对下轨道而言。竖向荷载的传递途径为：横墙—横墙托梁—上轨道梁—滚轴—下轨道梁—原纵向基础。由此可知，原纵墙下基底压力增大。但实际上，施工期间楼面满布荷载的可能性很小。经计算,原纵墙基础承载力满足要求,故可将下轨道梁直接坐落于原基础上,与纵向基础浇注在一起。断面取 $b \times h = 250\text{mm} \times 200\text{mm}$,按构造要求配筋即可,设计要求下轨道梁顶标高施工误差不大于±1mm。

上轨道梁为夹住墙体的两条平行的矩形托梁,如图 18.4 所示。取 $b \times h = 200\text{mm} \times 500\text{mm}$,沿梁的长度方向上每隔 1000～1300mm 设置一条连系梁,形成了独特的Ⅱ形断面。连系梁可以确保上轨道梁与所夹的墙体有很好的联结作用,两者能够共同工作。支模前将所夹墙体的表面剔除 5～10mm。上轨道梁承受的上部结构荷载通过位于梁底部均匀布置的滚轴传至下轨道梁。上轨道梁近似于倒置均匀受压的连续梁(采用均匀布置的间距为 200～300mm 的滚轴),其支座为均匀布置的连系梁,故按构造配筋即可。

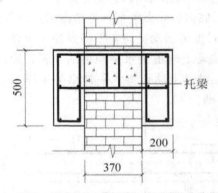

**图 18.4　上轨道梁、托梁图**

横墙托梁断面形式与上轨道梁相同,两端穿越纵墙后支撑于上轨道梁上。当横墙与基础断开后,托梁承受横墙传来的上部荷载,并把荷载传至纵向的上轨道梁,因而必须严格按照墙梁设计方法配筋。

上下轨道布置如图 18.5 所示。沿Ⓑ轴、Ⓒ轴各设一条轨道梁。对应凸出部分Ⓐ轴、Ⓓ轴也各设置一条轨道梁。

为加强凸出部分上轨道梁平面内的刚度,使水平推力尽可能传至Ⓒ轴,Ⓒ轴的上轨道梁在凸出部分的室内外设置了斜向连系梁,加强凸出房间平面刚度。

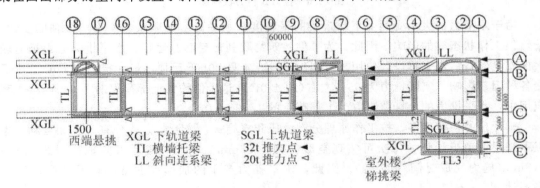

**图 18.5　上下轨道梁布置图**

这样,建筑物的上轨道梁、横墙托梁以及斜向连系梁紧贴在原建筑物基础之上。纵横联系完整,形成了刚度很大的水平框架体系。

新基础的处理：根据新的地质情况，按原基础平面形式设计新基础，包括平移过程中的纵墙基础、平移后的纵墙和横墙基础。

旧基础的处理：楼房移动距离虽不大，但移位后轴线错动，旧基础的处理工作量较大。

2. 行走体系

本工程采用壁厚5mm、直径60mm的无缝钢管灌注高标号砂浆。设计上滚轴均匀布置Ⓑ轴滚轴间距为200mm，Ⓒ轴滚轴间距为250mm，Ⓐ轴滚轴间距为300mm，Ⓓ轴滚轴间距为250mm。平移过程中分段设专人观察滚轴转动情况，对倾斜滚轴及时校正。

为保证上下轨道的平整度及滚轴的均匀负荷，于上下轨道接触面铺设3mm厚、200mm宽的钢带，上轨道梁底钢带兼做模板，下轨道梁用砂浆找平后再干铺钢带。

此办公楼前方只有9m长度的活动空间，平移到预定位置后与另一建筑物墙墙间距只有0.5m，千斤顶只能直接推动上轨道梁水平伸出的牛腿，因此，本工程采用拉力式。如图18.6所示，将千斤顶直接拉动上轨道梁水平伸出的牛腿，水平力通过型钢焊制的反力架和两根平行的拉杆传至基础。

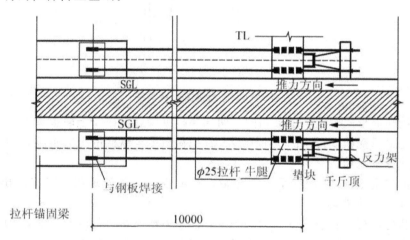

**图18.6　拉力式传力机构图**

由于水平力的大小受到上下轨道梁的平整度、水平力施加体系的变形、滚轴的变形、千斤顶工作状态等的影响，因此，为了使建筑物顺利地启动及运行，水平推力宜保证有较大的安全储备。本工程设计使用了12只32t及14只20t千斤顶，最大推力为664t。由于受各种因素影响，实际推力为65%左右(约430t)。这个值约为上部荷重的1/6，所以工程应用中，水平推力的计算值宜取为上部荷重的1/10~1/6。

千斤顶的种类很多，按工作原理分有液压和螺旋式，按控制方式分有人工和自动。本工程采用手动千斤顶，每次可实现空载行程1.25mm，施加负载后可实现行程约0.5~0.8mm(施力完成时间约为6s)。因此，水平推力产生的加速度非常小，设计中可以忽略不计。

对于拉杆，本工程采用φ25钢筋拉杆穿越牛腿处预留孔道，锚固端直接埋设于下轨道梁或新基础之中。

房屋平移到位后，在新基础与房屋上部结构之间以及上下轨道梁之间浇注细石混凝土，将上下轨道梁之间的滚轴埋于梁内，混凝土达到设计强度后，房屋与基础就形成一个整体。上下轨道浇注在一起，成为基础之上的"基础梁"，因此，平移后房屋的整体性及基础的可靠性还有所改善。

## 18.3.2　多层框架结构横向平移

江南大酒店整体平移工程是 2001 年我国平移工程中建筑面积最大的一项工程。江南大酒店位于南京市中心，总建筑面积约 $5424m^2$，总重约 8000t，由于酒店前的马路拓宽，必须整体向南移动 26m。下面简要介绍该平移工程几个关键环节的设计，主要包括基础处理和下轨道梁的设计、上部结构托换的设计、滚动装置和动力系统的选择等内容。

酒店的结构情况如图 18.7 所示。全长 50m，分东西两段，西段为 6 层，长 43.2m，东段为 7 层，仅长 6.8m，框架结构；两段之间(13 轴)有伸缩缝，缝宽 10cm，从基础以上断开。建筑物进深为(7.0m＋6.0m)，开间均为 3.6m，仅 $B/4$、$B/7$ 节点的框架柱被抽去，形成大空间；基础形式为纵向条形基础，地基为深层搅拌桩复合地基。

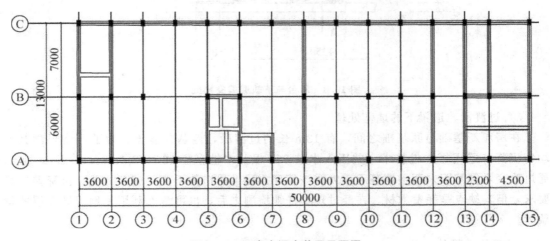

图 18.7　江南大酒店首层平面图

平移设计前首先用 PKPM 软件对原结构进行了内力分析和校核，也对结构现状进行了完好性检查，并拍照存档。检查后仅发现西部楼梯间填充墙和大梁间有轻微裂缝，不影响结构安全。

1. 基础的处理

1) 原基础的处理

(1) 先把原条形基础两侧的填土挖去，让全部基础露出来，沿柱子外边横轴方向各浇一钢筋混凝土梁，即下轨道梁。

(2) 待下轨道梁达到一定的强度后，在下轨道梁上安装行走机构。

(3) 工程共有 44 根柱子，在每个柱子的根部做一个托架，使其与柱子牢固连接在一起，然后把柱子(或墙)与基础切断，柱子传来的荷载通过托梁和滚轴传到下轨道梁上。

(4) 根据原设计为纵向带型基础承重，横墙下是没有基础，也没进行深层搅拌桩加固处理的，因此下轨道梁(托梁)的传力路径及受力情况就存在危险。为了安全，还应对横墙下的下轨道梁地基进行加固处理，处理方法以短木桩或树根桩为宜。

2）新基础的处理

根据地质情况，工程的新基础采用沉管灌注桩，桩长 18m，共 167 根桩。桩顶与桩承台相连接，下轨道梁与承台形成整体，如图 18.8 所示。增加了承台的抗冲切强度，且该下轨道梁还可作为新基础柱下承台之间的连梁。由于该梁的刚度很大（截面 300mm×1200mm），能增加基础的整体性，对基础的不均匀沉降有很好的抑制作用。

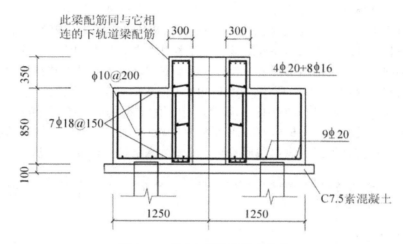

**图 18.8 承台与下轨道梁交接处**

3）过渡段轨道梁下的地基处理

在房屋新基础与原基础之间，有 13m 长的过渡段，地基为软土。为了严格限制其不均匀沉降，采用短木桩技术，共压入木桩 555 根，木桩直径 100～200mm，桩长 3～4m，通过改变木桩间距来调整地基承载力。该处理方法虽然造价不高，施工方便，沉降差满足要求，但其缺点是耗费木材。在经过现场仔细检测之后，也可考虑利用原地面硬壳层的承载力。

**2. 下轨道梁的设计**

下轨道梁的支承受力条件分为以下 3 种情况。

1）旧基础区段的下轨道梁

（1）旧基础区段范围的下轨道梁坐落在原本未经加固处理的天然地基上，因此首先必须对其地基进行加固。

（2）因为原有纵横墙均为非承重墙。通过刚度极大的上轨道梁与托梁已将墙梁自重直接传给了柱身，因此下轨道梁的实际受力情况可按三支点、倒支承的均布荷载连续梁计算。荷载（地基反力）通过下轨道梁和上轨道梁与滚轴联合组成的叠合梁传递给支座（柱身）。下轨道梁实际成了叠合梁的受压区。为了满足将均匀的地基反力有效地传递到上轨道梁和柱身去，必须保证下轨道梁有足够的刚度，配筋要求已不高。

（3）上轨道梁则是受拉区，配筋必须满足计算要求。

（4）叠合梁是通过滚轴来传递压力与剪力的，否则就不能共同工作。因此必须对滚轴进行水平约束，以免出现被挤出的危险。

（5）为了保证下轨道梁的连续性，在下轨道梁与旧的纵向带型基础交接节点上，必须确保钢筋的锚固条件和新旧钢筋混凝土的有效结合。

2）过渡区段的下轨道梁

过渡区段的地基条件与旧基础段的地基条件完全相同，不同的只是在这一段没有了旧纵墙桩基的约束。在设计与施工过程中，要关注下轨道梁的侧向约束与稳定条件，最好用碎石土回填并夯实，以嵌固梁身。

3）新基础区段的下轨道梁

（1）新基础区段内的下轨道梁可以与上桩基承台、承台连梁构成整体，合并设计，共同作用，刚度极大是有利条件。

（2）由于新基础设计采用的是沉管灌注桩独立承台承重，承台之间的地基仍是未经加固处理的天然地基，不考虑其承载力，因此下轨道梁的最不利受力情况是横向平移行走到 $A$ 轴柱与 $B$ 轴柱的最大荷载达到承台跨中时，如图 18.9 所示。梁断面及配筋是否满足要求必须经过计算复核，否则就仍应采取措施加固地基。

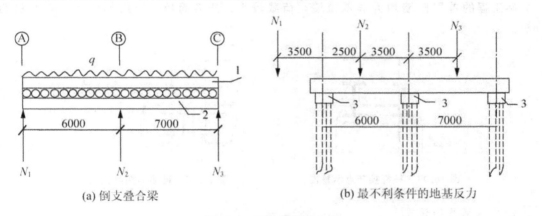

(a) 倒支叠合梁　　　　　　　　(b) 最不利条件的地基反力

**图 18.9　下轨道梁受力图**

1—下轨道梁；2—上轨道梁；3—灌注桩承台

**3. 托换体系的设计**

**1）上托换水平支架的设计**

上托换水平支架的主要作用为：增加房屋切断后柱根部的水平刚度，承受移动时施加的水平推力或拉力，抵抗部分由于轨道不平整误差产生的剪力。在本工程中，房屋就位后在水平托架上还要浇注首层钢筋混凝土楼板，因此设计中托架还要承受首层地板自重、装修荷载和使用活荷载。

江南大酒店整体平移工程的上托架梁形式如图 18.10 所示。托架梁采用矩形截面，截面尺寸为 300mm×350mm，杆件受力不同，配筋不同。

**2）柱的托换设计**

柱的托换方法有很多种，比如打洞穿钢筋、植筋等，但由于本工程的轴力设计值很大，用一般的方法，节点高度很高。为了降低节点的截面尺寸，本工程采用了一种钢结构安装的新型托换节点，托换节点示意如图 18.11 所示。

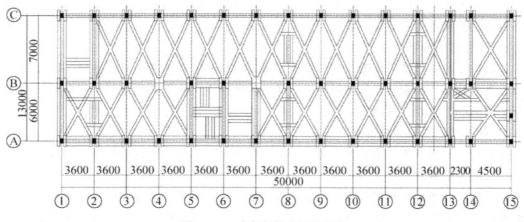

图 18.10　上托架梁平面布置图

3）砖墙的托换

本工程的首层砖墙均为非承重墙，荷载较小，托换简单，采用如图 18.12 所示的办法。

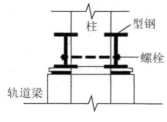

图 18.11　柱托换节点示意图

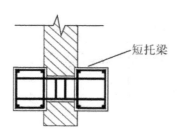

图 18.12　砖墙的托换构造

4．滚动装置的设置

在轨道上表面铺设钢板，其厚度为 10mm，宽度为 200mm，每块长 2m。移动时可重复利用。滚轴采用内灌注 C60 膨胀细石混凝土的外径 60mm 壁厚 5mm 的无缝钢管，为防止移动过程中个别滚轴受力过大出现压扁现象，在柱下必须采用实心滚轴，这样效果较好。

5．动力系统的选择

该工程的移动动力系统由 15 个顶推千斤顶组成，由 3 台油泵控制。为保证各个轴线同步移动，该工采用了以下措施。

1）逐级加荷

施工前已经根据各横向轴线上各柱竖向轴力的合力计算出每轴所需要的推力，即推力＝轴力和×滚动摩擦系数×实际情况放大系数。第一级加荷加到设计荷载的 30%，以后每级以荷载的 10% 递增，超过设计荷载的 70% 以后，以设计荷载的 5% 递增，直到房屋移动。这样可以较准确地测定实际所需要的摩擦系数。

分级加荷有效地防止了房屋移动过程中的偏移，并且经过对比，使房屋的振动减小很多。

2）移动前多次加荷训练

在正式顶推前，分别测试每条轴线上千斤顶顶推产生微小位移时的推力，以实际测定各轴线上的加荷比例，然后反复调整 3 台油泵的油压力，直到房屋能够均匀地向前移动。测定时分别在轴 1、5、8、13、15 处设置了百分表，通过百分表的读数能够精确判断平移距离是否相同。

3）严格实时监控

平移过程中采用了多种实时监测措施来及时发现移动不平衡。产生不平衡的原因有两种：一是房屋的整体扭转，东西侧移动距离不同；二是各横向轴线之间的位移差。

第一种情况根据在房屋南侧安放的百分表读数可以很快发现，发现后及时调整。调整时将滚轴斜放，并调整 3 台油泵的压力比，即可恢复。

为防止第二种不平衡情况，设计了报警灯。以轴 1 和轴 15 连线为基准，移动差大于 5mm 时，基准线钢丝和触发装置相接触，报警灯电路闭合，报警灯亮。此时应停止加荷，调整力的大小。

4）特别监控

本工程的最不利条件是由 13 轴线伸缩缝断开的东西两段体量相差悬殊。东段体量偏小，空间稳定性差，而且在伸缩缝处为双框架，却由一台千斤顶推动。很可能在这一薄弱环节发生问题，导致框架柱相互错动，甚至引起坍塌，必须特别加强监控。

# 18.4 一路春风

自从 2001 年南京江南大酒店的平移工程取得成功以后，可以说在平移技术领域已经取得了阶段性的胜利。不论是平移规模、平移速度、技术水准，还是安全记录方面，都已遥遥领先世界其他各国，尤其在完成任务总量方面，还远远超过了世界其他国家的平移工程的总和。那么最近十年的发展情况又如何呢？回顾一下，更是一路春风。归纳起来，有以下几个方面。

1. 平移原由得到了肯定

记得早些年，当为了调整城市规划而将一座新建大楼进行整体平移时，曾被人们怒斥为瞎折腾。而今，当高速、高铁沿线的广大乡镇居民既能热烈欢呼这引人致富的生命线的到来，又能轻而易举地让自己的住房平平安安地挪位，给高速、高铁等让路。这样一举两得，被称赞为最受欢迎的惊人的善举。当前的京沪、滨海、宁通等高铁、高速的大量民房拆迁任务，多已被平移技术所取代。大批量的民营平移施工企业也率先在江苏地区问世。

2. 平移领域得到了拓展

平移不仅在乡镇占有了广大市场，在城市也得到了大力拓展。尤其在古建筑的保护方面发挥了很好的作用。比如建于 1906 年的上海市江海北关办公楼已于 2010 年 1 月完成平移任务（图 18.13），建于 1920 年的上海威海路的邱氏兄弟故居已于 2010 年 2 月完成平移任务（图 18.14），建于 1930 年的上海音乐厅则早已于 2003 年 6 月完成了平移任务。这些老建筑都得助于平移技术而获得了很好的保护。不仅大城市，中小城市的平移技术发展得也很快。比如后起之秀的河南郑州，平移举措就更大。于2003年就一次性地平移了7座6层砖混结构楼房。不仅是平移，还要旋转，还要举高。其中一座长37m、高19.5m、总重5000t的楼就被西移了58m，然后旋转了9.6°，再南移了93.5m，最后再提升1.9m。让1座重达5000t的楼做出如此高难度的动作，其技术水平可见一斑。至于2007年在漯河首创的将一座3单元并列的7层楼（两端为砖混结构，中间为框架结构，用伸缩缝分开）联手平移，在两个多月内即胜利完成平移39m任务的纪录，更是值得称道。据报道，这一业绩出自东南大学基础工程公司的高手，并非偶然。联想到海口大楼纠倾艰难遭遇的往事，也再次验证了平移容易纠倾难的论点。

### 3. 平移规模和水准得到突破

2012年6月16日，大同市展览馆平移工程举行了隆重的开工仪式，如图18.15所示。按计划，这座长171m，最宽处72m，面积18200m²，总重58000t，让全世界人民瞩目的大展览馆，将平移总距离1315m，最后与古城墙保持74m的距离。这一由上海先为工程公司负责执行的任务，无疑在工程规模和技术水准方面都将大大地突破世界纪录，而且相信在今后的若干年始终会保持其领先地位。

### 4. 平移理论和实践得到提升和普及

2011年6月，河南省周口市太康县五里口乡农民李国民花了5个月的时间，全家3口总动员，完成了一件让自家两层小楼平移8m的惊天动地的大事。他将3道横墙，重达200多吨的两层小楼看作一节车厢，先在横墙脚（基础顶面）分段掏出水平槽口，将装上滚珠（钢球）的槽钢嵌进槽口，找好平水，然后用混凝土将槽钢固定在墙脚（露出滚珠，滚珠下垫钢板，钢板下垫水泥砂浆找平），待混凝土达到强度，3条跑道的滚珠装满后，即在跑道前方用槽钢和木头接着铺垫引路的轨道，并修筑就位的新基础，并用借来的3台车用

**图18.13　上海市江海北关办公楼平移**

千斤顶，轻易地将小楼平移了 8m，成为他理想中的临街商铺。计算工程成本，所费除了槽钢和滚珠铁板之外，也就是一点水泥砂石，总计 5000 余元。这一事件充分说明了平移理论和实践经验已经得到了充分的普及与提高。

图 18.14　上海市威海路邱氏兄弟老宅平移

图 18.15　大同展览馆平移

# 思　考　题

　　1. 关于我国近 20 年来所出现的整楼平移案例比全世界近 100 年来所发生的案例总数还要多这一点，你有何感想？

　　2. 你对整楼平移技术感到神秘吗？

　　3. 房屋整体平移有哪几种类型？

　　4. 整楼平移的关键技术是什么？

　　5. 整楼平移技术有哪些优越性？

# 实　习　题

　　试就近选择一座在用的楼房，调出它的地质报告、设计图纸和施工档案，对照现场情况进行分析研究后，提出一个整楼平移方案。

# 第19章

## 建筑物纠倾

**教学目标**

　　建筑纠倾很像要将全身瘫痪的病人扶下床，这是有一定难度的。目前有很多流行的纠倾技术，把纠倾工作看得很简单，很是有些轻敌表现。应该正视困难，适可而止，不要追求圆满，自陷困境。在付出代价不高的前提下，只要能达到止倾稳定的目的，也应该满足了。本章的目标是就以下 4 个方面的话题进行论述，希望达成共识。

　　（1）建筑物纠倾的必要性。

　　（2）建筑物纠倾的可行性。

　　（3）建筑物纠倾的可靠性。

　　（4）建筑物纠倾的新思路。

**基本概念**

　　地基实有的支承能力；顶升；迫降。

**引言**

　　如果能在建筑物初始出现倾斜趋势时即认真进行止倾治理，则付出必少，效果也会比较理想。一旦形势严峻，纠倾难度大，则宜适可而止。与其冒险纠倾，不如顺其自然，保证安全。

比萨斜塔工程是人类的杰作,是世界的瑰宝,斜塔纠倾方案也是近年来国际工程学术界最为关注的一个热门话题。在意大利政府的支持下,比萨斜塔专家委员会奋战几年后,纠倾工程终于取得了成果,但是并不很理想。在宇宙飞船已经几度升空、平安返回的今天,对比之下,说明建筑物纠倾这个古老的课题难度还很大,还需我们努力去破解。本章结合一些工程实例,对国内纠倾技术的发展现状作一次综合报导和分析。

# 19.1 概　　述

随着近几年建筑业的高速发展,建筑物发生倾斜的情况相当普遍,国内外建筑倾斜纠正的工程实例也数不胜数,例如江苏常熟的聚沙塔、意大利的比萨斜塔等,都是国内外纠倾技术的典范。建筑物纠倾技术在国内外的应用越来越普遍,已经成为一个重要的研究课题。

造成建筑物倾斜的原因是多方面的,总的来讲有以下四个方面的原因。

## 19.1.1 事故原因

(1) 地质方面。地基中存在未预见的洞穴,造成局部沉陷导致建筑物产生倾斜;地基中存在厚度不均的软弱层,在荷载作用下,沉降不均,造成建筑物倾斜;地震作用使地基土局部扰动或液化,引起建筑物的倾斜等。

(2) 设计方面。在地质勘察中,地质情况掌握不准,使设计的基础难以满足均匀下沉条件;建筑物在结构布置上不合理,造成建筑物荷载严重偏心而引起倾斜;未考虑邻近建筑物的影响,使建筑物的一侧在地基附加应力下发生沉降等。

(3) 施工方面。深基坑开挖使土体产生侧移造成相邻建筑物倾斜;打桩时,土体被扰动,承载力下降,引起建筑物倾斜;施工质量低劣等。

(4) 使用方面。地面常年积水,使地基土局部软化塌陷;室外有大量长期堆载;大量开采地下水,使地基产生不均匀沉降;擅自改变建筑物的使用功能,改变荷载分布条件等。

建筑物倾斜现象既然是由于地基沉降不均,甚至失稳破坏引起,倾斜现象形成以后,就会产生上部建筑的重心偏离,出现强大的偏心力矩。对于高层建筑来说,这个偏心力矩的作用是惊人的,甚至有可能导致沉降量大的一侧地基受到超限的偏心压力与附加沉降,而沉降量偏小的一侧地基则产生上拔力。若不及时采取纠正倾斜的加固措施进行干预,任其恶性循环发展下去,就很可能导致倾覆事故的出现。因此,对于已经倾斜且影响正常使用的建筑物必须采用纠倾技术予以纠正。

## 19.1.2 处理途径

纠倾的思路有两种:一是先稳定沉降大的一侧,然后设法将沉降小的一侧促沉,使建筑物达到沉降均匀；二是先稳定沉降小的一侧，然后设法将沉降大的一侧顶升，将建筑物的倾斜纠正。

在进行建筑物纠倾工作前，应做好如下准备工作。

（1）深入了解工程地质勘察资料，包括土层分布、各土层的物理力学性质、地下水位等。如原有工程地质勘察资料不能满足分析要求，或应用原有工程地质勘察资料难以解释建筑物倾斜原因时，应及时对地基进行补勘。

（2）要熟悉工程设计施工图，掌握工程施工资料，特别是基础工程沉降观测资料，同时进行现场察看。测出建筑物垂直偏差值、水平偏差值、倾斜度、裂缝分布范围和裂缝宽度，增设沉降、位移、倾斜、开裂观测点，并做一些必要的拍摄记录。如有条件，还可走访当时的工程施工方、监理和业主方管理人员，获取工程第一手资料。

（3）在综合分析上述资料的基础上，对建筑物倾斜的原因作出较为准确的结论，并如实评定桩基质量、基础和主体工程质量；对建筑物后期变形作出预测，并准确判断周边环境与被纠工程间的相互影响。

（4）在确保工程及施工操作足够安全的前提下，提出一个费用低、工期短、可行性较高的纠正倾斜的施工技术方案。

# 19.2 纠倾技术简介

## 19.2.1 追降纠倾技术

追降纠倾是指利用各种手段去调整地基土的变形，促使其产生附加沉降，借以达到纠倾目的。追降纠倾又分压重追降、掏土追降、水力追降、砍桩追降、截柱追降等多种追降工艺。

### 1. 压重追降

#### 1）堆载压重追降

通过在建筑物沉降较少一侧堆载压重，迫使地基土变形产生沉降，达到纠倾目的。

堆载压重追降纠倾的理论依据是地应力的扩散理论和地基变形（沉降量）叠加理论。如图 19.1(a)所示。当建筑物由于沉降不均而出现倾斜时，其沉降曲线必然如图 $a'b$，$a$ 侧出现的沉降差 $aa'$ 大，$b$ 侧的沉降量为零，因此导致建筑物从 $b$ 侧向 $a$ 侧倾斜。只要在 $b$ 侧一定范围内堆载一定数量的重物，地面所受到的直接压力会按一定的扩散角向四周扩散，并向下传递。由于 $b$ 侧受到堆载的影响最大，所以在 $b$ 点产生的沉降量也最大，$a$ 侧远离堆载，其影响可视为零。堆载量控制适当，则可以使 $b$ 点产生的沉降量 $bb'$ 等于 $aa'$。于是 $ab'$ 与 $a'b$ 两条沉降曲线完全对称。两者叠加以后形成的最终沉降曲线 $a'b'$ 就成了均匀沉降曲线，倾斜的建筑物在均匀沉降曲线条件下就可恢复正常的垂直位置，纠倾目的就达到了。

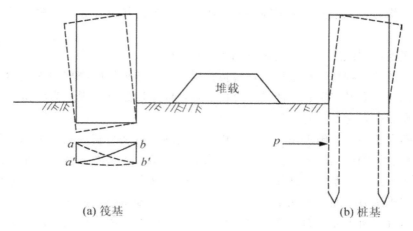

(a) 筏基                                        (b) 桩基

**图 19.1　堆载纠倾示意图**

$a'b$—建筑物倾斜情况下的沉降曲线；$ab'$—堆载对建筑物地基影响产生的沉降曲线；

$a'b'$—两者沉降量叠加后的沉降曲线；$p$—堆载引起的水平推力——主动土压力

如上海焦化厂配煤房由 5 个直径为 8m 高度为 22.77m 的钢筋混凝土储煤筒仓组成，片筏基础；配煤房静荷载为 38000kN，活荷载为 21500kN；基底平均压力为 120kPa。静荷载产生的沉降量为 4.7mm，沉降速率为 0.8mm/d，相对倾斜为 0.0027。当初开始投产时，在五日内迅速加煤完毕，沉降速率突增，高达 45mm/d，相对倾斜 0.024，严重影响了安全和使用。

该建筑物倾斜主要原因是在短期内大量集中加载，而荷载又超过了地基承载力 90kPa，孔隙水压力不能及时消散，致使软土产生侧向挤出，增加了基础的沉降和沉降差。最后用反向堆载加压纠倾，取得了显著的效果，使该配煤房生产正常。

但是必须指出，如果以上建筑物用的是桩基础，建筑物倾斜必然与桩身水平失稳倾斜有关，若采用堆载迫降纠倾的方法可能适得其反。如图 19.1(b)所示。堆载对地层压缩使桩身产生的负摩擦力不仅不足以迫使桩身下沉，反而会使地层受到的附加压力转变为对桩身的水平推力(主动土压力)，从而引起桩身和建筑物的进一步倾斜。上海猝倒的大楼在施工过程中所采取的堆载措施就是起了这样的作用。殊不知人们最初的愿望还意在纠倾呢!

2) 悬臂压重迫降

对于由于偏心荷载引起的建筑物倾斜和桩身倾斜现象来说，采用悬臂压重迫降纠倾方法是最有效的方法，如图 19.2 所示。压重数量完全可以通过理论计算求得，可操作性强，便于质量监控。只是为了保证长治久安，纠倾任务完成以后，临时压重卸除以前，还得采取锚杆斜拉或斜压桩顶撑等固定措施来稳定桩身，抵抗偏心荷载引起的偏心力矩。

**2. 掏土迫降**

1) 基底掏土

在沉降较少的基础下直接掏土，减小基础与土的接触面积，土的接触压力随之增大。由于软粘土、淤泥质土、砂性土等的稳定性差，变形大，在高压力及快速荷载的情况下，被迅速压密，而且可能进入不排水的剪切状态，产生较大的塑性流动，使基底土侧向挤出，从而加快基础的下沉。这就可以调整整个基础的差异沉降，达到纠倾扶正的目的。

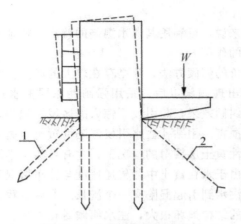

**图 19.2　悬臂压重纠倾示意图**
1—扶正以后的斜压顶撑桩；2—扶正以后增加预应力锚杆

掏土可分为钻孔取土、人工掏土和水冲掏土三种。一般砂性土地基宜采用水冲掏土，粘性土和碎卵石地基宜采用人工掏土或人工掏土与水冲掏土相结合的方法。若建筑物底面积较大，可在基础底版上钻孔取土。建筑物对直接在其基础下掏土反应敏感，故掏土时应严加监测，利用监测结果及时调整施工顺序和掏土数量。

2）基础侧地基中掏土

在沉降小的一侧靠近建筑物基础边缘的指定部位，按一定顺序钻相当数量深浅不一的井点，迫使持力层土体截面削弱，应力增大直至大于土的临界抗剪强度，呈现土的剪切变形，导致深层土体产生流变和蠕变，使地基土发生侧向位移，增大该侧沉降量。如需要，也可加密钻孔，使之形成深沟。

如武汉市某六层住宅楼，地处汉江之滨，地基土质软弱。地层构造分为三层：上层为厚约 5～5.5m 的表层杂填土，第二层为厚约 9～10m 的夹粉砂的深厚粘性土，下层为粉砂土。该楼高 19.2m，长 25.8m，宽 8.3m，建筑面积 1273m²；钢筋混凝土条形基础，埋深 1.6m，砖墙承重；墙厚：1～3 层为 240mm，4～6 层为 180mm，纵横墙顶均设有压顶圈梁加固，整体性较好。该楼于 1976 年建成，倾斜逐年积累，至 1990 年，测得建筑物从东向西倾斜（建筑物朝向为东西）倾斜度达 14.27‰。采用钻孔掏土法进行纠倾，沿东墙墙基先后共打了 20 个 φ400 的钻孔进行掏土迫降。初期效果还较明显，但后期见效甚微，最后沿东及东北两面墙基边缘切槽形成深沟进行迫降，将倾斜率降到 5‰ 的限度内，这才满足纠倾工程验收标准。纠倾施工停止后，用粘性土回填钻孔。

值得注意的是掏土迫降具有时效性。通过掏土解除地基应力以达到促沉的目的，这与沉降现象的出现和发展有一个传递与滞后的过程，该过程往往反应迟缓。当人们在迫切希望促沉迫降现象出现时，它却姗姗来迟，而当人们终止工作，认为一切已经稳定时，后期过量沉降却不期而至。这是工程实践中应注意的主要问题。

3. 水力迫降

1）降水迫降

降水迫降纠倾是指用水泵将地基内的水体抽出，使其水位下降，以促进土体固结下沉，从而起到迫降作用。该法多用于软土地基，且多与其他纠偏技术合用。

2）注水迫降

对于湿陷性黄土地基来说，可利用其遇水湿陷的特点，往地基内注入适量的水，促使其湿陷下沉，会起到迫降的作用。

水力迫降是一种最廉价的纠倾方法，只是存在较大的风险。海口的一栋用混凝土灌注桩支承的七层框架办公楼出现倾斜以后，采用强制性深层抽水迫降纠倾的方法，见效缓慢。最后虽然勉强取得了纠倾效果，却引发了惊人的区域性地裂现象，对建筑物本身及邻近已有建筑造成了严重的损害。用钻孔注水引发湿陷性黄土地基湿陷迫降的方法，也具有一定的危险。只有在湿陷性黄土层较薄的情况下，才有可能侥幸取得一次性的成功。在黄土层厚度较大的情况下，由于水在黄土中的传递速度与分布情况不可能均匀，对于一些湿陷性不很敏感的黄土，从注水到引起湿陷有一个漫长的滞后过程，很难掌握注水分寸。注水纠倾过程中，对建筑物的结构损坏很大，注水纠倾封孔不严，还会起到引"狼"入室的作用。

4. 截桩迫降

截桩法是在建筑物沉降量较小的一侧，截去基础承台下面一部分桩体，达到调整差异沉降的目的。此法适用于埋深较浅的独立或条形承台、采用端承桩（或桩端土为中密的砂质粉土和中细砂土的端承摩擦桩）基础的建筑物。其纠倾原理：在拟定的掏土区将基底土掏空，原基底反力转化为桩顶荷载；由于桩端土承载力较高使桩不易产生下沉，只能先截断部分桩体，使荷载由附近未截断的桩来承受，从而产生桩基荷载重分布，迫使承台下沉。此法要求承台有足够的抗弯剪承载力和刚度。因此，截桩数不得超过掏土区总桩的一半。若截桩数达到了掏土区总数的一半时，纠倾仍不理想，可采用钢板等垫紧所有截桩缺口，使断桩重新承载。在保证群桩整体稳定的前提下，进一步缩小未截桩截面积，增大该处局部压应力，使此处地基土被压破坏而使承台下沉，达到纠偏的目的。该法不能定量控制，有待于进一步的研究。

如某七层砖混住宅楼：三单元组合，矩形平面54.0m×10.5m，建筑面积4403m²；带半地下室，层高2.2m；双排桩条形承台，震动沉管混凝土灌注端承摩擦桩。楼房封顶时整体向北倾斜，倾斜率达17.8‰。加固纠偏过程为：先在北侧条形承台下补钢筋混凝土静压锚杆桩48根，起到迅速止沉的效果，再做好降排水工作，然后在南侧按一定顺序掏土截桩。历时两个月，回倾率达16‰，使最终倾斜率为1.8‰，取得良好的纠偏效果。

截桩或截柱纠倾技术是在吸取整楼平移技术经验的基础上发展起来的，但是由于桩基础连同上部结构出现整体倾斜的机理和现实存在的工程地质和地基负荷情况极为复杂，桩基工程的纠倾技术比整楼平移的技术难度还要大得多，这一点是值得重视的。

1）桩基础倾斜机理的复杂性

人们往往习惯地认为，建筑物的倾斜都是由于地基的不均匀沉降引起的。因而推断桩基础连同上部结构的倾斜也必然是由于桩基础的沉降不均引起的。其实，桩基础连同上部结构的倾斜与桩的沉降不均现象并无关系。因为桩身与上部框架柱身的联结是通过桩基承台的刚性联结去实现的，三者构成整体后具有极大的空间刚度。当个别桩由于地基的承载力不够，或由于桩身施工质量原因承载力不够而退出工作（卸荷）时，作为群桩的整体必然会进行承载力的重新分配，保持均匀下沉，不可能出现少数桩个别下沉引起桩身倾斜和整体倾斜的现象。桩身出现倾斜，必然是由于群桩受到了强大的水平作用力，引发群桩的整体弯曲和弯折与倾斜现象，因而导致了承台面的倾斜和上部结构的整体倾斜。这个引起群桩弯曲、弯折、倾斜的外力来自三个方面：一是上部结构的偏心荷载；二是软弱土层在倾斜基面上的整体滑移、蠕动现象；三是桩身施工过程中的挤土效应导致桩身先天性的弯曲、弯折或倾斜伤害。由于桩基深埋在地下，弯曲、弯折引起的倾斜症状，不仅与地层土体的紧密程度即对桩身提供的水平约束力的大小有关，而且与桩的设计、施工质量即桩身的刚度有关，与上部结构传来的荷载条件也有关。因此，其机理极为复杂。

2）桩身纠倾技术的特殊性

要将深埋在地层中已经弯曲、弯折和倾斜了的桩身进行纠倾扶正，其难度是可想而知的。首先必须设法解除桩身后背的阻抗力（被动土压力），并在桩身前面施加一定的水平推力（主动土压力或水平挤胀压力），用以扶正桩身。如图19.3（a）所示。给桩前施加水平推力可以考虑采用高压灌注粉煤灰浆液法；桩后解除阻抗力可以先钻孔掏空，后注浆固结。由于桩身和上部结构（框架柱）是通过绝对刚性的承台联结在一起的，承台与框架柱不扶正，则桩身也绝对不可能被稍有挪动。因此在进行桩身扶正时，还必须同时对承台与框架柱和整个上部结构施加一定的水平力。如图19.3（b）所示。

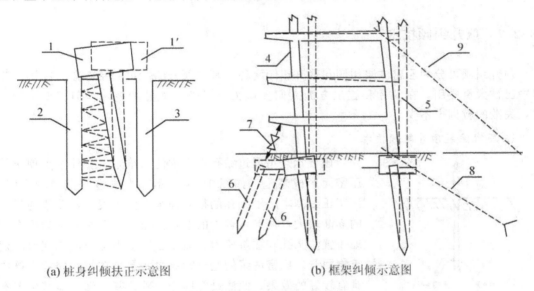

(a) 桩身纠倾扶正示意图          (b) 框架纠倾示意图

**图19.3 桩身、框架纠倾示意图**

1—倾斜的承台与桩身；1′—扶正后的承台与桩身；2—桩前高压注浆管；3—桩后掏空孔；
4—倾斜框架；5—正位框架；6—静压斜桩；7—千斤顶反力架；8—预应力锚杆；9—预应力锚索

3）截桩或截柱纠倾技术的安全性

当讨论截桩或截柱纠倾技术的安全性问题时，人们自然会把它与整楼平移技术的安全性作比较。要知道，整楼平移技术是有两个前提条件提供支持的：一是上部结构完整无损，而且存有足够的安全储备；二是地基基础绝对可靠，能够提供足够的包括行走过程中的集中荷载与动力荷载在内的支承能力。

可是纠倾技术就没有这两个前提条件作保证，最现实的情况是被实施纠倾的建筑物的地基基础已处于临界破坏状态，不仅不能提供顶升、下落过程中的局部超额反力，甚至不能保证正常静载情况下的支承能力。在截柱或截桩被顶起、放下的操作过程中，各支承点不可能是均匀受力的,尤其是倾斜方向的前列柱受压必然超限,而后列柱甚至有可能处于上拔状态。因此在下落过程中,又不可能四平八稳同步着力。根据上部结构的空间刚度情况,在顶起下落过程中,其实际受力与变形情况极度复杂化,后果如何很难预计。这就是截柱或截桩纠倾技术的危险性。

4) 截柱或截桩纠倾技术的经济性

由于桩基础已经处于临界破坏状态,在用千斤顶将上部结构的全部重量顶起、对桩进行托换、截断过程中,基础着力点即千斤顶的布局已经有了完全改变,所以在托换以前,必须根据新的受力情况,对地基进行全盘加固处理。这就要花费很大的代价。在进行截柱(或桩)放落(迫降)以后,各落点(柱脚或桩头)的位置又已不是原来理论上的轴线交点,而是错位对接,因此认为基础最后的受力条件还必须根据新的情况进行一次复核。这样做实际上是完全废弃了原有桩基础的功能。事实上,已经倾斜了的桩身也承受不了新情况下的偏心荷载。因此,从托换底盘到基础的最终全面加固,其费用必然很高。再加上该技术的可操作性不强,不易进行质量控制,意外情况随时可能出现,最终工程成本必然居高不下。事后业主若不愿接受这个事实,最后是会引起经济纠纷的。

## 19.2.2　顶升纠倾技术

顶升纠倾可分为压密注浆纠倾和顶升纠倾两种。其中顶升纠倾可定量控制,在国内工程中已被大量应用,在设计和施工方面人们多认为已是较为成熟的技术。但根据工程实践,失败的教训也不少。

### 1. 压密注浆顶升纠倾技术

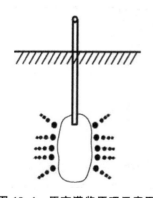

图 19.4　压密灌浆原理示意图

该技术是指通过钻孔在土中注入浓浆,在注浆点使土体压密而形成浆泡,如图 19.4 所示。当浆泡的直径较小时,注浆压力基本上沿钻孔的径向即水平向扩展,随着浆泡尺寸的逐渐增大,便产生较大的上抬力而使地面抬动。如果合理地布置注浆孔和注浆压力,能使已发生不均匀沉降现象的建筑物回升。压密注浆的主要特点之一是它在较软弱的土体中具有较好的效果。此法最常用于中砂地基,粘土地基中若有适宜的排水条件也可采用,若排水不畅可能在土体中引起高孔隙水压力,此时就必须采用很低的注浆速率。

有关资料表明,向外扩张的浆泡将会在土体中引起复杂的应力体系。紧靠浆泡处的土体将受到严重破坏和剪切,并形成塑性变形区。在此区内土体的密度可能因扰动而减小,这种状况反而引起注浆过程中很大的附加沉降量,这是值得警惕的。

### 2. 千斤顶顶升纠倾技术

顶升纠倾技术是将建筑物基础和上部结构沿某一特定位置进行分离,在分离区设置若干个支承点,通过安装在支承点的顶升设备,使倾斜建筑物做竖向转动得到扶正。顶升法适用于基础沉降过大而上部结构整体刚度较好的建筑物。

顶升纠倾技术的一般做法如下：利用已有的地基梁或砖砌放大脚带型基础的钢筋混凝土压顶地圈梁作为托换梁，在梁底每隔一定距离安装千斤顶作为临时支承点，然后沿梁底切口，将带型基础与托架梁分离，并启动千斤顶，由原地基提供反力，通过千斤顶将上部结构适量顶升。再根据纠倾需要，将千斤顶分别下落所需的量，空隙处用砖砌体或楔形铁块塞紧，使建筑物墙身调整到完全垂直的位置。

从理论上说，这种先截断分离然后顶升调整的办法可以被随心所欲地进行操作，效果立竿见影。但是，其理论上的最大弱点是究竟由谁来保证千斤顶顶升反力的可靠性。倾斜原因既然是地基沉降量的不均匀，也是地基承载力的不可靠，原有地基在均布荷载均匀受力条件下已经不堪重负，那么要在短时期内为集中受压的千斤顶提供支承力，显然是不现实的。

因此首先必须对原有地基进行全面加固，其工作量之大，可想而知；其次是几百台千斤顶即使采用电脑自控技术进行联动控制，也不可能是那么绝对同步，难免使本来整体性就不那么好的砖混结构遭到严重破坏。下面介绍的是杭州某5层砖混结构住宅楼的顶升纠倾实践经验，请读者参考思索。

该住宅楼纵长42m，宽9.3m，高15.85m，建筑面积共2015m²；基础为浅埋式钢筋混凝土筏板，砖墙承重，圈梁加固；建筑物总重约32000kN；工程地质条件为厚度达30m以上的淤泥质粉粘土。于1982年开工，在结构施工期间即已出现30cm的沉降量和8cm的沉降差。于1983年9月竣工。此后至1991年9月的8年观察期间，累积沉降量达100cm，最大沉降差为南北向15cm，东西向10cm。这些已影响到建筑物的使用功能，因此采用了顶升法纠倾。共布置了209台最大功能为300kN的螺栓式千斤顶，平均每台千斤顶实际出力150kN。经过四个阶段的顶升抬高，最后完全纠正了南北方向15cm的沉降差，和东西方向10cm的沉降差，并整体抬升了80cm，使建筑物恢复了正常工作状态。如图19.5、图19.6所示。

本案例被国内工程学术界视为顶升法纠倾的一个比较成功的典型，在多个文献中都有报道。仔细思索起来，有以下几个问题值得探讨。

1）关于纠倾的必要性问题

本工程的绝对沉降量虽已达100cm，但是南北沉降差只有15cm，相对倾斜度为3.5‰，基本满足设计规范要求；东西沉降差为10cm，相对倾斜度为10‰，基本满足维修规范要求，并不对安全构成威胁和影响使用功能。上海国际大厦和上海展览馆作为重要性建筑物，其累计沉降量已超过2m，仍在照常使用中。作为一栋普通住宅，花那么大的代价进行纠倾抬高，个中原因是值得考虑的。

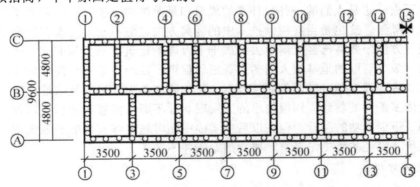

**图19.5 托梁平面及千斤顶布置**

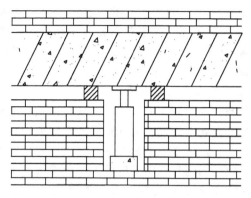

图 19.6　千斤顶行程示意图

2）关于纠倾的安全性问题

对于 30m 厚淤泥质软粘土上的近 10m 宽筏板基础来说，其附加压力的影响深度约为 25～30m，因此纠倾前认为其影响深度已发展到极限。实际上其沉降（压缩）现象的终止（稳定）时间一般均在 50 年以上，因此认为其沉降量还会有所发展。只是对于筏板基础下极为有限的均布压力来说（计算附加压力小于 70kPa），其沉降量也已基本完成。但对于千斤顶下的集中压力来说，基础的压缩量和稳定性却还远没有完成。因此说，采用顶升法纠倾，将基础下的均布压力转变为千斤顶下的集中压力，实际上是一种冒险行为，存在很不安全的因素。何况纠倾过程中对原有结构的损害，更是一种安全隐患。

3）关于纠倾的经济性问题

顶升法纠倾不像迫降法纠倾，不存在借力打力、四两拨千斤的技巧和机遇问题，而是以硬碰硬的真功夫，所付出的经济代价必然高。

# 19.3　纠倾技术发展现状及方向

## 19.3.1　纠倾技术的发展现状

为了追求外观上的平衡对称，将建筑物沉降量较大的一侧顶升起来，或将沉降量较小的一侧迫降下去，这是人们的一种最朴素的思想和最单纯的愿望，因此就有了纠倾技术中的顶升法与迫降法。这也是当前纠倾技术中的经典方法，但不一定是面对现实条件符合科学原则的最好方法。要将已经沉落下去的成千上万吨的建筑物用力顶起来，谈何容易；要使最为复杂、最难驾驭的地基按人们的主观愿望促沉，也绝不是一件简单的事。因此很有必要冷静地、客观地对现行的两类纠倾技术——迫降法与顶升法进行一番论证。

由于受诸多条件的制约，纠倾技术的发展现状并不那么完善和理想。即使在有些案例中已经取得了不少成功的经验，但在以后的实践中随时随地都有可能遭遇失败。何况就当前的发展现状及曾经的历史纪录看，成功的案例并不多。

1. 技术的可行性

不论是迫降纠倾法还是顶升纠倾法，其可行性均存在不少的实际问题。比如压重迫降纠倾，虽然从理论上认为是简单明确的事，但实际操作中压重限度、加载速度和影响范围很难把握，随时均有可能导致挤出破坏，引起倾覆的危险。掏土纠倾，解除应力法纠倾也存在实质上的问题，不仅要严格受到工程地质条件和水文地质条件的制约，且见效缓慢，对地基扰动和上部结构的破坏作用大。降水迫降、注水迫降往往被视为简单易行、最为经济的纠倾方法，但是风险很大。一旦失控，影响将是区域性的，后果将很难收拾。至于截桩迫降或截柱迫降，更如虎口拔牙，危险性更大，比整楼平移的难度还要大、成本还要高。至于顶升纠倾法的可行性就更成问题，成千上万吨的建筑物自重再加上强大的偏心力矩引起的偏压作用，要想依靠人力将它顶升起来，这是很难想象的事。不是没有这么大的动力，而是因为本来就以支承能力不够而引起了大沉降的地基，根本就没有条件提供那么大的顶升反力。

### 2. 技术的可靠性

迫降纠倾法与顶升纠倾法的思路是出于头痛医头、治标不治本的理念，而且可行性差，操作难度大，不便于质量控制。因此，其纠倾效果的可靠性方面也就存在问题。很可能是当时见效了，却经不起长期跟踪观察的检验；表面上看到了纠倾效果，而结构内部却遭到了严重的破坏，使结构丧失了整体性和空间刚度，带来更大的隐患。

比如一栋钻孔灌注桩承重的九层框架结构，建筑物原本存在的倾斜量为东北角39.3cm（14.4‰）；西北角 40.8cm（15‰）；东南角 24cm（8.8‰）；西南角 16.8cm（5.88‰）。经过半年多的砍柱迫降纠倾以后，据报道纠倾效果已完全达到了令人满意的程度。从外观考察，作为纠倾主攻目标的东北角和西北角的顶点相对倾斜量似乎已不太严重。问题是作为次要纠倾目标的尾部东南角和西南角的相对倾斜量却不但没有减少，反而有了较大幅度的增加。更严重的是原本完好无损的建筑结构经过纠倾以后，从框架梁柱墙板到各层楼屋面都出现了密集而严重的结构裂缝。

又如一栋钻孔灌注桩承重的七层框架结构，采用深层（深及桩尖持力层以下）大幅度降水迫降法纠倾。几经折腾，虽然终于使建筑物的顶点倾斜程度确已减轻，但地面裂口宽度达数公分，裂口高差错动达几十公分，缝深几米、缝长达几十米的大裂缝。这些情况给区域工程地质环境和既有建筑物带来的危害可想而知。工程师们在进行纠倾技术方案探讨时，切不可忘记这些现实情况。

## 19.3.2 纠倾技术的发展方向

从纠倾技术的发展来看，单一的纠倾技术是不够的，往往需要多种技术的综合运用。下面再结合前述工程实例加以说明。

某九层住宅楼坐东朝西，平面尺寸为 36.0m×8.0m，建筑面积 2592m²，建筑高度27.2m。上部结构采用框架—剪力墙，基础采用独立承台钻孔灌注桩。根据检测：东北角倾斜度为 14.4‰；西北角倾斜度为 15‰；东南角倾斜度为 8.8‰；西南角倾斜度为5.88‰。可采用"六字法"综合纠倾技术，其内容为"升、降、推、拉、注、掏"六个字，也就是"前升后降、前推后拉、前注后掏"三句话。纠倾工作共分为以下三步骤。

（1）前升后降。建筑物倾斜有一个主导方向，本工程实例的主导倾斜方向是由南东向北西倾斜。从各层楼、地面标高与屋面标高显著存在的西北一隅偏低、东南一角偏高的迹象，可以清楚地说明这一点。因此有必要在西北一隅的各承台下施加静压锚杆桩予以顶升，在东南一隅的各承台实施锚拉适当下压。以期发挥前升后降的综合效果，并使之趋于平衡。

（2）前推后拉。鉴于倾斜并不是单纯由于沉降不均引起，更重要的原因还是桩身倾斜，因此单纯采取前升后降的措施不会见效。有必要综合采用前推后拉的措施，对倾斜桩身和上部结构进行扶正。行之有效的前推措施是静压斜桩，后拉措施是预应力锚杆。

（3）前注后掏。为了减少纠倾过程中将桩身扶正时在桩后产生的阻抗力——被动土压力值，有必要在原有工程桩的后方，即扶正方向的东南一隅钻孔排泥掏空，以卸除被动土压力的阻抗效应。同时在桩前，即西北一隅钻孔注浆，利用注浆压力协调扶正桩身。

当纠倾目标实现后，即在工程桩四周布孔注浆，以提高群桩的垂直承载力。更重要的还是加强地基土对桩身的水平约束作用。为了消除引起建筑物倾斜的导火线——偏心荷载，宜将西侧悬挑封闭式阳台上的全部砖砌墙体拆除，换成轻质隔墙，减轻荷载。为了保持平衡，结合用户要求，也可考虑沿东侧外墙增设与西侧完全对称的悬挑式封闭阳台。综合运用多种纠倾技术，不仅可以取得良好的纠倾效果，而且可以取得较好的经济效益和社会效益，这应该是纠倾技术的发展方向。

# 19.4 一 桩 心 事

对于以上所提及的六字纠倾法，毕竟在操作上还存在不少难度，风险依然是存在的，所以希望青年工程师们在面对纠倾任务时，还是应持"只止倾不纠倾"的慎重态度。不可妄动。看到目前有学者仍在竭其所能，矢志于纠倾技术的研究。只是所持论点，仍不外乎迫降纠倾与顶升纠倾。理论和实践都已证明，不论哪一种迫降法，堆载法也罢、压重法也罢、砍桩法也罢、砍柱法也罢、降水法也罢、掏土法也罢，不是都没有一点可操作性吗？上海地区曾经在堆载压重纠倾方面经验较多，可是在淀浦河边的13层大楼猝倒事件中，堆载压重不是反而帮了倒忙吗？这些血的教训是应该吸取的。对于一些老年学者仍然在纠倾技术方面孜孜不倦，著书立论，是可以理解的，也是应该支持的，因为可以从那里寻找经验和教训。可是要引导青年学者也朝这么一条艰险的路子走下去，就成了一桩心事。

# 思 考 题

1. 试列举当前流行的建筑物纠倾技术类型。

2. 你认为哪一种纠倾技术比较可靠，值得推荐？

3. 你认为建筑物纠倾与整楼平移两种技术哪一种技术的难度更大？风险更大？试举例说明。

4. 桩基础上的房屋倾斜与天然地基上的房屋倾斜机理有哪些不同？如何采取纠倾措施？

5. 如何防止纠倾过程中出现的建筑物裂损？

# 第20章

# 大体积混凝土养护温度自动
# 调控热养抗裂技术——热养技术

## 教学目标

这是一个老话题，但是从长江三峡大坝和核电站反应堆基础出现裂缝现象以后，重新引起了工程界的关注。这里提出的养护温度自动调控抗裂技术是一项新建议，需要大家来共同探索。本章目标是想充分利用大体积混凝土本身释放出来的水化热，进行温度自控热养，实现以下三大理想。

（1）大基础热养自控抗裂。

（2）厚墙板热养自控抗裂。

（3）大坝体热养自控抗裂。

## 基本概念

大体积混凝土；长厚墙；养护温度自动调控抗裂技术。

## 引言

当前这一技术还是一个薄弱环节，如果能有效地解决这一问题，是有实用价值的。

既然结构裂缝将导致许多工程事故，那么只要控制住了结构裂缝现象，就等于控制住了多数工程事故的发生几率。因此，如何控制结构裂缝的问题，就成了钢筋混凝土结构问世近160年以来土木工程学术界最为关心的一个课题。随着时代的前进、经济的发展、技术的提高，人类建设规模也在与时俱进，空前发展。以三峡大坝工程为例，不论其尺度、规模，还是各项技术指标，无疑都是空前的。然而在众多的居世界之最的各项高水准、高技术中，关于大体积混凝土的温度变形裂缝的控制，却仍是一个老大难的问题，为此已付出了很高的代价。同样，在核电站工程的建设中，虽然引进了居世界领先地位的国外技术，仍难免陷入"从第一罐混凝土浇筑开始，混凝土裂缝问题就一直在困扰着建设者"的尴尬境地。最终要为混凝土裂缝的修复补强付出高昂的代价。可见关于大体积混凝土控裂技术至今仍是一个值得工程学术界继续探索研究的课题。

# 20.1 定义与特性

## 20.1.1 定义

关于"大体积混凝土"这一词的定义，各类文献中的说法略有出入。广义而言是泛指结构断面尺寸在1000mm以上、容易因水泥水化热而引起裂缝的结构。最新的欧洲规范竟将厚度在300mm以上的构件视为需要考虑水泥水化热引起裂缝的大体积混凝土，也有其一定的道理。按美国ACI116R标准的规定和王铁梦先生在《工程结构裂缝控制》一书中的意见，则是指"在工业与民用建筑结构中，一般现浇的连续式结构，地下构筑物和基础，容易由于温度收缩应力引起裂缝的结构，通称大体积混凝土结构"。本文讨论的大体积混凝土的范围专指大基础、长厚墙板和大坝体等容易因为温度变化热胀冷缩引发变形裂缝的现浇混凝土。所谓大，只是相对而言，没有必要作具体界定。

## 20.1.2 特性

大体积混凝土具有以下特性。

（1）尺度大，因而边界条件复杂，受约束程度高。

（2）水泥用量多，因而产生的水化热高。混凝土在早期强度发展和养生阶段，体内与体外的温差大；在环境气温低的条件下，情况就更严重。

（3）配筋量少。大体积混凝土因为尺度大，一般只要求按构造配筋，甚至于不配筋就可以满足结构的承载力要求。因此其配筋率往往偏低，抗极限变形的能力也低，容易引起温度变形裂缝。

# 20.2 开裂机理

## 20.2.1 大块度基础开裂机理

在第 6 章已经对一般混凝土的温湿胀缩引起的裂缝进行过讨论，这里再进一步对大体积混凝土裂缝的机理、特性作深入考察。

大块度基础不仅其平面尺寸大，而且厚度也大，可以高层建筑的整浇筏板基础和核电站的核岛厂房基础为代表。比如上海金茂大厦的基础为 64.0m×64.0m×4.0m 的 C50 混凝土板；某核岛厂房基础则为 103.0m×90.0m×14.5m 的 C30 混凝土板；另一反应堆基础则为直径 44.0m、厚度 1.68m、中夹两层聚乙烯薄膜、下垫 0.47m 垫板的 C35 圆板。这些均属于大体积混凝土基础。由于其块度大、配筋量相对稀少，如何控制温度变形、减少裂缝威胁成为一个极其复杂的技术问题。现以直径 44m，厚度 1.68m，下面垫 0.47m 素混凝土的底座的某反应堆基础为例，来说明其开裂机理。

1. 设计抗裂措施

设计上除了要求按规范采取一般通用的抗裂措施外，还设计了以下特殊抗裂措施。

1）放松约束

在板底与垫板之间设计了两层聚氯乙烯薄膜滑动层，放松地基的约束。

2）抗裂钢筋

除了利用分 6 层均匀分布在底板内的 126 道预应力束管道抗裂外，还在板底和板顶都配有 φ30@310 的双向钢筋网抗裂。

2. 混凝土配合比

所用混凝土材料如砂、石、水泥、减水剂、引气剂、粉煤灰等，均为经过反复试验、仔细筛选、严格控制的合格品。水灰比 0.44～0.47，砂率 0.34～0.35，粉煤灰掺量 17.6%～24.8%，现场配合比掌握严格。

3. 浇筑工艺

φ44.0m×1.68m 的块体采用水平分段（期）跳仓，垂直分层连续法浇筑。分段浇筑的间隔时间一般为 8～10 天，最长达 15～30 天。即后一段混凝土浇筑时，相邻的前一段混凝土已接近或达到混凝土的设计强度。分层浇筑的层厚控制在 45cm 以下，按斜面放坡引浆，连续推进。1.68m 厚度一气呵成。

4. 养生测温

每小时测温一次，持续 7 天，测得块体中心的最高温度为 75.5℃。用麻布片覆盖浇水养生，养护期 7 天。还利用筏板内预埋的 6 层、126 道、总长 4700m 的预应力束管道输送循环冷却水进行内部降温。

5. 裂缝情况

底板面共出现了 36 道裂缝，最先浇筑的第一块段（中心段）不出现裂缝。随后浇筑的第二、第三块段出现的裂缝几率相等，每段各 3 块，各有相似裂缝 18 道。裂缝长度最大在 10.0m 以上，最短为 2.0m 左右。缝宽在 0.19~0.34mm 之间。深度不大，属于表层裂缝。

6. 机理研究

大块度基础混凝土的开裂机理是一个极其复杂的技术问题，涉及很多变化不定的物理因素和力学参数，很难用确切的数学模型来进行定量计算。实际上，繁琐的计算工作对于指导设计与施工和控制裂缝出现并无裨益。而用理论结合实际的方法进行一些定性分析、总结经验，这对实际工作是有意义的。

温度应力的出现和温度变形裂缝的产生必须具备两个前提条件：一是约束；二是温度。首先从研究具体约束条件开始。约束分为基底约束、边界约束、自身约束等情况。

(1) 基底约束。基底受约束程度与基底岩性有关。约束程度高则基面(接触界面)上产生的抵抗热胀冷缩变形的剪应力大。用理论公式 $r = -C_x U$ 来表示。$\gamma$ 为剪应力，$U$ 为热胀或冷缩引起的变形(相对位移)量。$C_x$ 为一比例常数，与基底岩性有关。

(2) 边界约束。边界约束有如后浇的块段受到先浇的相邻块段的约束，或岩性地坑对基础的约束。约束程度与混凝土龄期和强度发展情况有关。按绝对刚性约束(混凝土完全达到强度后)考虑时，温度应变 $\varepsilon = at$；温度应力 $\sigma = E a t$。$\alpha$ 为混凝土的线胀系数 $1 \times 10^{-5}$；$t$ 为温差；$E$ 为实测的混凝土弹性模量。

(3) 自约束。混凝土经终凝硬化达到一定强度以后，由于其体内核心区与外表面的温度高低不同，存在温差。有温差就有胀缩变形。变形将受到混凝土自身强度的约束，称为自约束。自约束引起温度弯矩，其理论值为 $M = E I a t / h$，表面冷缩应力 $\sigma_z = a t E$，式中 $\alpha$ 为混凝土线胀系数，$t$ 为内外温差，$h$ 为混凝土内部高温区到表面低温区之间的距离，$I$ 为计算断面(高度 $h$)的惯性矩，$E$ 为弹性模量。

总之，从理论上说，大体积混凝土在各种受约束条件下，各龄期的温度应力值都是可以进行定量计算的。

然后再研究其温度变化情况。温度变化幅度(或称温差)是引起温度变形裂缝的决定性因素。实际上，基土(或基岩)深埋地下，与大地一体，本身温度变化不大。而上部大块基础的温度变化幅度则可能很大。

(1) 以基底温度为基准，当混凝土温度上升时，底板发生热胀变形，接触界面上必产生一个阻止其热胀变形的约束力(剪力)。这个约束力对于混凝土块体来说是个偏心压力，不会在接触界面处产生混凝土裂缝。偏心力矩对混凝土块体有产生上凸变形的趋势，因而有可能在块体内产生倒八字形裂缝的。但在温差幅度不是很大，而板的厚度很大，抗变形刚度大的情况下，这种倒八字形裂缝是不会出现的。

(2) 当混凝土温度下降时，底板会产生冷缩作用。阻止冷缩作用的约束应力为界面上的背向剪应力，也就是张拉力。这个张拉力会使底板从下向上撕裂。应力强度为 $\sigma_t = a t E$。但在一般温差幅度条件和厚实底板的情况下，这种裂缝也只是出现在底板下面，不致贯通到底板表面。由于界面上产生的背向剪力对于底板来说是偏心受拉，偏心弯矩有产生下凹变形趋势，因而有在底板内产生正八字形裂缝的可能。只是在厚板的抗弯变形刚度较大的情况下，这种正八字形裂缝实际也不会出现。

综上所述，认为在基底面受约束和温度变化时，对大体积混凝土产生贯通性裂缝构成威胁的可能性并不大。少量冷缩裂缝可能出现在基底界面上，裂缝宽度、深度都有限。因此认为、在基底下增加厚实的混凝土垫块和聚氯乙烯滑动层的设计措施实际意义不大，反而对于工程的整体性和抗滑移、抗地震等功能会构成严重损害。

（3）混凝土块体受边界（相邻先浇块体）约束条件下的温度变化。后浇块体受到先浇块体的侧面约束，且温度上升时，则只在块体内产生热胀引起的压力，对混凝土无致裂威胁。当混凝土块体释放水化热产生体内高温引起热胀时，就是如此。但是如果温度下降，则将在后浇块体内产生冷缩力，冷缩裂缝可能沿界面（新旧混凝土交接的施工缝）形成，也可能出现在其他薄弱点。

（4）混凝土块体在内约束条件下的温度变化。当混凝土内的水化热温升进入高潮（龄期3～6天），体内温度很高（一般在60℃以上）时，如果保温养护措施不力，再遇上环境气温骤降时，则混凝土的内外温差会失控。根据大体积混凝土施工规范，其内外温差应控制在20℃（或25℃，各国规范有出入）以下。否则混凝土表层就必然出现冷缩裂缝，而且裂缝深度可能从表面向核心高温区延伸。一旦遇到这种养护温度失控的情况，则所采取的其他任何抗裂措施都很难见效。某核电站的2#反应堆施工时，鉴于1#反应堆基础的开裂教训，进而采取了一系列强化抗裂措施。只因没有对内外温差幅度进行有效控制，结果是2#堆基础的开裂程度反比1#堆基础要严重得多，原因就在于此。

## 20.2.2　长厚墙开裂机理

长墙一般指$h/L<0.2$的带壁柱连续墙。下面以地下室外墙为研究对象，进行探讨。

1. 约束条件

长厚墙的约束以受基础约束的程度为最高，可按刚性约束考虑。其他三个界面如左右墙与墙顶，因为在一般情况下，其材料物理性质即线胀系数相同，温度也相同或基本接近，所以相互约束的程度不高，甚至可以按自由边考虑。

2. 温度变化

基础的温度相对较稳定，墙身温度则受大气环境温度变化影响较大。尤其是外墙，还有室内、室外两面温差和向阳面与背阳面温度差的问题。厚墙则还有受水化热温度影响的体内温度与体外温度差的问题。因此，随温度变化的不同和受约束条件的不同，情况也就复杂化。

3. 开裂机理

1）整体均匀降温条件下的开裂机理

上部墙身均匀降温时，受到下部基础的约束，在接触界面上会产生一个阻止冷缩、方向相背离的剪应力。这组剪应力以对称线（不动点）为中心，由两端向中心聚集。当其所聚集的强度大于墙体的允许抗拉极限时，裂缝就从墙底界面处向上逐渐撕开，形成下粗上细的竖直裂缝。裂缝分布基本上是间距相等，从中点向两端逐步按序分期扩展。由于这组剪力对于墙板来说是偏心受拉，所以会使墙板出现下凹（或称上翘）的变形趋势。温差幅度大时，在墙两端靠近基脚处可能形成正八字形裂缝。

2）整体均匀升温条件下的开裂机理

当墙身温度均匀上升产生热胀时，由于受到基础的约束，在接触界面上就产生一组相向的剪应力，对墙板形成一组偏心压力。压力不会构成致裂威胁，但偏心压力形成的偏心力矩有导致墙板上凸弯曲变形的趋势。温差幅度大时，有可能在墙顶中部产生竖直短缝，在墙端底脚附近可能产生倒八字形裂缝。只是在一般条件下，温差幅度有限，而墙身高度大、抗弯刚度高，墙顶和墙脚的裂缝一般不会出现。

3）墙身内、外表面出现较大温差条件下的开裂机理

此时墙板的约束条件是基础的约束程度高，其他三个界面的约束程度偏低一些。但当长厚墙板两面出现温差时，与薄板一样按理论分析，高温侧热胀，产生偏心压力，相对于低温侧则产生张拉力。或者是低温面冷缩，在低温侧产生冷缩应力。总之墙板两侧面温度不一致时，总是在低温一侧产生冷缩张拉力和冷缩裂缝。火灾时裂缝出现在常温一侧，寒冷时则裂缝产生在遭冻一侧。温差导致温度变形弯矩的理论计算值为 $M_t = -EI\alpha t/h$。张拉应力值则为 $\sigma = \alpha t$。$h$ 代表墙板厚度，$t$ 代表内、外表面温度差，其他符号同前。裂缝走向则为竖直，且从约束程度最高的壁柱两旁首先出现，向中间扩展。理论计算公式与开裂机理和薄板完全一样，所不同的是板越厚，约束程度越高，裂缝程度越严重。

4）墙板裂缝实例

近年来关于地下室外墙面上出现严重竖直裂缝的报道已很多，高层剪力墙上出现竖直裂缝的报道也时有所闻，不多介绍。这里以发生在某核电站辅助厂房钢筋混凝土连续墙上的严重裂缝现象为案例，对长厚墙板的开裂机理作些说明。正因为该厂房墙板的设计安全水准高，墙体配筋量足（配筋为 $\phi32@150$ 或 $\phi32@300$ 平置，$\phi22@200$ 立置）混凝土标号高，墙体厚，约束程度高（受带型基础和强劲壁柱与墙顶连梁的四面约束），因而温度应力值高，裂缝现象也就特别普遍和严重。据统计，该厂房共出现了竖直裂缝 700 条，裂缝总长度达 2.0km。为裂缝补强付出了高昂的代价。应该指出，该厂房混凝土墙板的开裂现象实际上属于设计失误。在墙板里面配置单层粗钢筋网，不论施工时是将网片置于板的中性轴上，还是置于板的任一侧，当板的两面受到高低温度交替变化时，板面就会严重开裂。粗钢筋网不仅没有起到抗裂的作用，反而因为钢筋的存在，增加了板的受约束程度，加重了裂缝程度。

## 20.2.3　大坝开裂机理

水工结构的钢筋混凝土大坝坝高数百米，坝体厚度从数米到数十米，可谓是名副其实的大体积。筑坝材料不管是塑性混凝土或干硬性混凝土，还是碾压成型混凝土，不管其水灰比多低，总得含有充分的水泥及水化用水，就必然产生巨大的水化热。尽管在现代先进技术的支持下，可以选择先进的施工工艺和优异的工程材料，比如选择优质砂石、低热水泥和合适的各种掺合料；还可以支付高昂的费用，在控制混凝土入模温度和加强内部冷却系统运作方面巧做文章。但毕竟因为其工程量大，施工周期长，气候环境条件复杂，仍是难免发生温度变形裂缝，威胁安全，值得重视。

1. 约束条件

其实，大坝的受约束条件相对来说还比较单纯。因为坝基、坝体是常年浸泡在水中

的，环境温度比较稳定，所以由于温度变化和基础约束而引起裂缝的几率不高。但由自身约束和水化热引起的坝体内、外温差幅度大所导致的坝面冷缩裂缝的威胁最大，应特别注意。

**2. 开裂机理**

虽然坝体厚度大，内热（水化热）向外传导的距离远、速度慢，但水泥水化热的绝热温升和混凝土的入模温度还是容易控制的。而且还可以充分利用内部冷却系统降温，因此内部温度不会太高。难于控制的是环境气温。由于水坝高度大，而且是独当江河风口，施工周期又长，气温变化幅度大，在严冬寒潮骤临的情况下，控制坝面的混凝土养护温度就成了难题。当内外温差幅度失控时，坝面混凝土就容易导致普遍和严重的冷缩裂缝。

既然大坝的主要受约束条件是自约束，最大的致裂温差幅度是冬季的气温引起。那么混凝土的开裂机理就限于内胀外缩现象导致的坝面浅层裂缝，不可能引起全断面贯通导致渗漏的危险裂缝。裂缝的走向也就不会那么规则有序，对大坝安全不会构成威胁。

**3. 大坝裂缝实例**

大坝出现裂缝的工程实例很多，并不足怪。工程史上最为著名的美国 TVA 峡谷的 Fontana 大坝就曾出现过裂缝。位居世界之最的长江三峡大坝在施工过程中出现局部裂缝的现象也属正常。问题在于是否慎重对待，及时处理。如果是，就可以确保工程的耐久性不受影响。

# 20.3 裂缝的危害性

必须指出的是，当前工程界对温度变形裂缝的认识还存在一些错误倾向。认为裂缝出现之后，内能释放，应力消失，裂缝不会再扩展，因而掉以轻心。尤其是对于体积大、不配筋或只配构造筋的结构，从安全承载力角度去审视，对裂缝的危害性更是满不在乎。殊不知裂缝一旦存在，结构的整体性和耐久性就被损害。"带病工作"毕竟是危险的。

## 20.3.1 反应堆安全壳裂缝的危害性

反应堆安全壳是设计安全水准最高的结构，在正常情况下，些许结构裂缝的存在自然不会影响其正常使用。但安全壳在生产事故条件下，壳内要充满压力为 0.75MPa 和温度 145℃的高温高压蒸汽与其他放射性物质的混合体。要保证在高温高压条件下饱含放射性的汽水不致外渗污染环境，就要求安全壳具有很高的气密性，不允许出现任何裂缝，哪怕是裸眼难辨的微裂现象也是不允许存在的。

因为对安全壳的气密性要求高，所以在 1000mm 厚的混凝土壳体的内表面，还衬有一层钢板，并利用这层钢板代替内模板浇注混凝土。正因为这层钢板的存在，往往会掩盖了出现在贴近钢板的混凝土内表面上的冷缩裂缝。导致这些冷缩裂缝出现的原因是安全壳外表面遭到太阳曝晒，壳体温度外高内低，相差幅度大。不可不慎重对待。

### 20.3.2　地下室外墙或剪力墙外墙面裂缝的危害性

人们往往认为，地下室外墙或剪力墙外墙面上出现些许垂直裂缝，主要是影响墙的抗渗功能，对墙的承载力和结构安全性不构成威胁。实际上，不论是地下室外墙或高层剪力墙，除了要承受压应力外，主要功能还是承受剪力。不论是处于压剪、弯剪，还是扭剪状态，垂直裂缝的存在都是极大的危险，对结构的抗地震抗形变能力削弱很大。不仅裸眼可见的垂直裂缝危险性大，即使裸眼难见的隐形微裂现象和密集型龟裂现象也是应该尽量避免的。

### 20.3.3　大基础大坝体裂缝的危害性

比较起来，还是大基础、大坝体等大体积混凝土表面的冷缩裂缝对工程安全构成的危害性要小的多。但是大基础、大坝等工程往往功系千百年的发展大计，事关亿万人的生命安全。从工程寿命着眼，也应尽量避免裂缝的出现。

## 20.4　一般防裂措施

一般用于大体积混凝土防裂的措施有以下几个方面：①降低水灰比；②减少水泥用量；③改善材料质量，比如精选砂石，改良级配，应用低热水泥；④改良配合比；⑤控制入模温度；⑥加强内部冷却；⑦放松约束程度；⑧增加钢筋含量，改进钢筋网密度；⑨控制养护温度，延长养护时间。理论和实践证明，以上措施都能收到一定效果。但前八种措施的作用往往很有限。唯有切实控制混凝土的养护温度，降低混凝土的体内、外温差幅度，才能收到立竿见影的良好效果。而且是切实可行、人力物力投入有限的措施。比如某反应堆基础，尽管在设计与施工中已全面认真地采取了上述前8种混凝土防裂措施，$1^\#$堆基础施工后还是出现了严重裂缝。施工$2^\#$反应堆基础时，对上述各项措施的力度进一步作了强化，比如调整了混凝土配合比：砂率从0.35降到0.342；水泥浆量从25.9%降到了24.3%；粉煤灰掺量从13.6%提到了33.3%；延长了分段（期）浇筑的间隔和养生时间；还增加了一层$\phi12@200$双向的表面抗裂钢筋网；也改善了覆盖养护措施，在一层麻布片下增加了一层柏油毡。令人失望的是$2^\#$堆底板的裂缝情况不仅没有得到有效抑制，反而要比$1^\#$堆底板裂缝的程度严重得多。经过分析，认为关键是没有控制混凝土养生期的内、外温差。$1^\#$堆底板是在盛夏的6月施工的，$2^\#$堆底板是在初冬的10月施工的，气温有了大幅度下降，而养护措施则基本相同，没有太大改进。显然$2^\#$堆底板的养护温度没有得到控制，内外温差幅度偏高，冷缩应力加大。而相应的混凝土龄期强度和弹性模量$E$则偏低，抗裂能力偏低。这就是$2^\#$堆底板裂缝现象必然加剧的确切原因。

# 20.5 自动调控混凝土养护温度抗裂技术

以上理论分析和某反应堆底板裂缝的经验教训,充分说明了在众多的大体积混凝土防裂措施中,只有控制混凝土养护温度这一手段最为经济有效,也最易操作。

## 20.5.1 水化热源的有效利用

应该认为,任何能源包括水泥水化所产生的热能都是有价之宝。我们完全是可以充分利用水泥水化热来加快混凝土的强度发展进程的,绝不能放任使之沦为导致混凝土开裂的不利因素。只要人们能主动控制混凝土的养护温度,使之保持与混凝土内部的龄期估算温度或实测温度相适应,使内外温差控制在规范允许范围内(20~25℃),就完全可以实现既能充分利用水泥水化热加快混凝土的强度发展,又不致产生冷缩裂缝的双重目的。而将这一技术课题交由热工专家和自控专家去进行研究开发,促成体内水化热温度与体外养护介质(气体或水汽)温度的迅速交流,融为一体,实现自控,应该是切实可行的。

## 20.5.2 养护用热(冷)源的补给

控制混凝土体内外温差可以双管齐下,一方面控制混凝土的入模温度,并采取内部冷却降温措施;另一方面采取送热保温养护措施,同时也可如上所述地利用水泥水化热来进行热养。冷热介质可以是水或汽或风,费用不会高,效果可靠。

## 20.5.3 养护温度自动调控技术

根据实测记录,大体积混凝土内部温度一般在龄期3~6天之内发展到高峰,随后缓慢降到与气温相近。只要调整体外养护温度使之与体内温度变化相适应,就可有效控制其内外温差幅度,确保冷缩裂缝不会出现。由于环境气温往往变化很大,加上大体积混凝土的规模大,施工周期长,完全依靠人工去调控这一动态过程,是有困难的。如果依靠自控技术的支持,实行自动调控,问题就可迎刃而解。

1. 基础混凝土养护温度自控法

根据基础规模大小的不同、混凝土浇筑方法分层分段工序的不同,可分别采取不同的温度自动调控养护方法。

1)坑内注水蓄热养护

小体量基础施工,可不分层分段,采用整体浇筑、一气呵成的办法时,只需待混凝土顶面结硬(经6~12小时)后,即往坑内注水,水面覆盖混凝土顶面线深度约20cm。并自动送热控制水温进行混凝土养护。

2)顶面蓄水,侧立面披挂覆盖养护

基础面积大,但厚度不大,采取水平分段(期),垂直不分层(连续)浇筑时,可在已浇筑待养护的混凝土块体顶面,沿周边砌筑临时性的交圈矮墙,墙高25cm,进行蓄水保温。块体侧立面,则沿周边披挂麻布片或稻草帘,进行喷热或送汽保温,并自动调控保温养生温度。

3)顶面分层分期蓄水,侧面分层分期覆盖养护

特大型基础,既要水平分段(期)又要垂直分层浇筑混凝土时,可采用逐段逐层顶面蓄水,侧面披挂覆盖法送热控温养护。

2. 大坝和高墙侧立面养护温度自控法

各类剪力墙、反应堆安全壳和大坝坝体混凝土的高空养护,由于风大、失水降温速度快,控温养护尤其重要。可在模板外附挂保温防水密封性纤维布外套,并往外套与模板之间的夹缝空间内送蒸汽或热风,实行温度自动调控养生。

必须指出,对于反应堆辅助厂房结构等长厚墙板来说,在既有体内水化热升温,又有环境辐射热升温双重威胁的条件下,必须慎重。比如1000mm厚的墙板用C40混凝土浇筑,体内水泥水化热升温可达70℃左右,外表在南方的太阳曝晒下,表面温度也接近70℃。在这样的条件下再在外表面采用加热养护,就等于火上浇油,会大大提升其外层整体的温度,此时如果仍按惯例进行体内循环输水降温,就会促使内表面冷缩裂缝严重发展。此时,以采用冷养技术降温养护为宜,但必须保持体内外温差不超过20℃,详见后面第21章。

# 思 考 题

1. 哪些混凝土结构可划归为大体积混凝土?
2. 关于大体积混凝土的抗裂措施一般有哪些?
3. 试对大体积混凝土的开裂机理进行论述。
4. 控制大体积混凝土裂缝的关键技术是什么?
5. 试对长江三峡大坝裂缝的危害性进行论述。
6. 对核电站反应堆基础的施工是那么的小心翼翼、尽心尽力,为什么反而出现严重的裂缝现象?

# 第21章

# 大面积薄板混凝土养护温度
# 自动调控抗裂技术——冷养技术

 教学目标

这里虽然没有多少新鲜的内容，但冷养技术却是一个全新的概念，希望得到工程学术界广泛的支持与认同。本章目标有以下三个。

(1) 抑制大型屋面壳板上的裂缝现象。

(2) 消减码头面板上的裂缝现象。

(3) 消减剪力墙外墙板，地下室外墙板上的垂直裂缝。

基本概念

冷养技术；冷养时效；低温养护。

引言

由于薄型混凝土结构的施工、保养和加固的难度都很大，付出的代价很高，也突出了混凝土冷施工和冷养技术的实用价值。

利用高温蒸汽养护混凝土以促进其强度发展已是一种成熟的技术，但是利用低温条件养护混凝土以改善混凝土的密实度、增强混凝土的耐久性却还是一个新课题。其实，追求混凝土的早期强度是一种短期行为，还会产生一定的副作用，且要付出一定的经济代价。而利用冷养技术改善混凝土的密实度，增强混凝土的耐久性，则是一个符合工程安全长远利益的根本性问题。因此，冷养技术是一种能创造更大的社会经济利益，更受欢迎的新技术。

# 21.1 课题背景

## 21.1.1 从冬天剥葱得到的启发

在严冬的低温条件下，葱皮裹得紧紧的、严严实实，怎么样剥也剥不下来。夏天剥葱皮时，葱皮松松的，只是一带就会完整剥落。这就是生物结构为了适应环境，自我保护的表现。从这里工程师可以得到启发：在适宜的低温条件下，工程结构，尤其是混凝土结构，应该具有较高的密实度和较好的耐久性。

## 21.1.2 从北方人和南方人的体格对比说起

北方人体格魁伟结实，有很强的耐力。南方人却要矮小孱弱得多。究其原因，只是气温条件不同而已。与人们的起居生活、饮食结构、营养水平、锻炼条件并无因果关系。这也是人体结构在适应环境条件下的一种自然表现。与结实的葱皮一样，结实的人体结构也只有在适宜的低温条件下才能自然形成。因此，工程师也应该为混凝土结构尽量营造一个较适宜的低温环境的养护条件。

## 21.1.3 从混凝土的蒸汽养护到冷汽养护

在北方，要进行冬季低温条件下的混凝土施工，为了防止混凝土被冻坏，习惯采用蒸汽养护法。混凝土在70℃以上的高温蒸汽养护下，强度发展很快；在标准条件(温度20℃±3℃，相对湿度90%以上)下要28天才能达到的混凝土强度；在蒸汽养护下只需几个小时就可以快速达到。在混凝土预制构件厂，为了提高功效，也普遍采用蒸汽养护法组织连续生产，这确实是一个好办法。但是人们也普遍注意到，蒸汽养护混凝土虽然有理想的早期强度，却没有理想的后期强度。不论是从混凝土的密实性、抗渗漏能力、抗碳化能力、耐久性和后期强度发展情况去检查，蒸汽养护混凝土都比普通自然养护混凝土要差；常温养护混凝土比相对低温养护混凝土要差。据调查研究，北方工程混凝土的耐氯离子腐蚀能力、耐钢筋锈蚀能力和耐碳化能力普遍比南方工程的表现好。南方沿海高温地区的工程，在混凝土耐久性方面受到的威胁最大。因此，对于一些暴露面积大、易受腐蚀、易被碳化的结构件采用低温养护技术应该是提高结构耐久性的一个好办法。

# 21.2 研究范围

## 21.2.1 工程范围

在高温地区采取相对的低温养护技术对混凝土进行养护是要付出经济代价的，因此实施低温养护的工程范围应该有个限度。暴露面积大、易被腐蚀和易遭碳化的混凝土构件，以不作厚实保温隔热层的屋面结构和码头面板结构为代表，尤其是大型薄壳屋面，板壳厚度一般只有 4～5cm，如果能进行低温养护，则必能大幅度提高其抗腐蚀、抗炭化能力，延长结构使用寿命。

## 21.2.2 冷养时效

冷养必须付出经济代价，实施冷养时段不宜过长。薄板结构的水泥水化热升温不高，宜尽量争取早期进行低温养护。在混凝土强度增长期养护效果会更好。只待实测的板内温度接近板面气温时，即可开始降温养护，究竟养护的时效如何，从什么时候开始降温，养护到什么时候，降温控制幅度如何，均应进行系统研究、广泛试验，待取得成果后才能进行推广。

# 21.3 板面裂损症状

大型壳体屋面、大型码头面板等板面因为耐腐蚀、耐碳化能力低而出现的裂缝现象，实际上也就是钢筋锈蚀胀裂现象。加强板面混凝土，尤其是保护层混凝土的密实度就可以大幅度提高混凝土的抗腐蚀、抗碳化能力，从而避免钢筋锈蚀现象的出现，也就抑制了板面裂缝的出现。比如南方某大学礼堂的双曲屋面板裂缝，就是因为薄板碳化导致钢筋锈蚀引起的。同样，上海展览馆的双曲屋面出现裂缝，也与支撑构件大小拱架无关，完全是由于壳体碳化导致钢筋锈蚀胀裂引起的。要防止板壳裂缝出现，最好的办法是对壳面进行低温养护，以提高其密实度，增强其抗碳化能力。据报道，香港曾对 93 座平均寿命为 23 年的在用混凝土码头进行过调查，发现 90％以上的码头面板由于抗氯盐腐蚀和抗碳化能力不够，也就是混凝土保护层的密实度不够，因而遭到早期损坏，引起钢筋锈蚀、胀裂，对工程安全的使用造成很大威胁。同样，对国内华南地区进行的几次码头护岸等大面积薄板或薄壁进行抽样调查，其受腐蚀与碳化程度也极其严重，钢筋锈蚀胀裂损坏率高达 74％～89％，平均寿命只有 25 年。而对北方工程的抽查时，却发现大面积薄板结构的锈蚀、胀裂现象要少得多，平均寿命要长得多。因此认为抑制大面积薄板混凝土的裂损症状的最好办法是冷养技术。

箱形桥梁的面板和腹板裂缝现象也是当前一个很突出的问题。与大面积屋面板或薄壳板相比，桥面板的厚度已不属于薄板、薄壁或薄壳范畴，其致裂机理也有很大的不同，但桥面板或箱形梁腹板也有与大面积薄板相似的一个方面，即其所处的环境条件一样恶劣。很有必要提高桥面板或箱梁腹板的保护层混凝土密实度，以提高其相应的耐腐蚀、耐碳化能力，延长其寿命。因此，在桥梁工程中实施冷养也很有必要。

核反应堆混凝土安全壳的壳板厚度已在 1000mm 以上，当然不能算作薄壳范畴了，按常规已属于大体积混凝土范畴，所以其致裂机理也与薄板或薄壳完全不一样。但从其面积大、要求抗渗透压力特高一点出发，又与大面积薄板混凝土有某些相似之处，其微裂现象也是应该控制的。所以对反应堆安全壳进行一定程度的低温养护也是很有益处的。

# 21.4 冷养措施

## 21.4.1 先期降温措施与习惯采用的大体积混凝土先期降温措施完全相同

（1）尽量降低水灰比，以减少单位体积混凝土的水泥用量。建议尽量在大面积薄板混凝土中不采用高性能混凝土，这样就可以将单位体积混凝土的水泥用量控制在 300kg/m³ 以下。如果在薄板结构中采用高性能混凝土，板的厚度太薄，很不利于结构的防腐蚀、防碳化。

（2）尽量使用低热水泥、掺粉煤灰、石粉等掺合料的混合水泥。其颗粒偏粗一点，水泥水化热就低，有利于降低早期的水泥水化升温幅度。

（3）控制混凝土的入模温度。有效办法很多，但还要考虑到工程成本和经济效益。最简便的办法之一是苫盖砂石料，使之不受太阳曝晒；二是采用低温井水调制混凝土；三是不使用新出厂的水泥。当然最有效的措施是用冰水调制混凝土。

## 21.4.2 水化升温期降温措施

大面积混凝土不能像大体积混凝土一样，可以采用体内埋管送冷降温措施，也不可能采用表面冷却措施，这样会加大混凝土体内体外温差幅度，促使混凝土表面冷缩裂缝的出现。适宜的办法是要利用大面积混凝土体量单薄、散热快的特点，适当加快表面散温速度，但又要防止降温速度过快引起表面干缩裂缝和表面冷缩裂缝。

水化升温期也是冷养收效最佳期，因此，控制这一时段的冷养温度至关重要。最有效的办法是架空苫盖混凝土表面，使之不受高气温或太阳辐射热的干扰；使之既保持良好的通风条件，又拥有适宜的环境湿度和偏低的环境温度。切不可采用草袋苫盖等用于大体积混凝土养护的手段去养护薄壁混凝土，在有条件的情况下，采用蓄冷水养护或喷淋冷水养护效果最佳。

## 21.4.3 后期冷养措施

等混凝土过了水化热升温阶段，在正常环境条件下进行低温养护能收到良好的效果。

但又得控制工程成本，不可能采取其他正式的送冷风低温养护等措施，唯一有效的办法是，在后期养护中，绝对避免混凝土表面遭高温曝晒。

### 21.4.4 充分利用低温条件施工

最经济、最有效的冷养技术是充分利用天然条件和低温季节，施工大面积薄板混凝土，尽量避免在高温季节浇筑薄壳屋盖、码头面板等敏感性工程。尤其在北方，人们往往因为担心混凝土在低温条件下结冰冻坏而尽量回避低温季节施工，当然这也是必要的。但是应该明白，混凝土尤其是大面积薄板混凝土的最佳施工气温是＋5～＋10℃，千万不能错过了这一黄金时段。

### 21.4.5 测温技术

大面积混凝土因为体量薄、散热快，不像大体积混凝土那样会出现那么高的体内水化热升温，不需要进行那么严格及时的体内外温度测量与监控。因此，也就没有必要进行温度自动调控。但在薄板内留置少量的测温孔，与养护条件下的混凝土表面温度进行对比观测，总结冷养效果还是必要的。每昼夜最少观测两次，一次在晚上或凌晨，一次在午后3点左右。

## 21.5 质 量 监 控

冷养温度最好控制在15℃以下，这当然还得尽量利用低温季节施工的有利条件，在北方，这是很容易实现的。在南方，在盛夏条件下施工，则创造＋15℃以下的养护条件将付出一定的经济代价，显然是不受欢迎的。

冷养效果可以用以下的质量检测手段进行测试，以下是对比分析。

（1）混凝土强度对比：拉拔试验。

（2）混凝土密实度对比：抗渗试验。

只要混凝土的强度和密实度有了提高，尤其是保护层的致密性有了提高，薄板结构的耐碳化与耐腐蚀能力就提高了，达到了冷养目的。

无条件进行拉拔试验和抗渗试验的工地，也可以用回弹试验和放大镜直接观察的方法，以分辨混凝土保护层的致密性。

## 21.6 经 济 效 益

在高温条件下施工而采取冷养技术是要付出经济代价的，只有不得已而为之。但只要能提高薄板尤其是薄壳混凝土的使用寿命1/3，其最终经济效果仍是可观的。

尽量利用低温季节施工薄板或薄壳混凝土，是完全可能实现的，尤其在北方地区争取在＋5～＋10℃条件下的黄金季节施工，更能收到良好的技术效果，达到延长结构寿命的目的，却不必付出额外的经济代价，这显然具有很好的社会效益和经济效益。

## 思 考 题

1. 对混凝土进行低温养护有什么好处？
2. 为什么南方的混凝土薄壳屋面、混凝土桥梁、码头比北方容易出现裂缝？
3. 蒸汽养护混凝土有什么副作用？
4. 如何对大面积混凝土进行低温养护？
5. 低温养护混凝土的经济效益体现在哪里？

# 第22章

## 结束语

### 教学目标

土木建筑市场的发展前景和土木建筑工程师的岗位选择是大家最关心的一个问题，也是从工程事故分析、工程的安全性与耐久性中引发出来的一个话题，还是年青的工程师们今后奋斗的目标。本章目标包括以下几个方面。

（1）值得回顾的四大问题，指引前进的正确方向。

（2）维改加固的三大市场，不容选择的发展趋势。

（3）准备进军的一个方向，做好必要的思想准备。

### 基本概念

既有工程存在现状；维改加固任务的分量；就业与失业；国内与国外。

 引言

大规模城市化建设任务饱和以后，广大建筑工人不可避免地会面临非常严峻的失业威胁，向维修改造加固市场进军，向海外进军，有着非常现实的意义。

对于即将走出校门进入社会的未来工程师们来说，有一个最受关注的问题就是关于土木建筑工程的市场前景和土木建筑工程师的岗位选择问题。因为这个问题关系到大家的前途，也是即将面临的一个现实问题。在这里进行一些讨论，作为本教材的结束语。

# 22.1 从工程事故分析工作中看工程建设过程中存在的问题

前面各章已经从各个方面对工程事故进行了比较深入的分析研究。总的印象是当前出现在工程建设中的事故频率比较高，事故类型比较多，事故范围比较广，经济损失比较大，性质比较严重。说明在工程建设过程中还存在一些有待解决的问题。在这个建设规模空前、建设速度一日千里的时代，有大量像三峡大坝、长江大桥这样的重大工程，决不只是一个百年大计的问题。这是一些事关亿万人生命财产安全，功系千秋的大事。不给予高度关注必然要犯历史性的大错误。

## 22.1.1 关于工程建设标准与工程质量问题

### 1. 关于安全水准问题

虽然我国设计规范的安全水准一直偏低，从新中国成立初期套用的苏联规范，到后来的"64规范"、"74规范"、"89规范"、"02规范"，都普遍低于世界平均水平。就拿"02规范"来说，其综合安全水准仍然低于欧美安全水准，只有他们的2/3左右，汶川大地震以后，一些地区的抗震设防水准有所提高，但也只是局部的。最新建筑结构设计规范(GB 50011—2010、GB 50010—2010、JGJ 3—2010、GB 50007—2011)也只是在保证结构的可靠度、整体性、规则性与抗震性能方面有了新的增补，做了新的努力，在安全水准方面，并未做大幅度调整，这是实际情况，必须心中有数。但是在工程事故分析实践中也发现，较低的设计安全水准倒不一定就是工程事故的直接根源。相反，在设计中任意降低或放大安全系数，导致结构刚度和强度分布的不均匀，引起应力集中，形成薄弱环节，却可能形成事故的导火线。正像瘦弱不一定就是病，肥胖不一定代表健康一样。瘦弱只要调养得法，照样可以保持健康状态。瘦弱虽然抵抗力是弱一些，但毕竟还不是病，而很多富贵病却比瘦弱症的危害性更大。所以关于安全水准高低的问题，还要涉及很多深层次的研究工作，这就希望未来的工程师们在工程事故分析实践中去积累经验，寻找答案，在并不太高的安全水准下满足更高的安全要求。

### 2. 关于工程质量与建设速度问题

在市场经济条件下，由于建筑工程承包商、房地产商受到利益驱使而忽视工程质量。某些地区，在工程建设的指导思想方面，仍存在重数量、重速度、重外表，轻质量、轻实用，不重视工程的安全性和耐久性要求等问题。往往前面建，后面拆，沉醉于好大喜功，华而不实，搞政绩工程。殊不知这种做法只能是造成资源的浪费、环境的破坏、工程质量的下降。只从水泥的生产与消耗这一个指标就可以看出，我们的建设速度与建设规模已经到了顶峰。当时(2005年)的人均年水泥消耗量已达600kg以上，人均每年可以浇到2m³以上的混凝土。人们也许只注意到2m³混凝土，会给人们的生活创造多少福利，却忘记了这人均 600kg 的水泥会消耗多少煤、油、水、电、砂、石、土地资源，会产生多少粉尘废气，会给环境带来多么严重的污染。物极必反，再好的事物都有一个限度。据西方先进国家的经验，人均年水泥消耗量大到 700kg 时已是极限。而后，据报道，截至 2010 年底，我国的水泥年产量已达 $18.8×10^8t$，人均拥有量达 1.4t，已是国际公认的人均拥有量的 2 倍（虽然其中含有少量出口）。今天，显然又上了一个台阶。因此认为，我们当前的建设政策应是把重点放到重质量、重环境方面的时候了，应果断地放慢建设速度，缩小建设规模。绝不可崇尚虚荣，自陷困境。

## 22.1.2 关于工程建设的可持续发展问题

世界经济建设一旦脱离可持续发展的道路，其后果将是不堪设想的。这已经成为觉醒了的世界人民的共识。2004 年 11 月，全世界首届工程师大会在上海召开，此次会议以"可持续发展"为主题。回顾我国工程建设跳跃式前进的发展过程，不能不让人忧心忡忡。早期的那种"大跃进"、"文化大革命"的悲惨历史不要说，就以近期的房地产开发速度来说也值得深思。1986 年，全国拥有的城镇民用建筑总面积为 33 亿平方米，到 1996 年增长到 70 亿平方米，10 年内的年平均增长率约为 8%。虽然中间经过一些起伏与调整，但基本上还算得上稳步前进，这个速率还是能够接受的。1996 年到 2000 年，城镇民用住宅总面积从 70 亿平方米增长到 80 亿平方米，年平均增长率下降到了 3%。显然是国家采取了一些措施，为的是实现软着陆。这也是必要的，可以理解的。

问题是 2000 年以后至 2005 年，据国家发改委发布的信息，连续 5 年的房地产开发建设投资增长率年平均高达 26.2%，扣除物价上涨因素和产品标准上升因素和大面积拆除的面积缩减因素，总的建筑面积增长率将略低于投资增长率的 26.2%，但净增长率最低限度也应保持 15%，否则就必然存在浪费资源高额成本的问题。以 15% 的年增长率推算，那么到 2005 年底，全国城镇在用民用建筑面积就将达 161 亿平方米，到 2016 年底将达 749 亿平方米。假设在这个时段实现了初步城乡转化，农业人口从 9 亿下降到 4 亿，城镇人口从 4 亿上升到 10 亿（实际上是很难达到这个速度的），则城镇人口的人均占有民用建筑面积将达 75 平方米，要大大超过西方发达国家的水平，这是不现实的，也是不合理的。说明保持这个 15% 的增长速率是没有必要的。可是根据 2005 年以来的实际发展情况，每年的在建面积都保持在 40 亿～50 亿平方米以上，仍坚持高速发展，房价居高不下。近年来国家出面大力调控，却见效有限。然而人们生存的这片土地和人口结构和资源条件却不允许人们以这样的速度去发展。别的不用说，就是最基本的水资源、砂石资源、土地资源也将枯竭。当前水资源告急的警钟还只是在北方少数城市敲响，河砂资源告急的警钟还只是在沿海地区敲响，土地（耕地）资源告急的警钟还只在大中城市敲响，石灰石资源告急的警钟似乎还没有敲响。可是环境污染、能源短缺的警钟早已响彻全国。改善这些状况虽然只能更多地依靠政府政策去引导，应该在人口政策，城市化道路，建设速度和工程质量等多方面去寻找平衡，统筹兼顾。在可能条件下去尽快满足人民安居的需要。但作为建设战线上的一员从业者，尤其是作为工程学术界对此造成过影响的专家教授们均应负有不可推卸的责任。全世界人民的希望是由工程师塑造"可持续发展的未来世界"，因此未来的工程师们也有必要高度关注并致力于这一目标的实现。

# 22.2 从社会的转型和经济的发展看土木建筑市场的发展前景

## 22.2.1 "三农"问题和城镇建设

任何行业的市场前景都是与整个社会的走向和经济的发展息息相关的。众所周知,中国社会的发展与建设中存在的根本问题是"三农"问题。要解决"三农"问题就必须走城镇化的道路。要让农民进城,就必须广泛地、大规模地进行城镇建设,一个大兴土木的时代就必然会继续,土木建筑市场的前景仍将春光明媚。但城镇化绝不是一件轻而易举的事,不可以操之过急。美国当初从农业社会转型为工业化国家,也用了上百年的时间。我们只能根据自己的情况,分阶段去实现。设想经过一代人(30 年)的努力,将 9 亿农村人口下降到 3 亿左右,根据当前人口老化的情况,人口增长率应稍作调整,保持年均增长率 5‰左右。有了这一目标,就可以展望到未来 30 年土木建筑市场的基本情况。显然这个市场是欣欣向荣、大有可为的。

## 22.2.2 人口结构和居住水平

有了以上目标,就可推算出未来 30 年的人口结构情况;并根据人口结构和资源条件,参照西方标准,对居住水平进行适当的控制,城镇人口平均占有建筑面积保持 $50m^2$ 左右认为是适当的。这样,就可编制出 30 年的城镇民用建筑发展计划,见表 22-1。

表 22-1 城乡人口结构与城镇民用建筑发展规划

| 年份 | 人口总数 (亿) | 农业人口 (亿) | 城市人口 (亿) | 城镇民用建筑面积 (亿平方米) | 当年增长面积 (亿平方米) | 城镇人均占有面积($m^2$) |
|------|------|------|------|------|------|------|
| 2004 | 13.00 | 9.00 | 4.0 | 150.0 | | |
| 2005 | 13.07 | 8.85 | 4.22 | 157.5 | 7.5 | 37.5 |
| 2006 | 13.13 | 8.70 | 4.43 | 165.4 | 7.8 | |
| 2007 | 13.19 | 8.55 | 4.64 | 173.6 | 8.2 | |
| 2008 | 13.26 | 8.40 | 4.86 | 182.0 | 8.7 | |
| 2009 | 13.33 | 8.25 | 5.08 | 191.0 | 9.1 | |
| 2010 | 13.39 | 8.10 | 5.29 | 201.0 | 10.0 | 40.0 |
| 2011 | 13.46 | 7.95 | 5.51 | 211.0 | 10.0 | |
| 2012 | 13.53 | 7.80 | 5.73 | 222.0 | 11.0 | |
| 2013 | 13.60 | 7.65 | 5.95 | 233.0 | 11.0 | |
| 2014 | 13.66 | 7.50 | 6.16 | 244.0 | 11.0 | |

| 年份 | 人口总数<br>（亿） | 农业人口<br>（亿） | 城市人口<br>（亿） | 城镇民用建筑面积<br>（亿平方米） | 当年增长面积<br>（亿平方米） | 城镇人均占有<br>面积（m²） |
|------|------|------|------|------|------|------|
| 2015 | 13.73 | 7.35 | 6.38 | 256.0 | 12.0 | |
| 2016 | 13.80 | 7.20 | 6.60 | 269.0 | 13.0 | |
| 2017 | 13.87 | 7.05 | 6.82 | 283.0 | 14.0 | |
| 2018 | 13.94 | 6.90 | 7.04 | 297.0 | 14.0 | |
| 2019 | 14.00 | 6.75 | 7.25 | 312.0 | 15.0 | |
| 2020 | 14.07 | 6.60 | 7.47 | 327.0 | 15.0 | 43.8 |
| 2021 | 14.15 | 6.35 | 7.80 | 344.0 | 17.0 | |
| 2022 | 14.22 | 6.10 | 8.12 | 361.0 | 17.0 | |
| 2023 | 14.29 | 5.85 | 8.44 | 379.0 | 18.0 | |
| 2024 | 14.36 | 5.60 | 8.76 | 398.0 | 19.0 | |
| 2025 | 14.43 | 5.35 | 9.08 | 418.0 | 20.0 | |
| 2026 | 14.51 | 5.10 | 9.41 | 439.0 | 21.0 | |
| 2027 | 14.58 | 4.85 | 9.73 | 461.0 | 22.0 | |
| 2028 | 14.65 | 4.60 | 10.05 | 484.0 | 23.0 | |
| 2029 | 14.72 | 4.35 | 10.37 | 508.0 | 24.0 | |
| 2030 | 14.80 | 4.10 | 10.70 | 533.0 | 25.0 | 48.4 |
| 2031 | 14.87 | 3.85 | 11.02 | 560.0 | 27.0 | |
| 2032 | 14.94 | 3.60 | 11.34 | 588.0 | 28.0 | |
| 2033 | 15.02 | 3.35 | 11.67 | 617.0 | 29.0 | |
| 2034 | 15.09 | 3.10 | 11.99 | 648.0 | 31.0 | |
| 2035 | 15.16 | 2.85 | 12.31 | 680.0 | 32.0 | 55.2 |

从表 22-1 所列数字可以得出以下几点认识。

（1）30 年之内实现第一阶段的社会转型，人口增长率控制在 5‰ 以下，房地产开发及相应的城镇建设与基础设施增长率控制在 5% 以下，应该是比较现实的，也是适度的。

（2）30 年之内将农业人口从 9 亿下降到 3 亿左右，城市人口就将从 4 亿上升到 12 亿左右，这是一个大的飞跃。从农业改造、农村建设、农民安置的角度出发来考虑，是完全必要的，也是适度的。3 亿农业人口约有 1 亿左右的农业劳动力，足以承担经过机械化改造以后的农业生产，并完成农村建设任务。在 30 年的转轨过程中，平均每年有约 2000 万的农业人口进入城市，关于他们的衣食住行等生活问题，尚不难解决。问题是他们进城以后将干些什么？迄今为止，号称容量最大的土木建筑市场的农民工数也只是 2500 万左右，即使市场进一步繁荣以后，其容量仍然是有限的。6 亿农民进城，将塞满城市的每一个角落。劳动惯了的农民兄弟是不甘坐吃补助的，何况几亿人口，坐吃山空，也是不堪承受的。这才是问题的关键，需要寻找突破点。

### 22.2.3 对"堵城"和"死城"现象的思考

在城市化的道路上，最近又出现了两个新问题，就是"堵城"现象和"死城"现象。交通拥堵，并不是京、沪等特大城市所特有的，也已危及近百座中小城市。而"死城"现象目前还只是初现于郑州。如果是两者并存，恶性发展，则前景堪忧。因此认为：究竟是集中城市化好？还是适度城镇化好？两者之间还应该有所选择。

## 22.3 从工程的安全性与耐久性看土木建筑市场的发展前景

在工程事故分析的过程中看到了一个很严重、很尖锐的问题，那就是已有在用建筑物的安全性与耐久性普遍偏低。不正视这一问题，将犯历史性的大错误。要重视这一问题，彻底解决这一问题，就有大量的维修加固改造工程要做。随着时间的推进，建设规模的加大，投入使用的建筑面积和基础设施的增加，维修、加固、改造工作的规模也将日益扩大。据西方发达国家的经验，工程建设发展到一定程度是要趋于饱和的。而维修、改造、加固工程却是要持续发展的，其市场将不断扩大。据西欧、美日等国家报道，早在20世纪80年代，其每年的工程维修改造加固支出费用已占土木建筑工程项目总支出(工程总投入)的2/3左右，而且对于道路、桥梁、隧道、码头、堤坝等基础设施来说，其实际投入的维修、改造加固资金始终处于供不应求的紧急状态中。我们的情况也不会例外，若不顾实际情况，硬挺是要出问题的。

### 22.3.1 建筑工程的安全性与耐久性及其维修、改造、加固建筑物的市场

*1. 历史遗留问题和已有在用建筑的维修、改造、加固市场*

前面已经多次指出，我国工程建设的设计安全水准偏低，人们的质量意识极差，全社会对工程的安全性与耐久性问题普遍关注不够。但这里有一大部分属于民用建筑，这些建筑物的安全状况显然存在大量问题。住在里面的住户对整个工程的安全情况并不知情。从道义上说，其安全保证也应由国家或开发商提供。因此，对于这部分建筑，其数量约计在50亿平方米以上，应该由国家进行一次安全鉴定，并负责进行维修、加固。其责任不属于国家(政府)也要强制开发商或用户进行改造加固。否则，类似工程安全问题就会层出不穷，后果堪忧。

*2. 新建工程的维修、加固市场*

新规范系列 GB 50068—2001、GB 5009—2001、GB 50010—2002、GB 50011—2002 颁布实施以后，虽然安全水准有了较大幅度的提高，但是结构裂缝现象仍然有增无减，房屋倾斜现象也仍大量出现。最新规范 GB 50011—2010、GB 50010—2010、JGJ 3—2010、GB 5007—2011 问世以后，工程质量水准也不会有大的提升。问题并不可怕，也不足为奇。可怕的是人们竟习以为常，泰然处之。照此发展下去，积重难返，后果是不堪设想的。因此，对新建工程的质量跟踪监测、强制维修加固制度，也亟待建立。有了这个制

度，严禁建（构）筑物带病工作就能确保工程安全。一个成熟的维修、改造、加固建筑物的市场也就能逐步形成。

## 22.3.2 基础设施工程的安全性与耐久性及其维修、改造、加固建筑物的市场

基础设施包括道路、桥梁、管线、隧道、堤坝、码头等公用工程。其有利条件是产权完全属于国家，使用、管理、维修、加固都是有人负责的。但由于其承受的荷载大，环境条件恶劣，危险性大，对其安全性与耐久性的要求更高。然而由于历史原因，实际情况却与之相反。当前基础设施工程的安全性与耐久性情况是最差的，原因如下。

（1）基础设施的服务年限长，建造标准陈旧，但使用要求却在逐日提高。比如全国大约有 30 万座公路桥，其设计标准多数为当年通用的"汽－13"、"拖－60"，随着时间的推进，经济的发展，运输量的增加，而今的公路桥荷载标准普遍已提高到"汽－20"、"拖－100"或"汽－20"超"拖－120"系列。全国约有 4 万余座铁路桥，其荷载标准显然是不满足提速运输要求的。隧道、码头、堤坝工程则因以往对工程的耐久性要求普遍关注不够，对工程的抗腐蚀能力，抗渗漏能力设计标准偏低，所以几乎全部基础设施工程都亟待进行维修、改造、加固。其工程量显然已要高出新建工程的份额，也就是维修、改造、加固建筑物的市场实际上已大于新建工程的市场。

（2）新建工程的设计标准仍然偏低，主要是对于工程的耐久性问题迄今为止仍然没有得到应有的关注。比如路面、桥梁、堤坝、码头、隧道（含地铁）工程的混凝土抗氯盐腐蚀性能、抗渗漏性能、混凝土保护层厚度、混凝土强度等级仍然偏低。据前些年的调查，全国铁路桥因裂损腐蚀造成的失格率近 20%；铁路隧道因渗漏、腐蚀造成的失格率达 60%；全国公路桥因承载力偏低，通行能力不够造成的失格率达 61.6%，其中危桥总长度达 3% 以上；堤坝码头工程的腐蚀、损毁率就更高。据调查华南地区的平均损毁率达 74%～89%，香港的码头裂损率达 93% 以上。问题是这些调查对象多数还是新建工程，投入使用时间最短的只有 2 年，使用时间最长的也没有超过 50 年。全国水利工程的建设则多数包含着群众运动与人海战术的因数，其安全性与耐久性情况就可想而知。以上基本情况都决定了基础设施的维修、改造、加固的市场必然扩大。

以上说的是几年前的情况，近年来，高速、高铁建设显然又陷入了一个跃进式的新高潮，人们对既有工程的维修改造工作就更不暇一顾了，也就是近年来重大交通事故频繁出现的原因。一切表明，维修改造加固市场必须得到高度的重视。

## 22.3.3 新的建设环境条件，对结构维修、改造、加固市场提出新的要求

长期以来，大量工程尤其是一些规模较大、标准较高、技术复杂的工程，多集中在经济条件发达的沿江、沿海地区，或者是地理环境优越的内陆平原地区，这无疑为保证工程的安全性与耐久性提供了有利的客观条件。随着向西部进军号角的吹响，大量工程将在气候环境条件恶劣的西部地区兴建。大量丰富的油、气资源，矿产资源，化工原料都分布在西部内陆盐湖地区，那里的盐渍土工程地质条件是钢筋混凝土结构和钢结构的克星，工程的安全性与耐久性要受到严峻的挑战。比如格尔木化肥厂工程，厂房建成还未正式投产，结构构件就已出现严重腐蚀情况；混凝土电线杆架立还不到 4 年，就到了

报废的程度。在这样的环境条件下开展工程建设,其维修、改造、加固工作量是可想而知的,而且对于结构加固技术的新颖性与复杂性也提出了新的要求。这是工程学术界面临的一个前所未见的新课题。还有,随着人民生活水平的提高,上下水道普遍进入农户以后,危险性和破坏力极大的膨胀土地基和湿陷性黄土地基带来的维修、加固工作量也将是空前的。

除此以外,随着环境条件的普遍恶化,水和大气的受污染,所有工程的维护条件也严重受到损害,工程受到腐蚀的程度大幅度增加,这也是维修、改造、加固工程量快速增加的重要原因。

综合以上分析,可知我国工程的维修、改造、加固高潮将不会像西方发达国家那样出现在大规模建设高潮过后的若干年,而是将与近期大建设高潮同步到来。关于这一点,必须有充分的思想准备。

# 22.4 从土木建筑工程的市场前景讨论土木建筑工程师的岗位选择

## 22.4.1 土木建筑工程市场的饱和极限

(1)物极必反。任何事业,发展到一定程度就会趋向饱和。根据上面拟的发展远景规划说明,只要30年左右的时间,建设事业就会发展到高峰,随之就会趋向饱和,进入尾声。因此,未来的土木建筑工程师们应该有这个思想准备,不能沉湎于永远的轰轰烈烈的工作场景,不能陶醉于"争创世界第一"之类的美梦,而应面对现实,脚踏实地,迎接维修、改造、加固建筑物的市场的到来。

(2)正因为发展是分阶段性的,机遇难得,机会就在眼前。在这个千载难逢的时刻,既已选择了土木建筑专业,把它作为最适于自己的心爱的工作岗位,就应该脚踏实地,干出一番轰轰烈烈的事业。必须有通过劳动创造成绩的思想准备,否则就只有被市场淘汰。

## 22.4.2 土木建筑技术的发展空间

(1)与最前沿最尖端的信息技术、生命技术、航天技术相比,土木建筑技术毕竟是一个老学科老行业,但是船舶结构,飞机结构,乃至航天结构都是脱胎于土木建筑结构。我们既掌握了摩天大楼建造技术、深基高坝施工技术、海洋平台和深海作业技术、歪楼纠偏、整楼平移技术,一旦地球上的建造空间真正到了饱和极限时,也就不难掌握整楼升天技术。时尚的高强塑纤与充气薄膜技术的研究与发展也是一个新的发展领域。当然,最迫切需要的还是特种维修改造加固技术的研究与开发。

(2)市场研究表明,新建工程市场虽然会日趋饱和,但维修、改造、加固建筑物的市场则将日趋成熟,而且会持续、均衡发展,永无止境。因为维修、改造、加固工程的施工环境更复杂,条件更差,面临的风险更大,要求的技术含量会更高。在特种技术的研究开发方面，更有发展空间。

（3）当前的土木建筑设计与施工技术虽然已发展到相当成熟的阶段，似乎已无多大发展空间，已没有多大的钻研价值。但是实际上，在满足人们基本生活需求的衣食住行的多种行业范围和多学科技术领域方面，住与行仍然是一个老大难。其投入的成本最高，消耗的资源最大，解决的难度也最大，离人类世代追求的"居者有其屋，行者随其意"的理想境界还很远。因此，寻求低成本、低能耗的住与行产品的新技术，仍然是摆在土木建筑工程师面前的艰巨任务。

## 22.4.3 土木建筑工程师的岗位选择

时尚、前沿、尖端的工作岗位当然是人们尤其是青年学子们的向往，但越是前沿的岗位，数量就越有限。而土木建筑专业可以说是最大的一块活动园地，拥有的空间最大，工作岗位最多。即使自己属于真正的精英，也须知道强中必有强中手，人贵自知之明。与其在那些狭窄的胡同里挤拼，倒不如在广阔的天地里驰骋。因此欢迎青年朋友选择土木建筑专业，在那最能找到合适的工作岗位的地方去。

1．建设管理岗位

作为政府的工程建设管理部门，有大量的市政工程与基础设施的建设工作必须直接进行管理。这是那些兼具政治天才与技术基础的精英们的最佳岗位选择，只是这样的岗位毕竟是有限的。

2．质量监控岗位

根据形势发展，工程质量监控工作将得到重视。除了加强省市质量监督站的执法监控力度外，建设监理、质量检测工作也属于质量监控范畴。这些行业都能提供大量的工作岗位。

3．咨询服务岗位

咨询服务工作包括广泛的技术咨询、技术服务、诉讼证据鉴定、工程质量鉴定、工程事故分析、工程数量验收等多种服务工作，组织灵活，是一种受欢迎的新兴自由职业。

4．科研教学岗位

行业要发展，科研就必须先行。行业从业人员素质要提高，经常性的培训工作就不可缺少。所以虽然科研工作岗位是有限的，而教学工作岗位却有很好的前景。按当前的行业发展水平和建设规模，土木建筑全行业已拥有3000万人左右的队伍。待发展到高峰时，预计队伍可扩大到4000万人以上。那些主要是来自农村的劳动力，要提高业务技术水平，尽快争取进入国际市场，就必须接受定期培训。这样大量的教学工作岗位也就应运而生。

5．规划设计岗位

随着电子计算技术和制图技术的高度发达，规划、设计、制图工作效率也大幅度提高，因而规划设计工作岗位将会大幅度缩减。

6．施工企业岗位

随着建筑市场的成熟，施工企业的体制与职能将以综合管理和施工机械设备管理为主要内容。轻装上阵,不带队伍,以组织竞标,负责承包为主。具体业务将直接分包给专业施工队伍去实现。因此施工管理企业给工程师提供的岗位会减少。

### 7. 一线施工岗位

随着社会的进步,整体文化素质的提高,今后应用型大学所培养的大批量应用型大学毕业生,将以直接进入第一线劳动生产岗位为主。土木建筑专业的毕业生也不例外。他们将既是第一线的管理人员,也是第一线的技术骨干;既能设计制图,也能编写技术方案,更能直接上岗操作,属于高水准、多技能的新型技师类工人。也将是名副其实、当之无愧的工程师。

### 8. 维修加固岗位

与施工阵线相比,维修加固的天地就更广阔,岗位就更多。真正的全能专家、技术能手,都应产生在这些岗位上。因为在工程事故分析与处理过程中可以看到:工程抢险、结构加固、危房改造、整楼平移、歪楼纠偏、结构抗裂等特种任务所需要的特种技术,其难度最大,技术含量最高,也最能锻炼人,造就人。最大的贡献也会产生在这些工作岗位上。

## 22.5 向国际维修、改造、加固的市场进军

尽管土木建筑市场和维修加固改造市场的前景看好,能为进城的农民工提供一定的工作岗位;还有其他行业,也会随着农民进城而有所发展,提供职位,但与数以亿计的庞大的进城队伍相比较,还是远难满足实际需要。因此认为最理想的出路是向国际维修、改造、加固的市场进军。根据我国农民工吃苦耐劳、要求不高的特点,借鉴菲律宾女工占领国际家政服务市场的经验,我们完全有条件吹响占领国际维修、改造、加固的市场的号角。由于工程维修、改造、加固工作的劳动强度较大,工作环境条件较差,工资待遇较低,西方发达国家高层次文化程度的工人不愿干这份工作。而其他发展中国家的广大劳动力又相对缺乏技术经验,业务素质较低,一时胜任不了这份工作。我们如果能在这个青黄不接的时刻着力培训大批高人品素质、高技术水平的工人队伍,向国际维修、改造、加固的市场提供高水平、高效率、低费用的服务,必能顺利进入国际市场,为几亿进城农民工的出路问题做出贡献。

## 思 考 题

1. 如何展望我国土木建筑工程建设的市场前景?
2. 未来的土木建筑工程师应该如何选择自己的工作岗位?
3. 几亿农民进城以后的工作岗位如何满足?
4. 为什么说工程结构维修、改造、加固的市场前景很好?
5. 试谈谈你对进入国际维修、改造、加固的市场的信心。

# 参 考 文 献

[1] 龚晓南，等．工程安全及耐久性 [M]．北京：中国水利水电出版社，2000.

[2] 陈肇元，赵国藩，等．土建结构工程的安全性与耐久性——现状、问题与对策 [R]．北京：中国工程院土木、水利、建筑学部课题研究报告，2002.

[3] 黄熙龄，吴中伟，等．施工项目技术知识 [M]．北京：中国建筑工业出版社，1997.

[4] 李慧民，等．土木工程施工技术 [M]．北京：中国计划出版社，2001.

[5] 王从，等．一级注册结构师基础考试复习教程 [M]．北京：中国建筑工业出版社，1997.

[6] 王传志，等．钢筋混凝土结构理论 [M]．北京：中国建筑工业出版社，1997.

[7] 陈希哲．土力学地基基础 [M]．北京：清华大学出版社，1993.

[8] 钱鸿缙，等．湿陷性黄土地基 [M]．北京：中国建筑工业出版社，1985.

[9] 范锡盛，等．建筑工程事故分析及处理实例应用手册 [M]．北京：中国建筑工业出版社，1994.

[10] 姚兵，等．建筑工程重大质量事故警世录 [M]．北京：中国建筑工业出版社，1998.

[11] 江见鲸，龚晓南，等．建筑工程事故分析与处理 [M]．北京：中国建筑工业出版社，1998.

[12] 罗福午，等．建筑工程质量缺陷事故分析及处理 [M]．北京：武汉理工大学出版社，1999.

[13] 王铁梦．工程结构裂缝控制 [M]．北京：中国建筑工业出版社，1997.

[14] 李明顺．GB 50010—2002若干修订问题讲座 [J]．工程质量，2003 (2).

[15] 巴恒静，等．高性能混凝土收缩的研究进展 [J]．工业建筑，2003 (5).

[16] 余琼，等．粘钢加固框架节点与碳纤维布加固框架节点方法探讨 [M]．工业建筑，2003 (12).

[17] 谢征勋．建筑工程事故分析及方案论证 [M]．北京：地震出版社，1996.

[18] 谢征勋．工程事故与安全·典型事故实例 [M]．北京：中国水利水电出版社，2007.

[19] 谢征勋．工程事故与安全·结构加固技术 [M]．北京：中国水利水电出版社，2009.